高等学校“十二五”公共课计算机规划教材

# Director 多媒体应用教程


许晓洁　仲福根　顾彩莉　编著

彭国华　陈红娟　参编

陆慰民　主审

電子工業出版社

Publishing House of Electronics Industry

北京 · BEIJING

## 内 容 简 介

本书以 Adobe Director 11 为开发平台，面向具有一定计算机基础知识的学生，较详细地介绍多媒体作品的开发技术和应用，各章均配有一定数量的课程实例和习题，帮助学生快速提高 Director 多媒体作品设计思路和开发能力。

全书共分为 9 章，主要内容涵盖了 Director 基础知识，包括文本、图形、图像、音频、视频、Flash 动画等多种素材的处理与操作以及使用 Lingo 脚本语言控制多媒体对象，最后以综合实例来简要叙述一个完整多媒体作品的开发流程。

本书适合作为应用型高等院校本科学生多媒体应用开发课程的教材，也可作为从事多媒体设计专业培训的教学用书，以及多媒体程序设计爱好者的自学参考书。

本书配有精美的 PPT 电子教案和所有课程实例、习题的源码，以及用于本书开发的上机练习操作环境程序。



**图书在版编目(CIP)数据**

Director 多媒体应用教程 / 许晓洁，仲福根，顾彩莉编著. —北京：电子工业出版社，2014.1
高等学校“十二五”公共课计算机规划教材
ISBN 978-7-121-21409-7

I. ①D… II. ①许… ②仲… ③顾… III. ①多媒体－软件工具－高等学校－教材 IV. ①TP311.56

中国版本图书馆 CIP 数据核字(2013)第 210903 号

策划编辑：冉　哲
责任编辑：郝黎明
印　　刷：北京虎彩文化传播有限公司
装　　订：北京虎彩文化传播有限公司
出版发行：电子工业出版社
　　　　　北京市海淀区万寿路 173 信箱　　邮编：100036
开　　本：787×1092　1/16　印张：14.25　字数：364.8 千字
版　　次：2014 年 1 月第 1 版
印　　次：2022 年 12 月第 12 次印刷
定　　价：49.00 元

凡所购买电子工业出版社图书有缺损问题，请向购买书店调换。若书店售缺，请与本社发行部联系，联系及邮购电话：(010)88254888。

质量投诉请发邮件至 zlts@phei.com.cn，盗版侵权举报请发邮件至 dbqq@phei.com.cn。

服务热线：(010)88258888。

# 前　言

Adobe Director 是 Adobe 公司出品的专业化多媒体开发创作软件，是多媒体应用的主流开发平台之一。广泛应用于多媒体教学、演示说明、家庭娱乐以及交互式电影等多个领域。多媒体作品设计者可以通过 Director 创作出更强大的交互式程序。Director 现已成为多媒体设计人员的首选软件。

近年来，计算思维被归纳、提出，对大学计算机科学的教学产生了深远的影响。

在计算机教学领域，“计算思维”能力的培养正是大学计算机教学的核心任务。多媒体应用教学是培养大学生计算思维能力的重要课程载体。

本书的编写遵从运用计算机科学的基础概念去求解问题、设计系统和理解人类的行为，突出面向应用型高校本科学生的宗旨，对象明确，以应用为主，体现前沿，弱化 Director 程序设计的难点，强调学生动手能力和开发技术的培养。在内容上按照应用型高校专业定位做相应选择和取舍，编程语言采用 Lingo，从应用开发的角度介绍多媒体开发技术。以实例为导向，以实践为指导，使读者学会使用 Director 开发多媒体应用程序。

全书共 9 章。每部分都提供了参考实例，通过简明而实用的 66 个例程帮助读者化解 Director 多媒体应用程序的复杂性，降低学习难度。并配有大量实训和练习，便于读者理解与提高。各章的主要内容如下：

第 1 章概要介绍多媒体基础知识，多媒体技术的相关概念及相关应用，多媒体制作软件的设计与开发流程。

第 2 章介绍 Director 基础知识，并以一个引例介绍如何利用 Director 开发多媒体应用程序，使读者对 Director 有一个整体的了解，为以后章节的学习打下基础。

第 3 章介绍 Director 中文本、文本域的基本操作，包括文本、文本域的类型和创建方法。

第 4 章介绍 Director 中图形与图像的处理，包括图形与图像的基本概念，及图形编辑器的基本操作。

第 5 章介绍 Director 中动画的制作与应用，包括各种动画制作技术概念及相关应用操作。

第 6 章介绍查看库的方法及其包含的行为内容，为精灵或帧附着行为，修改行为参数，使用行为检查器创建行为。

第 7 章介绍 Director 中声音文件、数字电影文件、Flash 动画的基本操作。

第 8 章介绍脚本的基本功能、类型以及分类，使用脚本实现导航的方法和技巧，如何使用脚本进一步控制 Director 作品中用到的多媒体元素。

第 9 章介绍三类综合的设计范例，通过将多种设计元素和多媒体素材多方位融入到实用的多媒体作品。

作为应用型高等院校本科学生多媒体作品设计的教材，建议周学时为 3 学时，总共 51 学时，其中实践环节为 20 学时。各章的理论教学学时安排如下：多媒体基础知识自学阅读，

Director 基础为 3 学时，文本处理为 3 学时，图形与图像处理为 3 学时，动画制作与应用为 4 学时，交互技术为 4 学时，其他多媒体应用为 3 学时，脚本为 6 学时，多媒体开发应用案例为 5 学时。每章配有实验要求，教师可根据学生具体情况选择实验内容。

为便于教学，本书在编写时尽可能地与 Director 版本无关，教学与实验可以选用 Director11 或 Director-MX 环境。另外，在本书的最后给出了课程作品设计要求，可安排在课外完成作品，作为本课程的考核依据。

参与本书编写的老师是来自同济大学、上海师范大学天华学院和陕西科技大学的彭国华、陈红娟老师。同济大学陆慰民教授审阅了本书，并提出了许多具体的修改意见，电子工业出版社的领导和编辑对本书的出版给予了大力的支持和帮助，在此表示衷心的感谢。

使用本书的学校可与作者联系获取有关的教学资源，联系邮箱地址为：dicz2012@163.com。

限于作者水平，书中难免有不足之处，敬请读者批评指正，在此表示感谢。

编 者

# 目　录

# 第 1 章

# 多媒体概述

多媒体技术是自 20 世纪 80 年代中后期开始兴起并得到迅速发展的一门技术，它能够把文本、图形、图像、动画、音频和视频等信息集成到计算机系统中，使计算机具有综合处理多媒体信息的能力，而且以丰富的图、文、声、像等媒体信息和友好的交互性，极大地改善了人们交流和获取信息的方式，对大众传播媒介产生了深远的影响，使人们更加自然、更加人性化地使用信息，给人类的学习、工作和生活方式带来了巨大的变化。

**本章要点：**

◇ 理解什么是多媒体以及多媒体的基本特性

◇ 理解多媒体计算机的基本概念

◇ 了解多媒体技术及其相关应用

◇ 理解多媒体制作软件的设计与开发流程

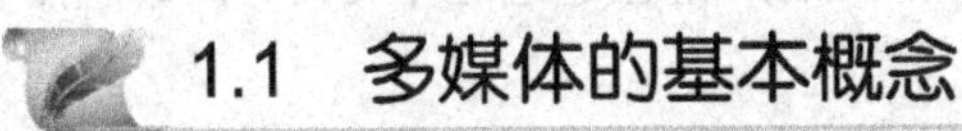

## 1.1 多媒体的基本概念

### 1.1.1 媒体与多媒体

#### 1. 媒体

媒体（Medium）是指承载或传递信息的载体。媒体具有两重含义：一是指存储信息的实体，如纸张、磁盘、光盘、磁带、半导体存储器等，中文常译作媒质；二是指传递信息的逻辑载体，如文字、数字、图形、图像、声音和视频等，中文译作媒介。

媒体可理解为承载信息的实际载体，媒体也可以理解为表述信息的载体。日常生活中，大家熟悉的报纸、书本、杂志、广播、电影、电视均是媒体，它们以各自的媒体形式进行着信息传播。

按照国际电信联盟电信标准局（ITU-T）建议的定义，媒体可分为下列五类。

（1）感觉媒体。感觉媒体是能直接作用于人的感官，让人产生感觉的媒体。如视觉、听觉、触觉、嗅觉和味觉等。

（2）表示媒体。表示媒体是为了加工、处理和传播感觉媒体而人为构造出来的一种媒体。如文本、图形、图像、声音、视频等。

（3）显示媒体。显示媒体是表现和获取信息的物理设备。显示媒体又分为输入显示媒体和输出显示媒体。输入显示媒体如键盘、鼠标、扫描仪和麦克风等；输出显示媒体如显示器、打印机、扬声器和投影仪等。

（4）存储媒体。存储媒体是用于存储媒体信息的介质。如磁盘、磁带、光盘和优盘等。

（5）传输媒体。传输媒体是用来将媒体从一处传送到另一处的物理载体。如双绞线、同轴电缆、光纤和电磁波等。

**2. 多媒体**

多媒体一词译自英文单词 Multimedia，它由 Media 和 Multi 两部分组成，顾名思义是指将文本、图形、图像、声音、影像和动画等这些“单”媒体和计算机程序融合在一起形成的信息媒体。多种媒体的集合体将信息的存储、传输和显示有机地结合起来，使人们能够通过丰富多彩的方式来获取信息。

**3. 多媒体信息的主要元素**

（1）文本。文本一般由文字、数字和符号等构成，在计算机中，文本是用字符代码及字符格式表示出来的数据。文本是一种最基本的传播媒体，也是多媒体信息系统中出现最频繁的媒体。

（2）图形。图形也称矢量图形，一般是指用计算机绘制的画面，如直线、圆、圆弧、矩形、任意曲线和图表等。矢量图形文件中只记录生成图的算法和图上的某些特征点，因此，对矢量图形的各个部分分别进行控制（放大、缩小、旋转、变形、扭曲、移位等）很方便。矢量图形一般在多媒体素材（如图像和动画）的创建过程中使用，但最后需导出为图像文件供网页编辑使用。

（3）图像。图像是指由照相机和摄像机等数字化采集设备捕捉的实际场景画面，或用计算机图像处理软件创建的景物。图像是由许多的像素点按照其在图像中所处的位置排列所构成的平面点阵图。

（4）音频。音频（一般指人耳能听到的声音，其频率为 20Hz～20kHz）包括语音、音乐和效果声。

（5）动画。动画是运动的画面，实质是一幅幅静态图像的连续播放所形成的动态感觉。动画一般是指人们的主观设计而非摄像机摄下的影像。动画可分为二维动画（平面）和三维动画（立体）两类。

（6）视频。视频一般是指用摄像机拍摄的动态影像。视频可记录和反映真实世界的实际场景和画面。模拟视频信号需要使用专用的设备转换成数字视频信号。

### 1.1.2 多媒体技术

多媒体技术是一种基于计算机科学的综合技术，它包括数字化信息处理技术、音频和视频技术、计算机软件和硬件技术、人工智能和模式识别技术、通信和网络技术等。或者说，所谓多媒体技术，是指以计算机为中心，把语音、图像处理技术和视频技术等集成在一起的综合技术。

多媒体技术具有信息载体多样性、交互性和集成性等特性。

#### 1. 多样性

人类对信息的接收主要依靠视觉、听觉、触觉、嗅觉和味觉，其中前三者所获取的信息量占95%以上。对于现在这样一个信息大爆炸的时代，人们对信息的使用和需求量都是非常大的，然而，单靠人脑显然无法全部记住和使用这些信息，而传统的计算机也只能处理数字与文字。那么，对于大得惊人的多媒体数据量，尤其是在声音和影视方面，全世界都投入了大量的人力和物力，来研究多媒体技术。因为广泛采用图形、图像、视频、音频等媒体信息形式，人们的思维表达得到了更充分、更自由的扩展空间。

#### 2. 交互性

在具有多媒体技术的系统中，操作可以控制自如，媒体综合处理能力随心所欲。从用户角度看，多媒体技术最突出的特征是它的人机交互功能。电视尽管也具有某些多媒体的特征，但却不能称其为多媒体技术，因为人们在观看电视节目时，只能被动地接受节目内容，而无法控制它或改变它，所以它是单向的，不具有交互功能。多媒体技术向用户提供了更有效地使用和控制多媒体信息的手段，用户可以检索计算机提供的丰富的信息资源，还能提问与回答、录入与输出。

#### 3. 集成性

多媒体的集成性通常包括两个方面：一是把不同的媒体设备集成在一起，形成多媒体系统，如多媒体计算机的基本配件；二是利用多媒体技术将各种不同的媒体信息有机地结合成一个完整的多媒体信息集合体，如Flash可以将文字、音乐、图像结合成一个Flash文件来进行播放，深受广大动漫爱好者的喜爱。无论是对于硬件的CPU处理能力的提高、存储设备容量的倍增、网络通信能力的增强，还是对于信息管理软件系统功能的完善，集成性都得到了广泛应用。

### 1.1.3 多媒体计算机

一般来说，目前主流配置的个人计算机都能处理数字、文本、图形、图像、音频与视频，称为多媒体计算机。多媒体个人计算机（Multimedia Personal Computer，MPC）是指具有对多种媒体进行综合处理，并在它们之间建立逻辑关系，使之集成为一台交互式系统的计算机。简单地说，多媒体计算机以基本计算机为基础，提高其处理多媒体的能力，如CPU中增加了MMX（Multimedia Extention，多媒体增强指令集），使计算机处理多媒体的能力大大提高；此外，多媒体计算机融合高质量的视频、音频、图像等多种媒体信息的处理于一体，配有大容量的存储设备，附加了多媒体处理技术的相关软件，给用户带来一种图、文、声、像并茂的视听感觉。

#### 1. 多媒体计算机的标准

标准化的目的是为了给用户提供一个统一的接口，例如统一的用户界面、网络接口、描述语言、数据格式等。已经建立和正在建立的有关多媒体的标准有：JPEG（静态图像压缩标准）、MPEG（动态图像压缩标准）、MHEG（多媒体内容和超媒体结构标准）、H.260、H.262、H.320、G.711、G.722、G.728等。

### 2. 多媒体计算机的硬件平台

（1）CPU（中央处理器）。在多媒体硬件系统中，CPU是关键。目前流行的Core计算机，已使专业级水平的媒体制作和播放不成问题，特别是Core i3、i5、i7处理器拥有128位的SIMD执行能力，一个时钟周期就可以完成一条指令，效率提升明显，使PC在多媒体方面的性能达到了一个新的境界，它带来了丰富的视频、音频、动画和三维效果。Core计算机具备强大的影音及图像处理能力，能够提供逼真的视频和三维图像。

（2）声卡。声卡的主要功能是将声音采样存入计算机或将数字声音转换为模拟信号播放。声卡通常还有MIDI声乐合成器和CD-ROM控制器。

（3）视频卡。视频卡是将摄像机或录像机的模拟视频图像信号转换成计算机的数字视频图像的主要硬件设备。

（4）DVD-ROM。DVD-ROM也称为“只读光盘存储器”。其主要功能是提供高质量的音源和作为大容量的图文、声像的集成交互式信息的存储介质。

（5）多媒体通信设备。为了使用计算机网络进行多媒体信息的远距离传输，如利用电话线进行远距离传输数字信息时，事先要进行数/模转换，把数字脉冲序列转换成适应电话线传输要求的音频信号，这就是“调制”；在接收方进行的相反转换就是“解调”。Modem就是完成这一功能的调制解调器。把记录在纸上的文字、图片等静态图像转换成电信号，经过远距离传送，在接收方把电信号复原成图像信号，这个过程叫传真。目前，主要利用光纤进行远程数据的传送。

（6）其他辅助输入/输出设备。根据需要多媒体计算机还可配置耳麦、摄像机、扫描仪及打印机等。

## 1.2 多媒体技术的应用

多媒体技术的应用领域十分广泛，几乎遍及各行各业，并逐渐进入人们的日常生活和家庭娱乐中。多媒体在各行各业中的应用又推动了多媒体技术与产品的发展，开创了多媒体技术发展的新时代。多媒体技术的应用主要有以下几个方面。

### 1. 教育领域

以多媒体计算机为核心的现代教育技术使教学手段和方法更加丰富多彩，促进了教学质量的提高。目前，多媒体计算机辅助教学已广泛应用于初、中级基础教育，高等教育及职业培训等方面。利用多媒体技术编制的教学课件不仅能为学习者提供大量学习资料和练习，并且提供了图文并茂、绘声绘色的教学环境，从而大大激发了学生学习的积极性和主动性，提高了学习效率，改善了教学效果。

### 2. 办公自动化

多媒体技术能为工作人员提供各种媒体查询和检索的技术支持，同时支持协作的工作环境。办公人员可以浏览、处理通过网络所获取的信息和数据。目前，办公自动化系统已成为工作生活中必不可少的一项应用。

### 3. 电子出版物方面

电子出版物是指以数字代码方式将图、文、声、像等信息存储在各种介质上，通过计算机或类似设备阅读浏览，并可复制发行的大众传播媒体。电子出版物使用媒体种类多，表现力强，信息的检索和使用方式更加灵活方便。现在利用互联网和多媒体计算机，就可以直接浏览世界各大图书馆的电子书和电子杂志。

### 4. 虚拟现实

虚拟现实是一项与多媒体技术密切相关的新兴技术，它通过综合应用计算机图像处理、模拟与仿真、传感技术、显示系统等技术和设备，以模拟仿真的方式，给用户提供一个真实反映操作对象变化与相互作用的三维图像环境，从而构成虚拟世界，并通过特殊设备（如模拟头盔和数据手套）给用户提供一个与该虚拟世界相互作用的三维交互式用户界面。

### 5. 多媒体网络通信方面

多媒体通信是多媒体技术与网络技术的结合，通过局域网与广域网为用户以多媒体的方式提供信息服务。随着“信息高速公路”的开通，电子邮件已经被普遍采用。随着这些技术的发展，远程教育、可视电话、视频会议、数字化图书馆等将为人类提供更全新的服务。

### 6. 娱乐和服务

随着多媒体技术的不断发展，面向家庭的多媒体软件逐渐增多，数字化的音乐和影像进入了家庭，如电子合成音乐、家庭影院、各种娱乐游戏等都给人们以更高品质的娱乐享受。多媒体计算机还可以为家庭提供全方位的服务，如家庭教师、家庭医生等。

多媒体技术是当今信息技术领域发展最快、最活跃的技术，是新一代电子技术发展和竞争的焦点。多媒体技术集计算机、声音、文本、图像、动画、视频和通信等多种功能于一体，借助日益普及的高速信息网，可实现计算机的全球联网和信息资源共享，因此被广泛应用在咨询服务、图书、教育、通信、军事、金融、医疗等诸多行业，并正潜移默化地改变着人们生活的方式。

## 1.3 多媒体教学软件的设计

多媒体教学软件，简单来说就是辅助教学的工具。创作人员根据自己的创意，先从总体上对信息进行分类组织，然后把文字、图形、图像、声音、动画、影像等多种媒体素材在时间和空间两个方面进行集成，使它们融为一体，并赋予它们以交互特性，从而制作出各种精彩纷呈的多媒体教学软件作品。多媒体教学软件，具有丰富的表现力、良好的交互性和极大的共享性。

### 1. 多媒体教学软件的基本特性

多媒体课件应具有教学性、科学性、技术性、艺术性和使用性 5 个基本特性。

教学性主要表现在课件的教学目标、内容的选择及组织表现策略上。教学目标是课件制作的总体方向和预计的目标，也就是说教学目标的确定要符合教学大纲的要求，明确课件要解决什么问题，要达到的教学目的。内容的选择是围绕教学目标，为适应教学对象的需要选择恰当的主题。组织表现策略是合理设计课件结构、突出重点、分散难点、深入浅出、注意启发性、促进思维，有利于能力培养。

科学性是课件评价的重要指标之一。科学性的基本要求是不出现知识性错误，主要表现在内容正确、逻辑严谨、层次清楚等方面，还有场景设置、素材选取、名词术语、操作示范要符合有关规定。

技术性是课件制作技术水平的反映，主要表现在媒体制作和交互性实现两个方面。媒体制作包括图像、动画、声音及文字设计合理，画面确保清晰，动画连续流畅，视觉效果逼真，文字醒目，配音标准，整个课件进程快慢适度等方面。交互性实现表现在交互性设计合理，智能性好。

艺术性是良好的教学效果的重要体现。优秀的课件是高质量的内容和美的形式的统一，美的形式是艺术性的体现。艺术性使人赏心悦目，获得美的享受，激发学习者的学习兴趣。

使用性是课件操作简便、灵活、可靠，便于使用者控制。

### 2. 多媒体教学软件的基本要求

多媒体教学软件的基本要求主要有以下 4 个方面。

（1）正确表达教学内容。

在多媒体教学软件中，教学内容是用多媒体信息来表示的。各种媒体信息都必须是为了表现某一个知识的内容，为达到某一层次的教学目标而设计或选择的。各个知识点之间应建立一定的关系和关联形式，以形成具有科学特色的知识结构体系。

（2）反映教学过程和教学策略。

在多媒体教学软件中，通过多媒体信息的选择与组织、系统结构、教学程序、学习导航、问题设置、诊断评价等方式反映教学过程和教学策略。在多媒体教学软件中，一般包含知识讲解、举例说明、媒体演示、提问诊断和反馈评价等部分。

（3）具有良好的人机交互界面。

交互界面是学生和教学软件进行交互的通道。在多媒体教学软件中，交互界面的形式包括有窗口、选单、按钮、图标和快捷键等。

（4）具有评价和反馈功能。

在多媒体教学软件中，通常会设置一些问题供学习者思考和练习，通过统计、判断、识别学习者回答的问题，及时了解学习者的学习情况，并作出相应的评价，使学习者加深对所学知识的理解。

### 3. 多媒体教学软件制作流程

多媒体教学软件本质上是一种应用软件，它的开发过程和方法应遵循软件工程的开发流程，但多媒体教学软件是面向教学的，也有其自身总结出来的开发方法和一些典型的制作步骤。多媒体教学软件制作流程如图 1.1 所示。下面将介绍多媒体教学软件制作流程中的典型步骤和方法。

（1）需求分析。

在开发一个多媒体教学软件作品前，首先必须明确制作要求和所要达到的目标，并以此来选取合适的内容。

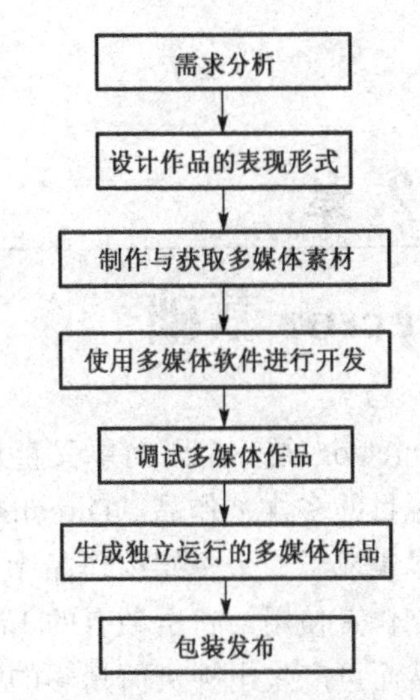


图 1.1　多媒体教学软件制作流程

（2）设计作品的表现形式。

选好了作品内容，就要总体考虑如何在计算机上用最合适的形式表现出来，即作品的整体版式布局、色彩搭配、内容展示等，哪些内容用文字表示，哪些内容用图像来表示，哪些内容用动画或视频来表示，以增加作品的感染力和吸引力。

（3）制作与获取多媒体素材。

根据前面已经确定的内容展现方式，即开始着手准备所需的多媒体素材。这一步涉及很多素材（如文本、图形、图像、声音、动画、视频等）及处理软件的使用。显然，制作技术的好坏直接影响所要表达的效果。另外，可以网上下载或个人制作多媒体作品开发所需的素材。

（4）使用多媒体软件进行开发。

有了内容和多媒体素材后，就可选择一种多媒体创作工具，将它们整合在一起，并加上其他功能，形成一个可播放的独立且完整的多媒体作品。

（5）调试多媒体作品。

一个刚刚完成的作品，无法避免存在这样或那样的错误和漏洞，所以必须进行全面调试，消除错误并改进相关的不足。

（6）生成独立运行的多媒体作品。

制作好的作品经调试通过后即可打包生成独立运行的多媒体作品，无需安装多媒体软件可直接在 Windows 操作系统上运行。

（7）包装发布。

对公开发行的多媒体软件作品，可进行适当的包装宣传，发行上市。

## 1.4　习　题

1．简要叙述什么是媒体以及多媒体，多媒体一般包含哪些信息。

2．简要叙述多媒体技术的基本特性。

3．简要叙述交互性的主要特色。

4．简要叙述多媒体教学软件的基本设计流程。

# 第 2 章

# Director 基础

Director 是一个既简单又直观的软件，即使是首次使用该软件的用户也能制作出令人赏心悦目的多媒体作品。Director 功能强大，开发者可以将三维界面、数据库连接和因特网技术集成于一个多媒体作品中。同时，Director 是一个高度面向对象的工具，非常适合图像制作者使用。它所独有的 Lingo 脚本语言可以对多媒体作品中各个部分进行精确的控制，从而可产生出神奇而精彩的效果。

Director 可以从外部导入各种媒体（如文本、图形、图像、音频、视频和动画等），并能利用其所自带的辅助工具进行编辑，用来创建电影片段、场景和影片等。

本章将介绍使用 Director 制作多媒体作品的基本流程，并通过几个例子来说明 Director 多媒体创作的实际应用。

**本章要点：**

◇ 认识 Director 工作环境

◇ 了解剧本、舞台和演员表的基本概念

◇ 掌握 Director 作品开发的基本流程

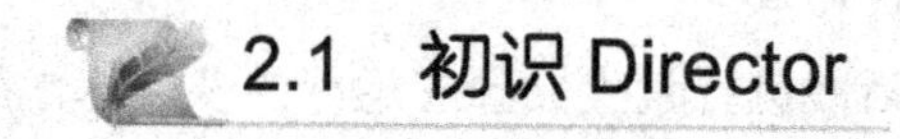

## 2.1 初识 Director

### 2.1.1 引例

Director 是一种基于时间线的多媒体创作软件，以时间行或列来决定多媒体事件的顺序和对象的演示，所制作的多媒体作品像电影影片。在 Director 中，影片的制作素材被称为演员，演员在舞台上进行表演，程序设计的过程相当于安排演员表演的过程。

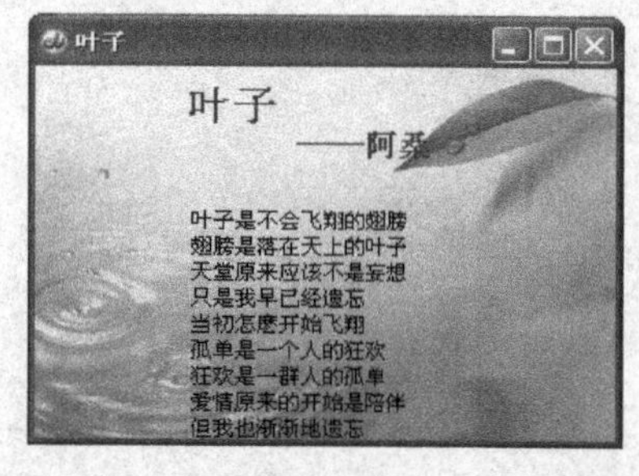


图 2.1　简单音乐播放器运行效果

本节从制作一个简单的多媒体作品入手，介绍 Director 多媒体创作软件的界面窗口和基本制作流程，帮助读者更直观、更快捷地理解 Director 软件的应用。

【例 2.1】 制作一段简单的影片。功能要求：首先出现一个图像背景和文字“叶子——阿桑”，然后开始播放歌曲“叶子”，歌词自下而上移动，效果如图 2.1 所示。

在设计影片前准备好 jpg 背景图像文件和 mp3 歌曲文件。

启动 Director 应用程序，显示出如图 2.2 所示的 Director 工作界面。

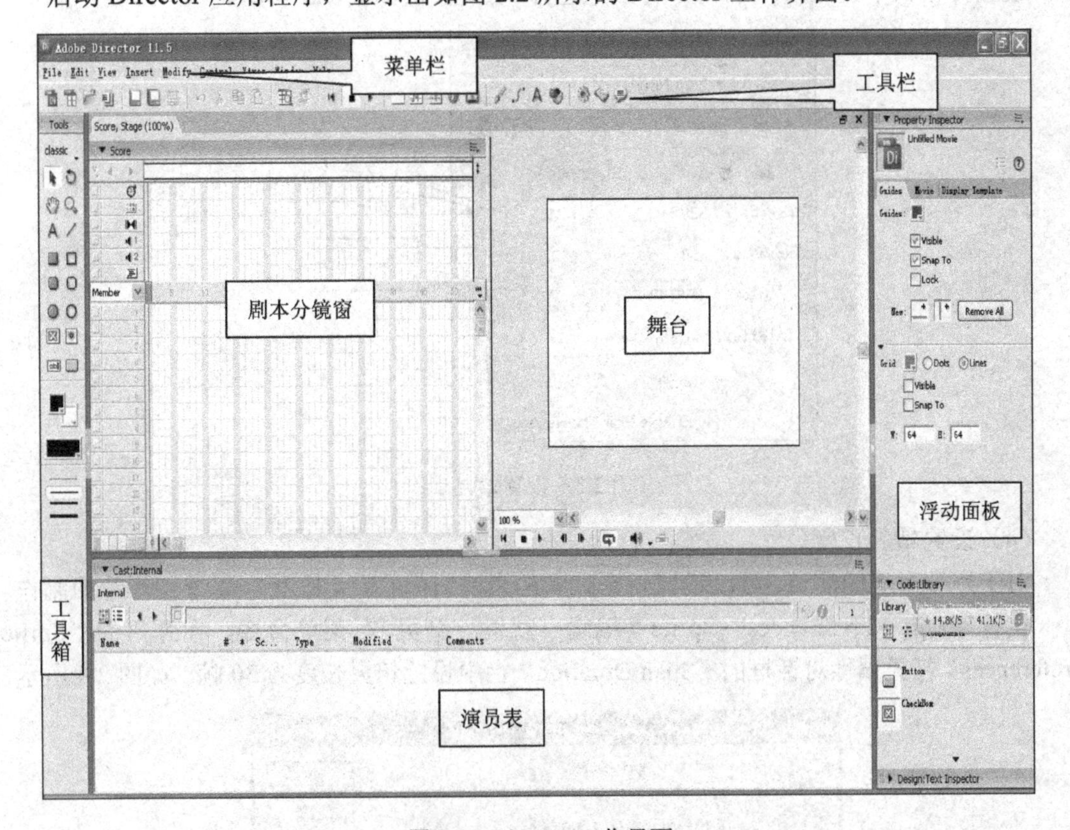


图 2.2 Director 工作界面

Director 工作界面被比喻成一个电影。有一个演员表、一个剧本分镜窗、一个舞台、创作者就是导演。

出现在电影里的每个媒体元素（声音、视频、图像、文本、按钮，等等）能够被想象成参与电影表演的演员。

像真实的电影一样，每个 Director 作品都有一个剧本。剧本分镜窗包含关于每个角色成员什么时候出现在舞台上、需要完成的动作等信息。舞台是动作发生的地方。

创建一个 Director 电影的过程如下。

1. 新建影片与准备舞台及演员

（1）新建影片（Movie）。

执行“File→New→Movie（文件→新建→影片）”菜单命令，新建一个影片。

（2）打开默认面板。

执行“Window→Panel Sets→Default（窗口→面板设置→默认）”菜单命令，切换到默认的 Director 工作界面环境。默认工作界面是专为对 Director 的使用不太熟悉的用户所设计的。

（3）设置舞台。

执行“Modify→Movie→Properties（修改→影片→属性）”菜单命令，或者单击舞台

（Stage），在 Director 工作界面右侧的“Property Inspector”属性检查器的“Movie”选项卡中，设置舞台大小为“320×240”、背景颜色为“白色”，如图 2.3 所示。

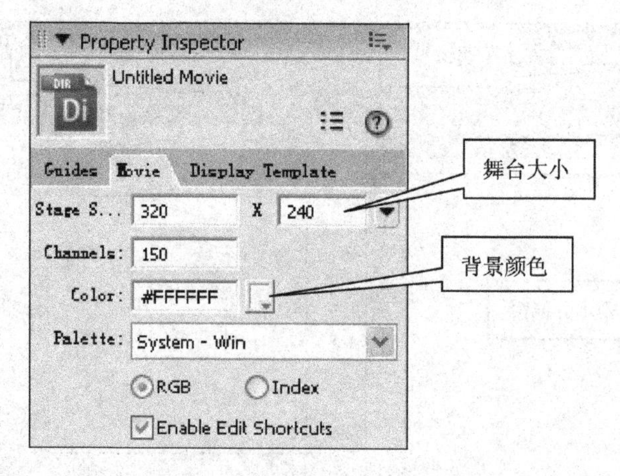


图 2.3　设置舞台

（4）设置精灵长度。

对于登台表演的演员，可以设置一个默认的表演时间（精灵长度），以方便影片的制作。

执行“Edit→Preferences→Sprite（编辑→属性→精灵）”菜单命令，在弹出的“Sprite Preferences”精灵属性对话框的“Span Duration”栏中设置精灵长度为 30 帧。如图 2.4 所示。

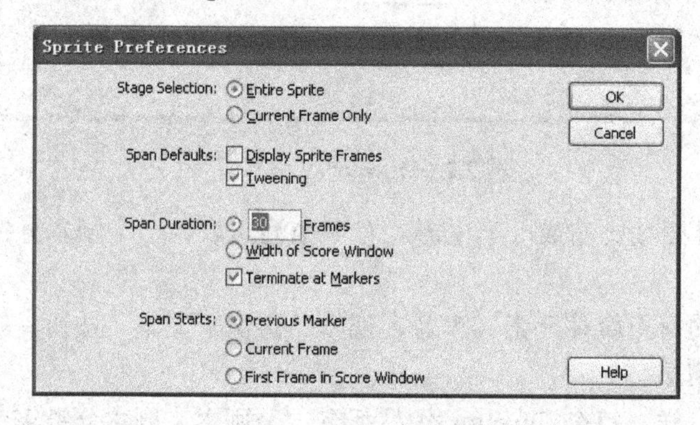


图 2.4　设置精灵长度

（5）导入演员。

单击 Cast（演员表）窗口上方工具条中的☷按钮，使窗口呈现略缩图模式。用鼠标右键单击演员表的窗格 1，在弹出的快捷菜单中选择“Import（导入）”命令，打开“Import Files into”导入对话框，在对话框选择事先准备好的素材“background.jpg”图像文件，单击“Import”按钮，弹出图像参数设置对话框，通常不需要进行任何改动，单击“OK”按钮，将图像导入到演员表的窗格 1 中。

文本、声音、视频、动画和其他媒体的导入方法类似。将“song.mp3”导入到演员表的窗格 2 中，歌词文件“wenben.txt”导入到窗格 3 中。演员表中的每个演员都有一个名称，由外部文件导入的演员，其默认名为所对应的文件名，如图 2.5 所示。

**注意：**歌词文件“wenben.txt”包含了中文，文本导入后无法正常显示中文内容，这是

Director11 的一个 bug，读者可双击演员“wenben”，打开文本编辑窗口，选中文本，设置字体为某中文字体，例如“宋体”，使其能正常显示。

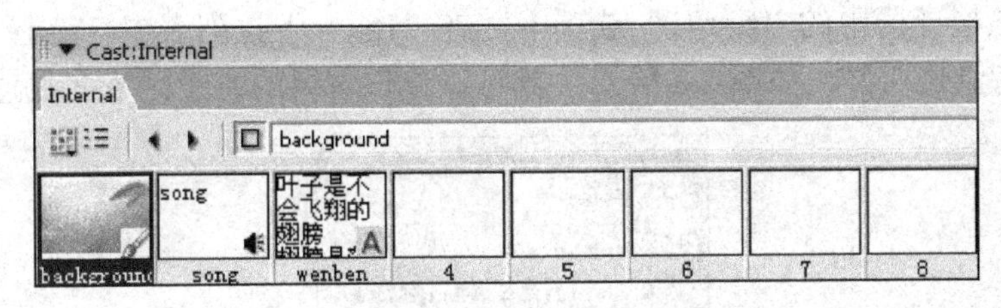


图 2.5 演员表存放了已导入的素材

（6）输入文字演员。

单击工具栏上的“文本编辑窗口”按钮A，打开文本编辑窗口，如图 2.6 所示。输入文字“叶子——阿桑”。用鼠标选中文字“叶子”，然后使用文本编辑窗口中的工具栏，设置字号为24，楷体；鼠标右键单击文字“叶子”，在弹出的快捷菜单中选择“Font”命令，打开 Font 面板，设置文字颜色为绿色；类似地设置“——阿桑”字号为 18，绿色，楷体。

当文字演员输入完成后，该演员出现在演员表的窗格 4 中，演员默认名为所对应的窗格号。

图 2.6 文本编辑窗口

2. 使用 Score 剧本分镜窗布置场景放置演员

（1）直接将图像演员“background”拖动到舞台并适当调整位置作为背景。被放置到舞台上的演员叫作精灵，该精灵需要使用剧本分镜窗口 Score 的一个通道。本例中图像演员“background”产生的精灵 Sprite1 使用通道 1，起始位置为第一帧，精灵跨度为 30 帧，如图 2.7 所示。

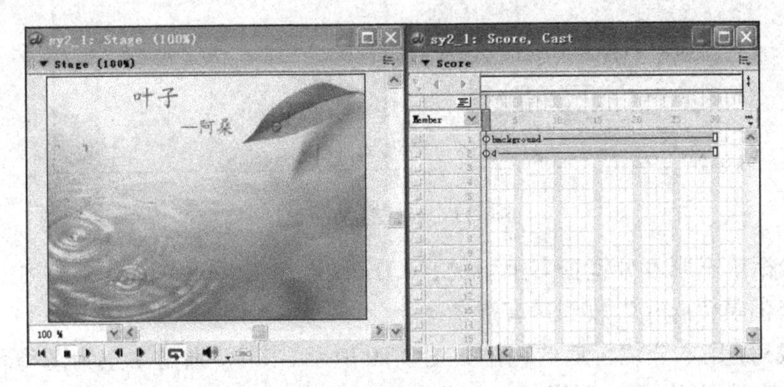


图 2.7 舞台上的精灵和剧本分镜窗口

（2）把文字演员“叶子——阿桑”拖到舞台的上方，此时文字的底色区域遮住了舞台上的背景图像，Director 具有处理精灵背景区域的能力。单击此精灵，选择“Property Inspector”属性检查器中的“Sprite”选项卡，在“Ink”下拉列表中，选择“Background Transparent（背景透明）”，如图 2.8 所示，就可以使该精灵的背景区域变成透明。

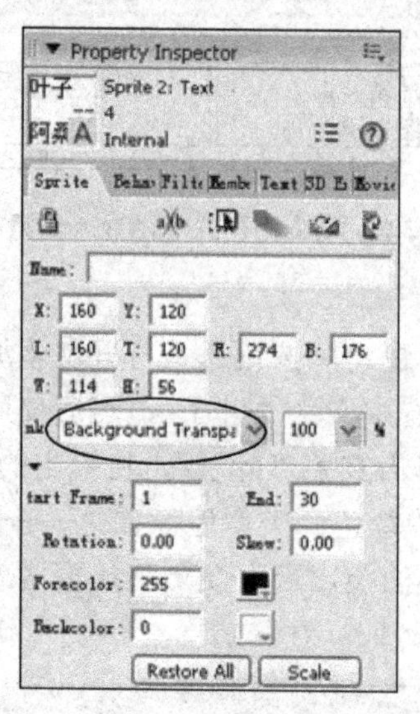


图 2.8　设置精灵属性

（3）使用同样的方法，把歌词演员“wenben”拖到舞台下方，它产生精灵 Sprite3，使用通道 3。设置歌词精灵 Sprite3 的背景为透明。

为了使歌词能自下而上移动，右键单击通道 3 的第 30 帧，在弹出的快捷菜单中选择“Insert Keyframe（插入关键帧）”命令，该操作复制通道 3 的第 1 帧的内容到第 30 帧上，产生相同的精灵，然后移动第 30 帧所对应的歌词精灵到舞台上方。在移动的时候，可以看到从原位置到新位置生成一条移动路径，如图 2.9 所示。

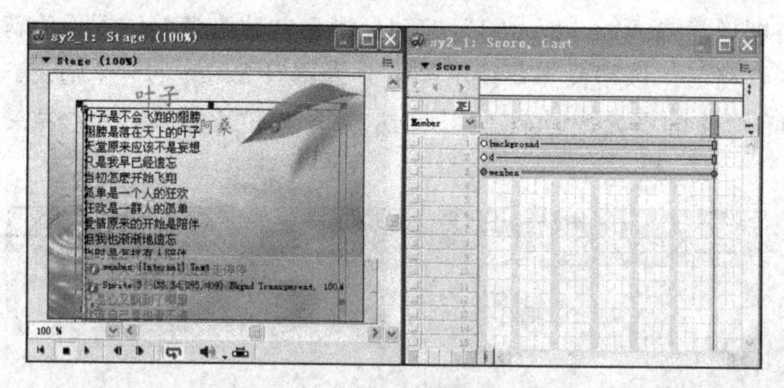


图 2.9　设置移动路径

（4）用鼠标单击剧本分镜窗右上角的↕（Hide/Show Effects Channels）按钮，显示特效通道，将声音演员“song”放到声音通道 1 上。

设计完成后，剧本分镜窗口的编排如图 2.10 所示。其中，通道 1 上为图像精灵 Sprite1，通道 2 上为文字精灵 Sprite2，通道 3 上为歌词精灵 Sprite3，声音通道 1 上为声音精灵“song”。

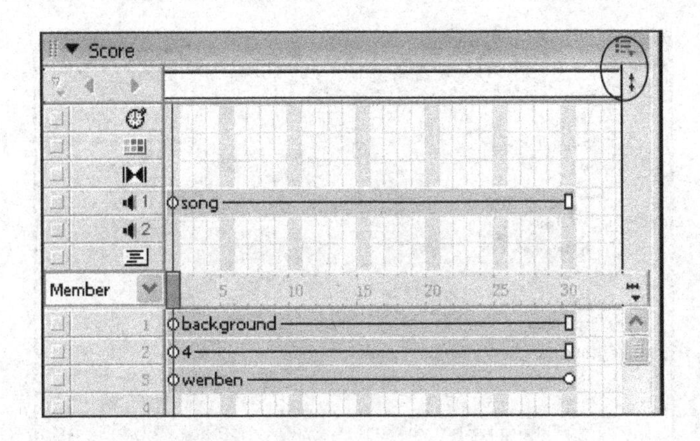


图 2.10　剧本分镜窗口的最终编排

3. 使用控制面板进行调试

控制面板用于实现对电影的控制功能，例如，观察在舞台上的电影，检查进展；设置播放速度、音量大小等。控制面板与普通的摄像机、VCD 的控制面板有几分相似，有倒带、停止、播放按钮。

通过执行“Window→Control Panel（窗口→控制面板）”命令，打开控制面板（Control Panel），如图 2.11 所示。

图 2.11　控制面板

在图 2.11 中，将播放速度设置为 15fps。要改变播放声音的音量，在控制面板上，单击“Volume”按钮，然后从下拉菜单里选择一个音量标准。

有时需要检查独立的帧或者检查帧与帧之间的过渡效果，就要一步一步地、每次只移动一帧地运行一个电影，可单击控制面板上的◀或▶按钮。要跳转到电影里的一个特殊的帧：在帧计数器 1 里键入一个帧编号，并且按下回车键。

在标准工具栏中或舞台窗口的下方也有控制电影播放的按钮，用这些按钮可以实现对电影的简单控制。

4. 保存与生成项目

（1）源文件保存。

执行“File→Save（文件→保存）”菜单命令，保存所设计的源文件。本例为 sy2_1.dir。

（2）生成项目。

Director 能够创建用于 Macintosh 和 Windows 两种平台的目标程序。

执行“File→Publish Settings（文件→发布设置）”命令，打开“Publish Settings”对话框，如图 2.12 所示。在“Formats”选项卡上进行发布设置，然后单击“Publish”（发布）按钮，就可将由 Director 制作的电影发布成需要的版本。图 2.12 的选择将导出能在 Windows 平台上运行的 sy2_1.exe 文件。

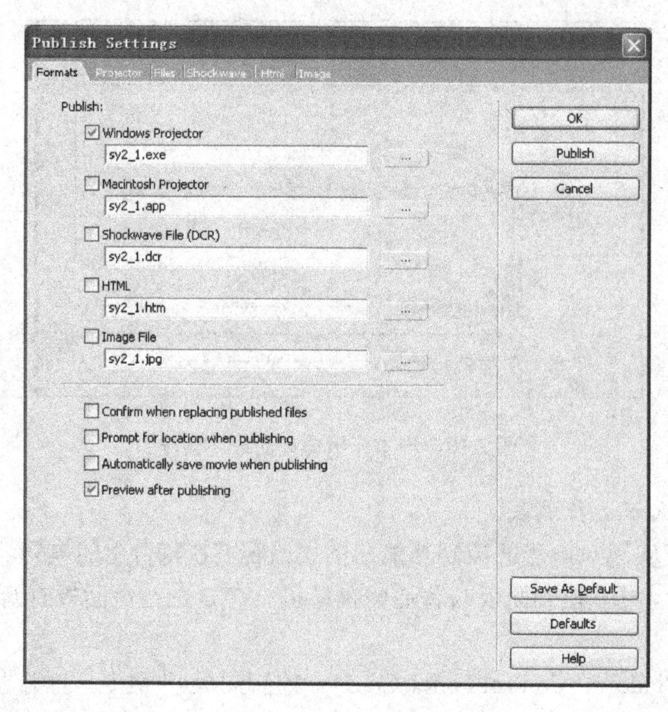


图 2.12　发布设置

表 2-1 显示了发布设置所产生的目标程序。

**表 2-1　发布设置与目标程序**

| 发布设置选项 | 说　明 |
|---|---|
| Windows Projector | Windows 版本的电影文件，文件类型为 exe |
| Macintosh Projector | Macromedia Shockwave 版本的电影文件，文件类型为 osx |
| ShockWave File（DCR） | 网络多媒体文件，文件类型为 dcr，在浏览器里播放 |
| HTML | 伴随网络多媒体格式输出的网页文件 |

通过本例的设计，可以看出制作 Director 多媒体作品的一般过程：

（1）新建一个影片文件。

当创建和编辑一个基本的电影时，有四个视窗出现在默认的工作空间里：舞台 Stage，剧本分镜窗 Score，演员表 Cast，以及“Property Inspector”属性检查器。

（2）准备舞台与演员。

设置好基本界面环境；通过在 Director 中创建电影里的角色成员或者导入媒体元素到 Cast 演员表；在“Property Inspector”属性检查器里控制角色成员的属性。

（3）使用剧本分镜窗制作影片。

将演员当作精灵放置在舞台上，然后，通过在舞台上或者在剧本分镜窗里编辑它们，来提炼这个精灵的动作，控制出现在电影里的那些媒体元素的出现方式、时间、地点等。在要求较高的多媒体作品中需要使用 Lingo 脚本。

（4）调试电影。

使用控制面板，播放与调试电影。

（5）生成项目。

保存文件与生成可执行文件。

## 2.1.2 Director 术语

Director 作为一个多媒体制作软件，它的专用术语都引用和借鉴了电影拍摄中的现成术语，而非编程术语。

### 1. Movie（影片）

一个 Director 文件称为电影片，包含一个或多个演员表库和一个剧本分镜窗，设计的原始文档扩展名为.dir。

### 2. Stage（舞台）

在 Director 中，屏幕上的矩形显示区域称为舞台。影片的尺寸也是舞台的有效尺寸。

### 3. Cast（演员表）

演员表是影片中所使用的演员的清单。主要用来调用和处理素材，管理场景元素。出现在演员表内的资源可以是位图、矢量形状、文本、脚本、声音、Flash 内容或者组件、DVD 内容、QuickTime 电影、Windows Media 视频或者音频、Macromedia Shockwave 3D 内容等。

### 4. Sprite（精灵）

精灵是 Director 中主要的编辑对象，是演员在舞台上的表现形式，精灵决定演员在什么时候、在什么地方以及怎样出现。精灵必须由演员充当载体，一个演员可以生成多个精灵。当将一个演员放置到舞台上或者放置在剧本分镜中时，就创建了一个精灵。

精灵和演员的主要区别是精灵并不是出现在演员窗口中的实际物体，而是当演员被移动到舞台上的一个复制品，可以将精灵看作演员所扮演的角色。在影片播放时，通过 Lingo 脚本可以对精灵进行修改，但是对精灵所做的改动不会影响到原来的演员。

### 5. Score（剧本分镜窗）

剧本分镜窗是组织演员进行“演出”的指挥中心，而演员则被这个指挥中心赋予了不同的演出任务，即变为“精灵”，其他的窗口主要是为剧本分镜窗提供素材。

### 6. Channel（通道）

剧本分镜窗组织和控制一个按时间顺序排列着的电影内容，它是用可被调用的通道来记录的。剧本分镜窗包含许多适合于电影的精灵的精灵频道，顶部还有几个特殊通道。

当精灵出现在电影里时，精灵通道被编号和被控制，角色在哪个通道内决定了该演员将被绘制在其他演员的前面还是后面。

### 7. Frame（帧）

帧是剧本分镜窗通道上的一栏，Director 里的一个瞬间。制作影片时，舞台上显示的是单帧画面。当影片播放时，逐帧画面在舞台上演出，产生了动画的视觉效果。

#### 8. Ink 效果

Ink 是角色在舞台上被描绘的一种规则。当多个精灵放置在剧本分镜窗不同的通道中时，会有重叠的情况，在默认情况下，是上面的精灵覆盖掉下面的精灵。墨水效果能改变一个精灵所显示的颜色和外观，决定了互相重叠精灵的最终显示效果。改变精灵 Ink 属性的方法是，单击一个精灵，然后在“Property Inspector”属性检查器的“Sprite”选项卡的“Ink”下拉列表中设置这个精灵的覆盖方式。常用墨水效果类型有：

（1）Copy 类型。

Director 默认类型。这种方式直接把精灵放在舞台上，它将覆盖掉下面的精灵。Copy 墨水类型把角色作为不透明的矩形放在舞台上。

（2）Background Transparent 类型。

使图形的背景（包括图形对象内部的白色区域）变为透明。

（3）Matte 类型。

褪光效果可移除图形对象周围的白色背景，将其设置为透明，但不去除图形内部的背景色。

（4）Transparent 类型。

将精灵中的像素加亮，能透出其下面的图像。

#### 9. 精灵混合色

使用混合色可以使精灵变得透明。通过逐渐地改变混合色设置来使精灵淡入或者淡出。要设置一个精灵的混合色，可以在其属性窗选择一个百分比。

## 2.2 Stage（舞台）

### 2.2.1 舞台属性设置

Stage（舞台）在 Director 中是一种定位工具，制作的结果通过舞台显示，舞台结构如图 2.13 所示。

Director 将舞台设计成带有滚动条的窗口，在窗口左下角的列表中选取比例，可以放大或缩小显示舞台的内容，显示比例不影响舞台的实际大小。

Director 舞台的大小和色深并不局限于计算机系统所设置的屏幕尺寸和显卡所提供的色深。所以在开发 Director 电影前，需要设置舞台大小、位置和颜色。

要设置舞台属性，需要在“Property Inspector”属性检查器中的“Movie”选项卡内进行。如果“Property Inspector”属性检查器被关闭，可选择“Modify→Movie→Property（修改→电影→属性）”命令，打开如图 2.14 所示的“Property Inspector”属性检查器。通常对舞台设置以下属性。

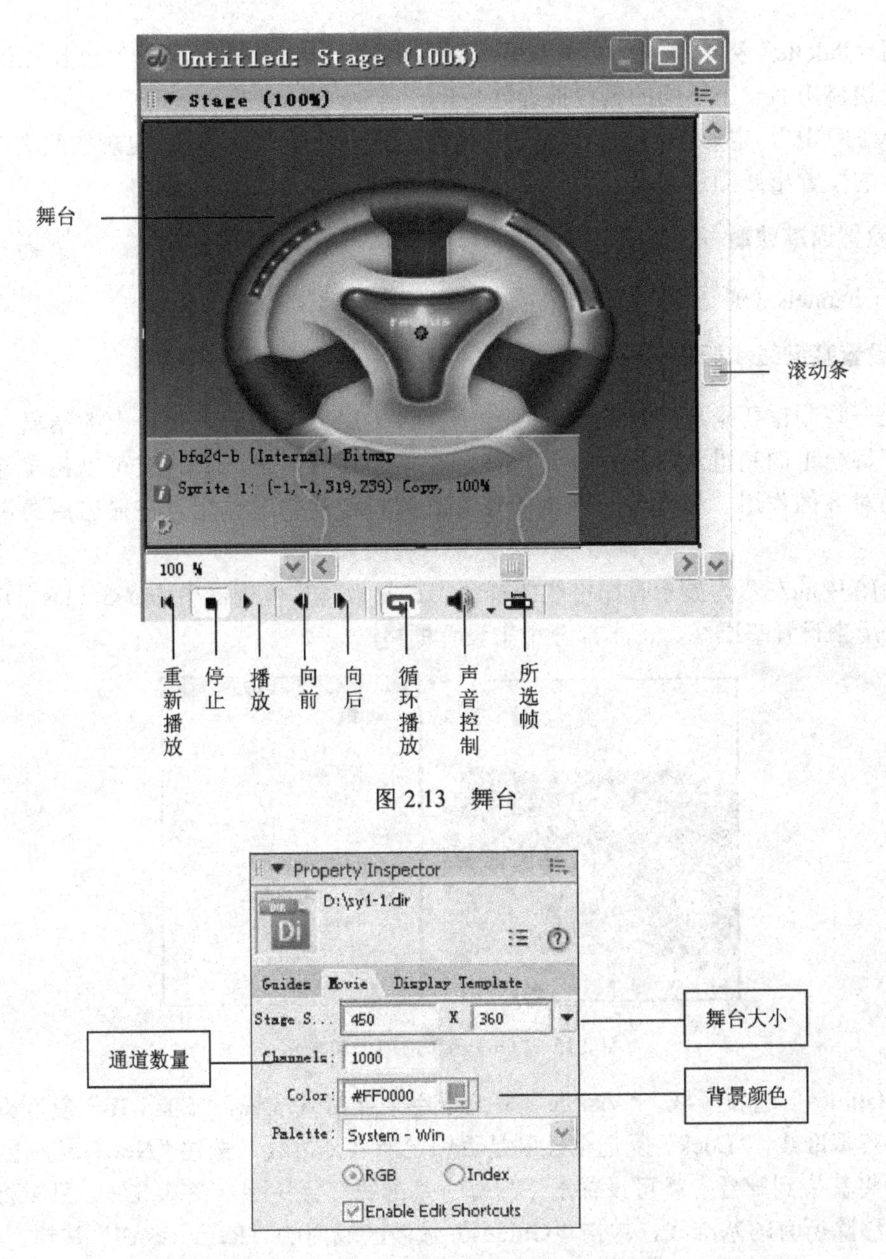


图 2.13　舞台

图 2.14　“Property Inspector”属性检查器

### 1. 设置舞台大小

在实际设计过程中，对舞台大小的要求是非常高的，它不仅影响到作品的播放速度，甚至会对影片的质量产生很大的影响。因此，在制作影片之前需要慎重考虑舞台大小。舞台大小默认为 320×240。

### 2. 设置舞台颜色

默认的舞台颜色是白色，如果需要将舞台颜色设置为其他的颜色，可以通过“Color（颜色）”进行设置。

利用“Palette”列表框可为电影选择一种调色板。该调色板的值被保留到 Director 在 Palette 通道调用另一个不同的调色板设置为止。

选择“RGB”，电影采用 RGB 颜色值设置颜色；选择“Index”，电影按照它在当前的调色板中的位置指派颜色。

### 3. 设置通道数量

在“Channels（通道）”文本框中输入数值，指定通道数量。

### 4. 设置基准线和栅格

对于一些制作要求比较高的电影或动画，为了更方便地对齐舞台上的精灵，可以设置并打开舞台上的基准线和栅格。基准线和栅格是一种对齐工具，它可以在布置场景时起到辅助对齐的作用。栅格线只在编辑影片时起一定的辅助作用，在输出后的影片中不会出现。

图 2.15 中的左图为显示有栅格线的舞台，右图为属性检查器中的“Guides”选项卡，上半部分用来设置基准线，下半部分用来设置栅格。

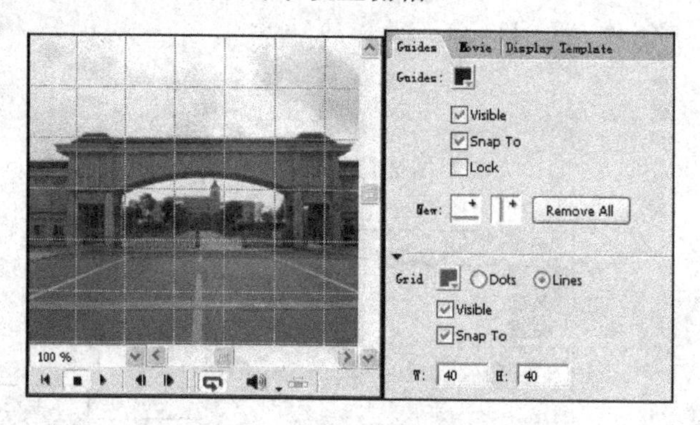


图 2.15 “Guides”选项卡和显示

在“Guides”选项区域，“Visible”复选框用来显示基准线，“Snap To”复选框控制是否自动贴齐基准线，“Lock”复选框控制是否锁定所有基准线。按住“New”选项区域的 或 ，将其拖到舞台上就可设置水平与垂直基准线。要移除一条基准线，只要将它拖离舞台；要移除所有的基准线，单击“Guides”选项区域内的“Remove All”按钮。

在“Grid”选项区域，勾选“Dots”单选按钮，栅格以点的形式出现；否则以线“Lines”方式显示。“Visible”复选框用来控制网格线显示，“Snap To”控制是否自动贴齐网格线。

## 2.2.2 舞台基本操作

Director 中舞台的操作主要包括对精灵的添加、删除、复制等。

### 1. 添加精灵

添加精灵或者创建精灵就是在舞台上放置一些素材元素，例如文本、声音、图形、图像、视频、动画等。向舞台中添加精灵的方法有多种，较为常用的有：从演员表中向舞台拖动一个演员以形成一个精灵；从绘图窗口向舞台拖动一个演员以形成一个精灵；使用工具箱直接在舞台上添加一个精灵。

（1）从演员表向舞台添加精灵。

选中演员表已导入的演员，按住鼠标左键不放，直接将演员拖动到舞台上的合适位置，释放鼠标即可。

（2）从其他窗口向舞台添加精灵

通过文本编辑窗口、绘图窗口或者矢量图形窗口等，向舞台添加精灵，由这些窗口添加精灵的方法都相同。下面以矢量图形窗口为例，介绍它们的添加方法。

选择“Window→Vector Shape（窗口→矢量图形）”菜单命令，打开矢量图形窗口，并根据实际要求绘制一个矢量图形，如图 2.16 所示。此时就会在演员表中生成一个矢量图形的新演员，选中该演员按住鼠标左键不放拖动到舞台合适位置即可。

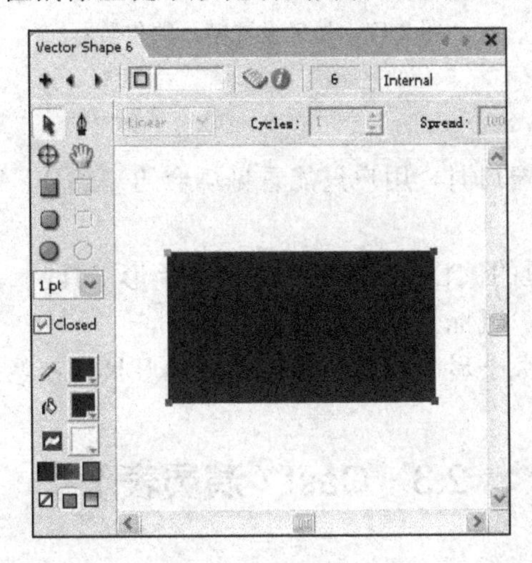


图 2.16　绘制矢量图形

### 2. 删除精灵

在舞台上选中相应的精灵，然后按“Delete”键即可将其删除。不过，这种删除只是删除舞台上的精灵，该精灵所对应的演员还在演员表中。若选中演员表中的演员，然后按“Delete”键删除选定的演员，则该演员所对应的所有精灵也将被删除。

### 3. 复制精灵

在舞台上选取一个精灵，按组合键“Ctrl+X”或“Ctrl+C”，将该精灵复制到剪贴板上，再按组合键“Ctrl+V”，新的精灵就会复制出来。当然，上述方法也可以通过快捷菜单中的“Cut Sprite（剪切精灵）”、“Copy Sprite（复制精灵）”、“Paste Sprite（粘贴精灵）”菜单命令来实现。

### 4. 移动精灵

有时舞台中的精灵位置不符合设计要求，需要调整它的位置。具体操作方法是：在舞台中选中需调整位置的精灵，按住鼠标左键不放，将光标拖动到目标位置，释放左键即可。

如果要精确设置精灵在舞台中的位置，选中精灵，在其属性面板中调整它的 X、Y 值，如图 2.17 所示。

图 2.17 精确设置精灵的位置

#### 5. 在舞台周围移动

当舞台区域大于舞台窗口时，用户只能看见舞台的一部分，可以使用以下任何一项操作来拖曳移动舞台：

（1）选择 Tool 面板里的工具，鼠标光标变成手形工具；

（2）按下空格键不放，鼠标光标变成手形工具。

**注意：** 当鼠标光标变成手形工具后，要还原光标形状，可单击 Tool 面板里的工具。

## 2.3 Cast（演员表）

### 2.3.1 演员表

演员表 Cast 包含了电影中需要的角色成员，主要用来调用和处理素材，管理场景元素，其缩略图视图构成如图 2.18 所示。

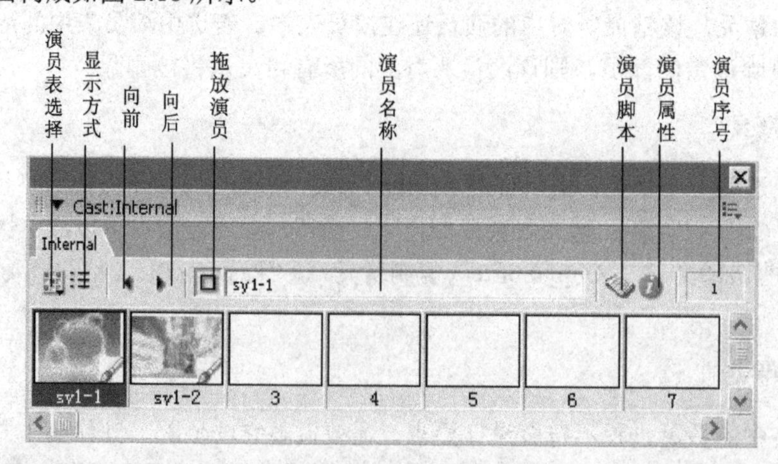


图 2.18 演员表缩略图视图

演员表里的成员通常可分成两种类型：

（1）演员角色成员是电影的媒体元素，例如声音、文本、图形、动画和视频。这些角色成员被当作精灵放置在舞台上。

（2）某些角色成员可能出现在剧本分镜窗里但不会出现在舞台上。例如脚本、调色板、字体以及转场效果等，它们只能出现在剧本分镜窗的特效通道里。

在 Director 中，每个演员都有演员编号；在一个演员表中，不可能有相同编号的两个演员。利用编号可以区别任一演员，所以在编程的时候，调用演员通常通过演员编号来进行。此外，每个演员都有自己的名字，但是需要注意的是，演员的名字不是唯一的，也就是说可以有重名的演员存在。所以用演员名调用演员时必须注意是不是有重名的演员。采用演员名称调用的好处是当演员从一个表中移动到另一个表中时，不需要对程序进行任何修改。

Director 中演员的种类非常多，在演员表中每个演员的右下方，都有一个小标记，标明演员的类别。常用演员分类标识如表 2.2 所示。

表 2.2　常用演员分类标识

| 标识 | 演员类别 | 标识 | 演员类别 |
| --- | --- | --- | --- |
| | 位图演员 | A | 文本演员 |
| | 矢量图演员 | abl | Field 演员 |
| | 形状演员 | | 脚本演员 |
| | 按钮演员 | | Behavior 演员 |
| | 单选按钮 | | 电影脚本 |
| | Windows Media | | 胶片环 |
| | 数字视频 | | 过渡效果 |
| | 声音演员 | | Flash 影片 |

## 2.3.2 演员表创建

### 1. 演员表分类

Director 中的演员表分为两种类型：一种是内部演员表（Internal Cast），另一种是外部演员表（External Cast）。内部演员表只能作用于一部作品并且被存储在影片文件内部；而外部演员表被存储在电影外，可以被多个其他电影作品所共享，这样可减小影片文件的大小。

当在 Director 中新建一个电影时，已经存在一个内部演员表。默认情况下，演员都存放在这个演员表中。

### 2. 创建新演员表

在制作影片时，若涉及的演员非常多，如果都放在一个演员表里，对演员的管理就非常不方便，所以此时应该建立多个演员表，按分类把演员安排在不同的演员表中。

另外，在一些大的项目中，需要多人合作开发，每个程序员负责一个功能模块，但是他们有可能用到相同的演员，例如背景和按钮等，可以把这些演员作为公用元素，这就需要建立外部演员表，将共享演员单独放到一个独立的文件中。

创建新的演员表：

（1）执行“File→New→Cast（文件→新建→演员表）”菜单命令，打开“New Cast”（新演员表）对话框，如图 2.19 所示。

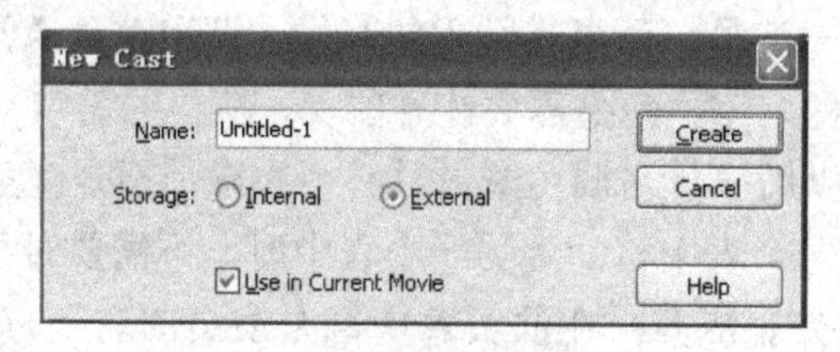


图 2.19　新建演员表

（2）在“Name”文本框中输入新演员表的名称。

（3）设置新演员表类型。

在“Storage”选项组中选中“Internal”（内部）单选按钮，它使新演员表仅可用于当前影片。

若选择“External”（外部）单选按钮，这个选项使新演员表可与其他的电影共享。如果在当前影片中暂时不使用新建外部演员表，则取消对“Use in Current Movie”复选框的选择。

（4）单击“Create（建立）”按钮，演员表将被创建，并且出现在演员表视窗里的 tabbed 面板上。

### 3. 保存演员表

内部演员表随同 Director 影片的保存一起被保存。

外部演员表是一个独立于影片的文件，扩展名为.cst，需要单独进行保存。执行“File→Save（文件→保存）”菜单命令，打开“Save Cast 'book'”对话框，如图 2.20 所示。

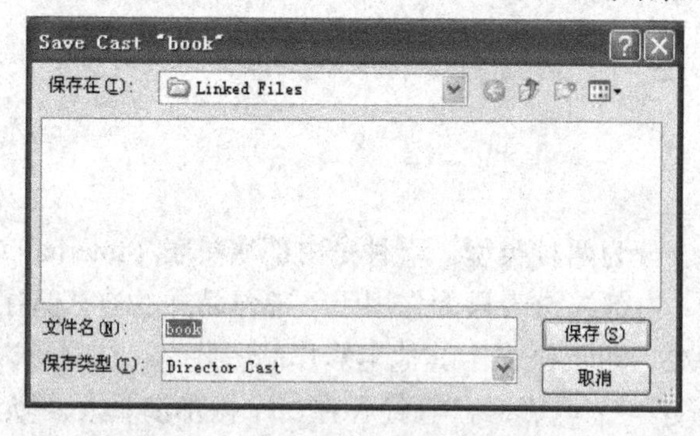


图 2.20　“Save Cast 'book'”对话框

在“保存类型”框中选择“Director Cast”，指定为外部演员表。

**注意：**当对外部演员表保存时，Director 影片本身并没有同时被保存。

如果希望外部演员表连同 Director 影片一起保存，则需要执行“File→Save All（文件→保存全部）”菜单命令。

#### 4. 演员表属性设置

使用属性检查器可以改变一个演员表的名称，以及定义如何将它的演员载入内存。

打开“Property Inspector”属性检查器，选择“Cast”选项卡，如图 2.21 所示。

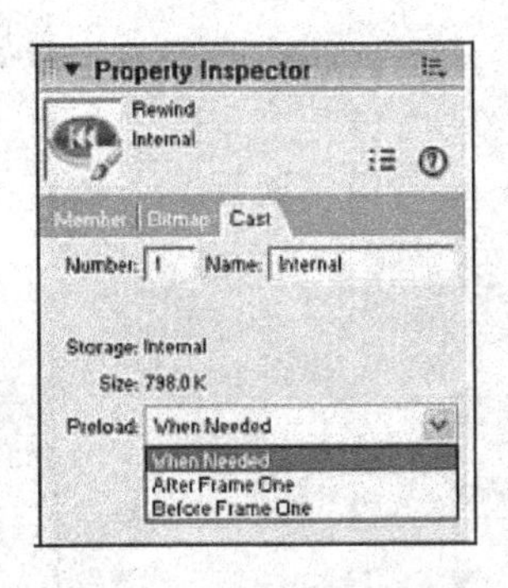


图 2.21　演员表属性设置

在“Name”文本框中可改变当前演员表的名称。

“Preload”选项定义在电影运行期间如何将演员载入内存：

① When Needed ——在电影播放时，将需要的演员载入内存。

② After Frame One ——当电影离开第一帧时，载入所有的其他演员（除了第一帧所必需的那些之外）。这个设置可以确保第一帧可以很快地出现。

③ Before Frame One ——在电影播放第一帧之前载入所有的演员。如果有足够的内存来存储所有的演员，它可以提供最好的回放性能。

#### 5. 使用演员表

当影片中的演员表较多时，有的演员表可能处于关闭状态，此时，如果需要再次使用该演员表，可以执行“Window→Cast（窗口→演员表）”菜单命令，在弹出的列表中选择要打开的演员表即可。

对外部演员表必须明确地链接到使用该角色成员的电影。要将一个外部的演员表链接到一个电影，可以执行“Modify→Moviet→Cast（修改→影片→演员表）”菜单命令，在“Movie Casts”对话框中，单击“Link”按钮，定位并选择所要使用的外部演员表，并且单击“Open”按钮。

如果要从一个电影中解除外部演员表的链接，可以执行“Modify→Moviet→Cast”菜单命令，在“Movie Casts”对话框中，选择外部演员表，单击“Remove”按钮。

### 2.3.3　演员表操作

Director 中演员表的操作主要包括两大类：一是在演员表中创建演员；二是对当前演员表中的演员进行一些常规操作，例如移动、复制、排序等。

#### 1. 创建演员

Director 中常用的演员创建方式是将由外部专业工具软件制作好的素材导入到演员表，或利用 Director 自身的工具进行生成，例如通过软件内置的文本编辑窗口、矢量绘图窗口等工具创建演员。

（1）导入演员。

执行“File→Import（文件→导入）”菜单命令，打开“Import Files into ‘book’ ”对话框，如图 2.22 所示，将素材导入到演员表中编号最小的未使用的窗格。

也可以用鼠标右键单击演员表中一个未使用的窗格，在弹出的快捷菜单中选择“Import”命令，打开“Import Files into”对话框，将素材导入到该窗格中。

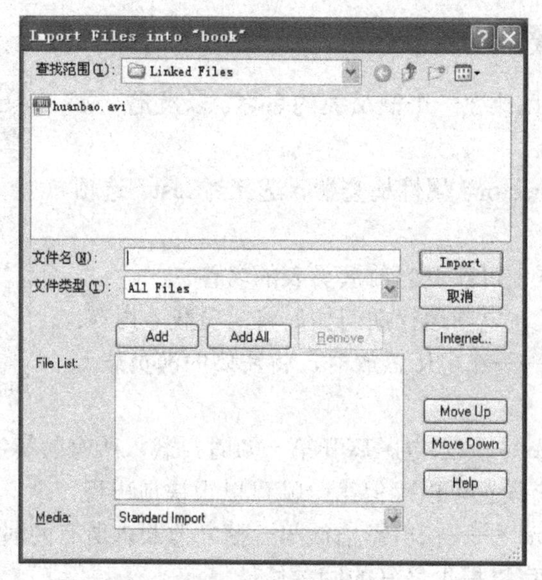


图 2.22　导入演员

（2）用 Director 内置工具生成演员。

① 使用 Tool 面板中的工具，直接在舞台上创建精灵，例如，绘制一个按钮。所创建的角色成员自动被放置到演员表和进入剧本分镜窗。

② 使用 Script 窗口创建一个脚本演员。

③ 在“Insert→Media Element（插入→多媒体元素）”菜单项上，选择要创建的演员的类别，例如，动画光标 Cursor 演员。

④ 在“Window”菜单项上选择想创建的演员类别，打开一个媒体编辑窗口，例如，Paint、Vector Shape、Text 等编辑窗口创建和编辑演员。

**2. 演员管理**

对于演员表内的一个个演员，可以执行移动、复制、排序等操作。

（1）移动演员。

将鼠标放在需要移动的演员上，按住鼠标左键不放，将演员拖动到目标位置上释放鼠标即可。此时，该位置后的所有演员都会向后移动一个位置。

（2）复制演员。

复制演员可以通过组合键“Ctrl+C”、“Ctrl+V”进行复制，粘贴。

（3）对演员进行排序。

在制作 Director 影片时，让演员表中的演员能够按照一定规则进行排序也是很重要的。具体操作方式是：选择需要排序的演员，执行“Modify→Sort（修改→排序）”菜单命令，打开如图 2.23 所示的“Sort”对话框。

在该对话框中共有五种排序方式：

① Usage in Score（分镜窗使用顺序），按照演员在剧本中出现的先后顺序进行排序。

② Media Type（媒体类型），按照演员的不同媒体类型进行排序，将相同类型的演员放在一起。

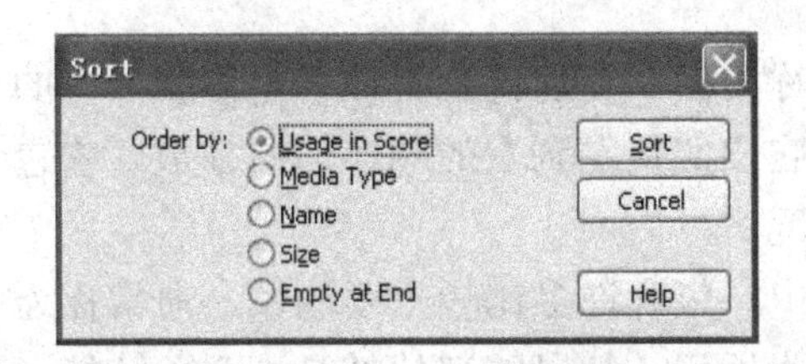


图 2.23 “Sort”对话框

③ Name（名称），按照演员的字母顺序进行排序。

④ Size（大小），按照演员的容量大小进行排序。

⑤ Empty at End（结束为空），维持原有的排序不变，将空的演员移动到演员表的最后。

## 2.4 Score（剧本分镜窗）

Director 的基本概念是电影中的“帧”，画面一帧一帧地呈现，制作的结果通过舞台显示，Score（剧本分镜窗）是安排精灵、设置电影效果、控制舞台上所有精灵在时间上执行动作的窗口。

### 1. Score（剧本分镜窗）

剧本分镜窗组织和控制一个按时间顺序排列着的电影内容，其窗口主要由行和列组成，如图 2.24 所示。

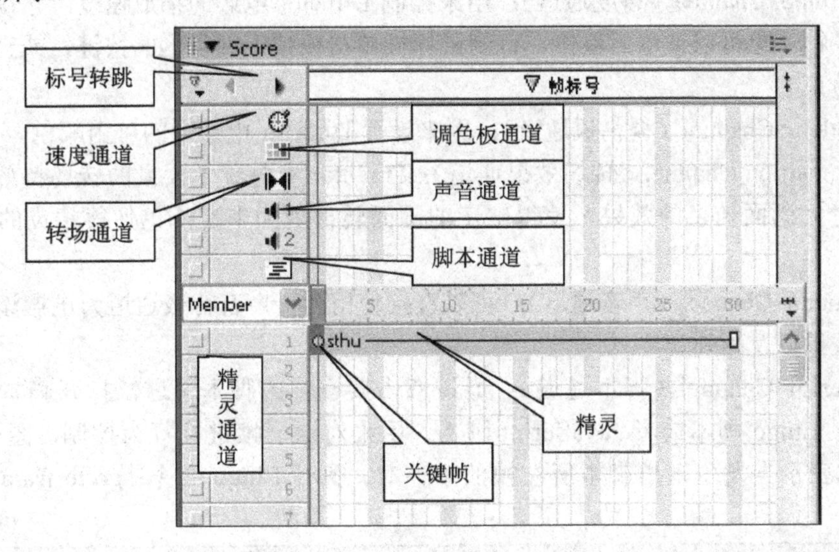


图 2.24 Score（剧本分镜窗）窗口

剧本分镜窗中的行被称为通道，每个通道当中可以放置一个或者多个精灵，当精灵出现在电影里时，精灵通道被编号和被控制。精灵在舞台上的层次由所在通道次序确定，编号高的通道中的精灵出现在编号低的通道中的精灵的上面。所以一般把背景放在第一个通道中，越活跃的精灵需要放在编号越高的通道中。

剧本分镜窗中的列被称为帧，在理论上类似于电影胶片里的一帧，帧编号在剧本分镜窗里的竖行之外被列出。它按照从左到右的顺序向前播放，它包含了电影播放的某一时刻舞台上所有精灵的演出情况。

在精灵占据的帧序列中，包含许多比较重要的帧，通常称为关键帧，关键帧在剧本分镜窗中以一个小的圆圈作为标记。精灵的起始帧是一个关键帧，通常精灵的结束帧以一个小的矩形框作为标记，它不是关键帧。如果要使精灵的结束帧也成为一个关键帧，则必须在该帧创建或插入关键帧。

剧本分镜窗里一条红色垂直线叫作播放头。播放头所达到的位置，其所对应的时间点，对象在舞台上表演该时间点安排的动作。可以单击剧本分镜窗里任何的帧来向后或向前移动播放头。

剧本分镜窗提供电影作品的一个时间线的视图，舞台显示的内容为在剧本分镜窗里被选择的点（当前帧）。

可以对某个帧的位置赋予特定的名称，称为帧标号。单击“Previous Marker”（前一帧标号）和“Next Marker”（后一帧标号）按钮可以跳转到上一标号或者下一个标号的位置。

**2. 特效通道**

Director 中除了默认的 150 个基本通道外，在剧本分镜窗口的上半部分，还隐藏着一些特效通道，打开和关闭这些特效通道的方法是单击分镜窗口右上方的“Hide/Show Effects Channels”按钮。这些特效通道的作用如下。

（1）Tempo Channel（速度通道）：用来控制 Director 电影的播放速度。它决定电影每秒显示多少帧。也可以使电影暂停，直到鼠标被单击或按下键盘上的按键，或直到视频和声音播放结束。

（2）Palette Channel（调色板通道）：用来设置 Director 电影中的可用颜色。

（3）Transition Channel（转场效果通道）：Director 中内置了大量的转场特效效果，用于帧与帧之间画面转换的效果，使得电影的画面转换更加丰富，也使得精灵的出现更加自然。

（4）Sound Channel（声音通道）：可以直接使用两个声音特效通道为电影添加背景音乐、声音效果以及画外音。

（5）Script Channel（脚本通道）：通过双击某一帧的脚本通道，打开脚本编辑器窗口，可写入 Lingo 脚本或者 JavaScript 脚本，用来对这一帧进行行为控制。图 2.25 所示 Lingo 脚本表示当发生退出脚本所在帧的事件时，执行 Lingo 命令：go to frame 5，跳转到第 5 帧。

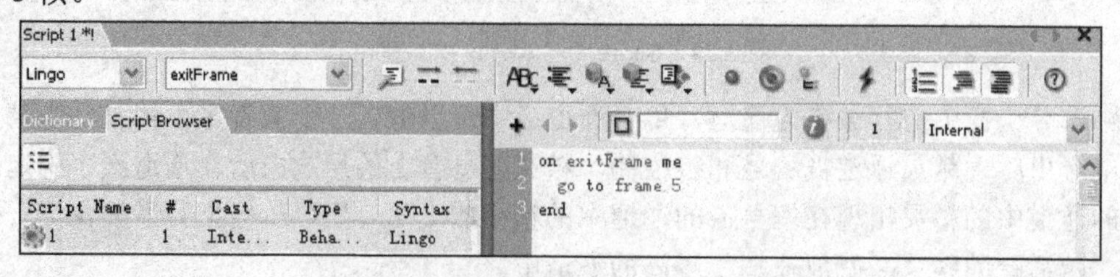


图 2.25　在脚本通道添加 Lingo 命令

## 2.5 应用实例

### 2.5.1 制作音乐点播台

前面的引例制作的影片只能播放唯一指定的歌曲。下面的例子将在影片中增加交互功能，影片放映时，通过单击按钮，播放歌曲。

【例 2.2】制作一个播放器，内部有 3 个按钮，如图 2.26 所示。通过单击“one”、“two”、“three”相应按钮，实现歌曲的切换。

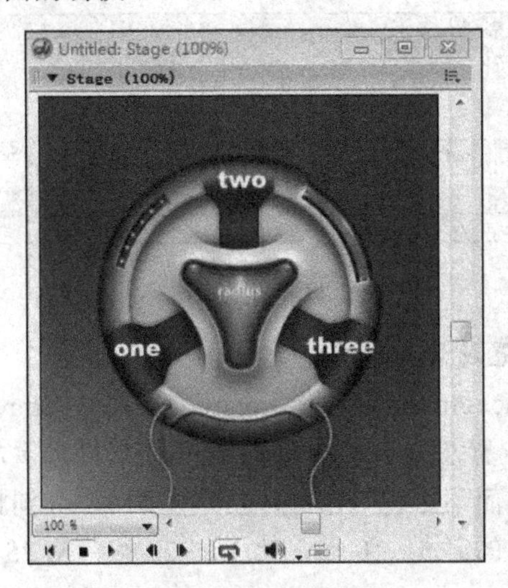


图 2.26 播放器

设计分析：

播放器的界面可以直接由一张图片构成，在图片上叠加文字演员构造按钮，使用鼠标的“on MouseUp me”事件控制播放头的位置，实现歌曲的切换。在设计前，准备好播放器的背景图片和 3 个 mp3 格式的声音文件。

设计步骤如下。

1. 舞台与演员的准备

（1）新建影片。运行 Director，执行“File→New→Movie（文件→新建→影片）”菜单命令，新建一个影片，打开“Property Inspector”属性检查器，在“Movie”选项卡中设置舞台大小为 600×600，背景为白色。

（2）执行“Window→Panel Sets→Default（窗口→面板设置→默认）”菜单命令，切换到默认的 Director 工作界面环境。

（3）执行“Edit→Preferences→Sprite（编辑→属性→精灵）”菜单命令，打开“Sprite Preferences”精灵属性对话框，在“Span Duration”栏中输入“30”，使精灵默认长度为 30 帧。

（4）导入演员。用鼠标右键单击演员表的窗格 1，在弹出的快捷菜单中选择“Import”命令，在导入对话框中选择素材：图像文件“background.jpg”，声音文件“song1.mp3”、“song2.mp3”和“song3.mp3”，单击“Import”按钮，弹出参数设置对话框，不需要进行任何改动，单击“OK”按钮，将相关素材导入到演员表中。

（5）输入文字演员构造按钮。

单击工具栏上的“文本编辑窗口”按钮，打开文本输入窗口，输入文字“one”。用鼠标右键单击文字“one”，在弹出的快捷菜单中选择“Font”命令，打开 Font 面板，设置字体为 Arial Black，大小为 36，白色，生成一个文字演员。

类似地创建“two”和“three”文字演员。三个文字演员分别使用了演员表中的窗格 5～窗格 7。演员表内容如图 2.27 所示。

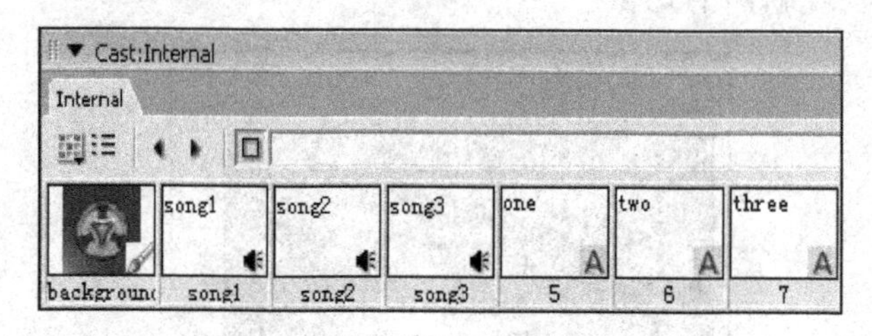


图 2.27　演员表内容

2. 使用剧本分镜窗布置场景放置演员

（1）分别拖动演员“background”以及“one”、“two”、“three”到通道 1、通道 2、通道 3 和通道 4 上，调整相应位置及大小，设置文字演员所对应精灵的墨水效果为“Background Transparent”，使其背景透明而不影响“background”的画面。分别将演员“song1”，“song2”，“song3”放置在声音通道 1 的第 5～10 帧，第 15～20 帧，第 25～30 帧，剧本分镜窗最终编排如图 2.28 所示。

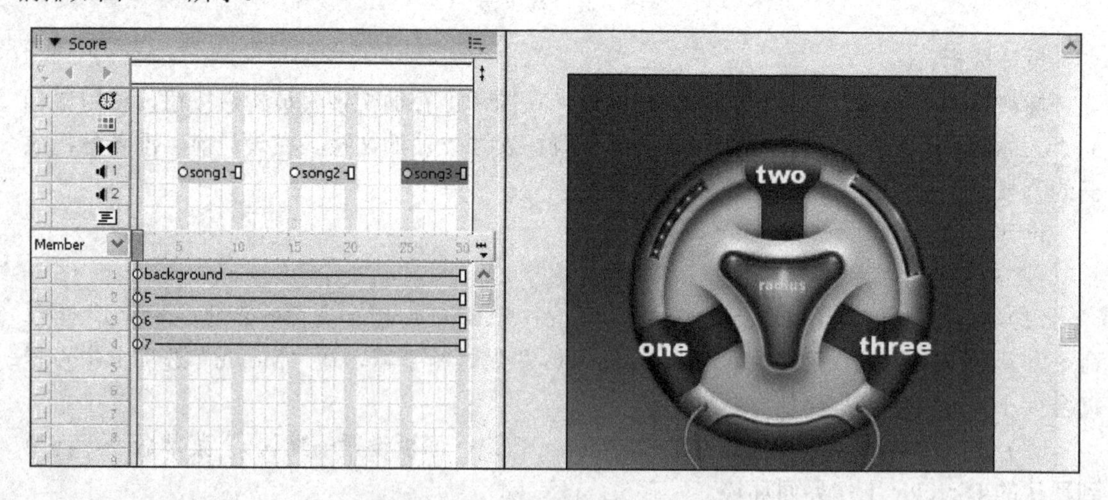


图 2.28　舞台与剧本分镜窗的编排

（2）为使文字精灵“one”在舞台上起到按钮的作用，用鼠标右键单击舞台上的精灵“one”或通道 2 上的精灵“one”，在弹出的快捷菜单中选择“Script”命令，打开脚本编辑窗，脚本编辑窗已默认事件“on MouseUp me”（事件是指一个电影正在播放时发生的动作，本事件表示用鼠标单击某对象后松开鼠标按键的动作），输入脚本命令“go to frame 5”，如图 2.29 所示。

该脚本程序段创建了一个互动行为脚本演员，并被添加到演员库，存放在演员表的窗格 8 中（演员编号 8）。该脚本演员作用到精灵“one”（该精灵在舞台上标识为 Sprite 2）上，其标识如图 2.30 所示。

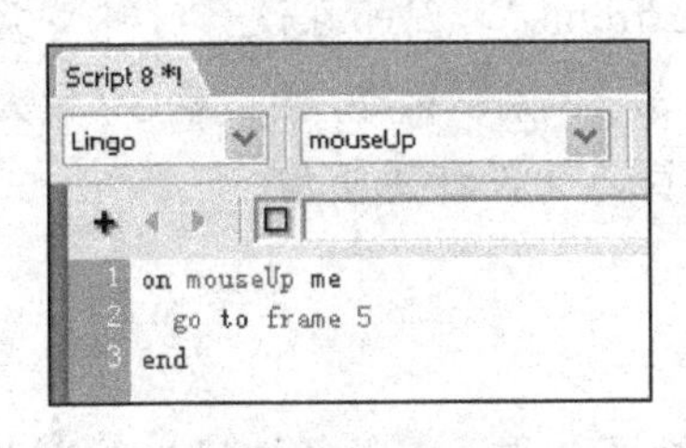


图 2.29 脚本设置

图 2.30 脚本设置

脚本程序段的功能是：当用鼠标单击了影片中的文字“one”后，松开了鼠标的按键，发生“on MouseUp me”事件，使影片跳转到第 5 帧。由于歌曲“song1.mp3”放置在声音通道 1 的第 5～10 帧上，就启动播放位于第 5 帧开始的歌曲“song1.mp3”。

类似地，对精灵“two”、“three”设置相应的控制，分别输入脚本命令“go to frame 15”和“go to frame 25”。当用鼠标单击了影片中的文字“two”或“three”后，将分别播放歌曲“song2.mp3”和“song3.mp3”。

（3）暂停控制。当影片启动后，将自动从第 1 帧开始向下执行，这时不管用户是否单击影片中的文字“one”、“two”、“three”相应的按钮，程序都会运行到第 5 帧、第 15 帧、第 25 帧，先后播放对应的歌曲。这就需要用脚本命令控制帧不向后移动，使它暂停在某一位置，等待用户的选择。

为此，双击脚本通道的第 1 帧，打开脚本编辑窗，已默认事件“on exitFrame me”，该事件表示退出所在帧时需要做什么。输入脚本命令“go to the frame”，创建脚本演员 11，如图 2.31 所示，关键字“the frame”代表当前帧，由于当前帧处于第 1 帧，脚本命令“go to the frame”使播放头再回到第 1 帧，在第 1 帧处形成了不断地退出和返回的过程，产生了暂停在第 1 帧上的效果。

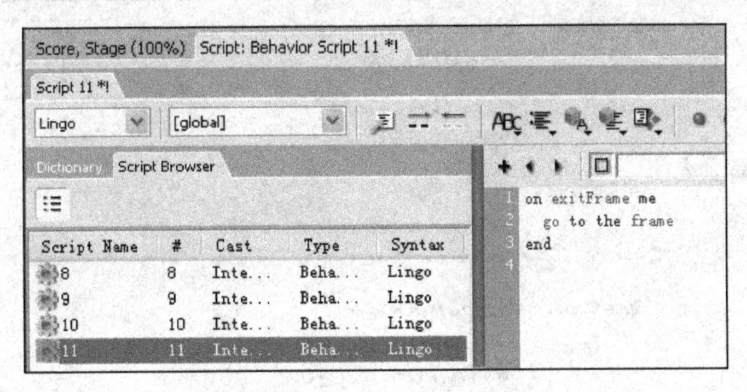


图 2.31 暂停在当前帧的脚本

当选定的某一歌曲播放完后，也不允许播放头向后移动，否则会继续播放跟在后面的歌曲。用同样的方法在脚本通道的第 10 帧、第 20 帧、第 30 帧处打开脚本编辑窗，输入脚本命令“go to the frame”。

3. 使用播放按钮 ▶ 进行调试

4. 保存与生成项目

源文件保存为 sy2_2.dir，导出影片为可执行文件 sy2_2.exe

**注意**：本例暂停控制使用了相同的脚本“go to the frame”，因而在设计时可重复使用脚本演员 11，方法是将脚本演员 11 拖放到脚本通道的第 10 帧、第 20 帧、第 30 帧处，而不必在第 10 帧、第 20 帧、第 30 帧处创建新的脚本演员，使设计更简洁。

### 2.5.2 风光浏览

**【例 2.3】** 使用 Director 内置过渡特效制作图片的转场效果，实现各地风光的浏览。要求在相邻的两张图片之间用某种方式进行切换。

设计分析：

转场效果是在帧播放之间构建简短的动画，来创建一个平滑的过渡，例如，精灵移动、出现或者不可见；或者改变整个舞台。Director 提供许多内建到应用程序中的过渡效果，能从一个场景溶解到下一个场景，通过一层一层地剥去来显示一个新的场景，或者像百叶窗一样地切换到下一个场景。

在设计前，准备好各地风光的 jpg 图像文件若干个。

设计步骤如下。

1. 舞台与演员的准备

（1）新建影片。运行 Director，执行“File→New→Movie”菜单命令，新建一个影片，设置舞台大小为“640×480”。

（2）为每张图片设置默认为 5 帧的表演时间（精灵长度）。

执行“Edit→Preferences→Sprite”菜单命令，打开“Sprite Preferences”精灵属性对话框，在“Span Duration”栏中设置精灵默认长度为 5 帧，如图 2.32 所示。

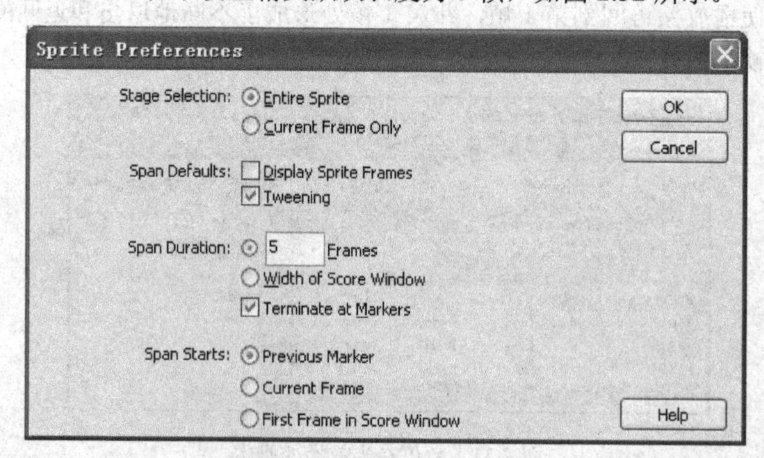


图 2.32　设置精灵默认长度

（3）导入演员。用鼠标右键单击演员表的窗格 1，在弹出的快捷菜单中选择“Import”命令，在导入对话框选择图像文件 1.jpg、2.jpg、3.jpg、4.jpg、5.jpg，单击“Import”按钮，弹出图像参数设置对话框，不需要进行任何改动，单击“OK”按钮，将图像导入到演员角色表中。

（4）输入文字演员。单击工具栏上的“文本编辑窗口”按钮A，在文本输入窗口中输入竖排文字“图片的转场效果”。设置字体为华文行楷，大小为 36 号，蓝色。此时演员表内容如图 2.33 所示。

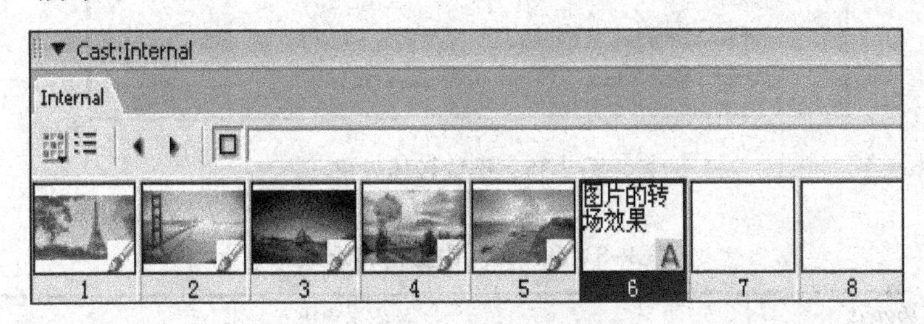


图 2.33　演员表内容

### 2. 使用剧本分镜窗布置场景放置演员

（1）按图 2.34 所示的剧本分镜窗编排演员，直接拖动各图像演员到剧本分镜窗的通道 1、2、3、4、5 中对应位置，将文字演员拖动到通道 6，起始位置为第 1 帧，结束帧设置为第 25 帧，并将文字演员的墨水效果设置为“background transparent”，使背景透明。

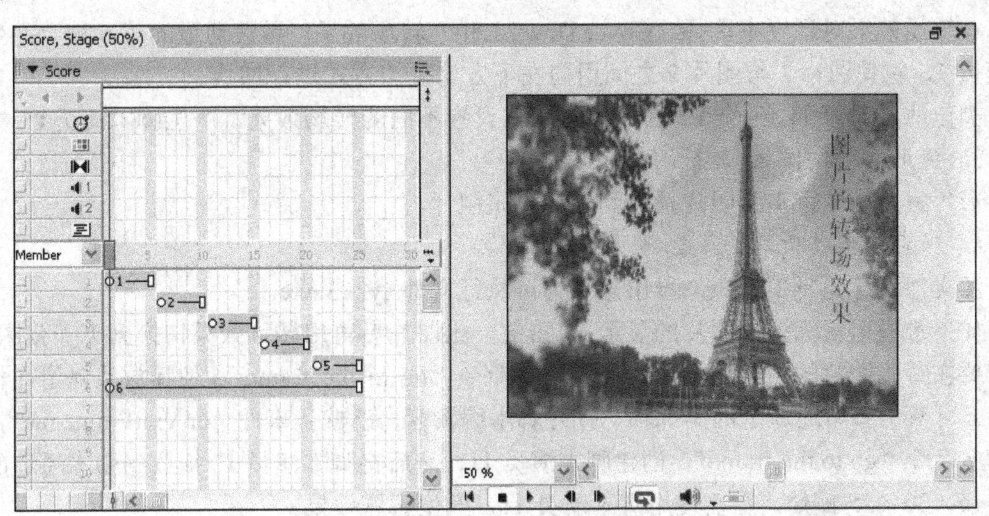


图 2.34　舞台与剧本分镜窗的编排

（2）转场效果设置。选择相邻的两张图片在过渡通道对应的交界帧位置设置转场效果。本例第 1 个位置为第 6 帧。双击过渡通道的第 6 帧，打开图 2.35 所示的转场效果对话框。

图 2.35 左侧列表框为转场效果主分类，右侧列表框为对应某分类的细分效果。Director 内置的转场效果的描述如表 2-3 所示。

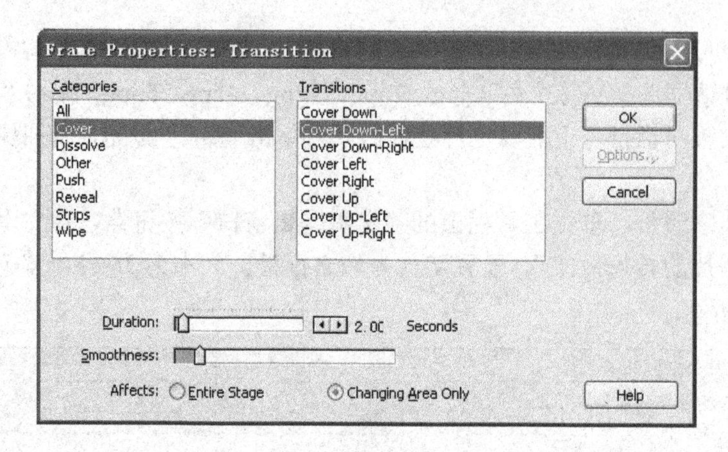


图 2.35　设置转场效果

表 2-3　Director 内置的转场效果

| 转场分类 | 效果说明 |
| --- | --- |
| Cover | 前面场景的画面不动，移动后一场景的画面进行覆盖 |
| Dissolve | 前一个场景逐渐溶解，呈现后一个场景 |
| Other | 其他特殊的过渡类型 |
| Push | 使用推进的方法将前一场景的画面推出舞台 |
| Reveal | 前一场景的画面逐渐脱落，后一场景的画面逐渐显露 |
| Strips | 使用带状将后一场景的画面逐渐显露出来 |
| Wipe | 擦除前一场景画面，逐渐展开后一个场景的画面 |

在转场效果对话框中选择“Cover Down-Left”转场效果。过渡通道的第 6 帧上产生脚本演员 7，它使图片 1 与图片 2 之间用向左下方遮盖的方式进行切换。

类似地，对第 11 帧、第 16 帧、第 21 帧设置不同的转场效果，产生脚本演员 8～10。

3．使用播放按钮 ▶ 进行调试

影片将自动从第 1 张图片播放到最后一张图片。

4．保存与生成项目

源文件保存为 sy2_3.dir，导出影片为可执行文件 sy2_3.exe。

如果希望用鼠标控制图片的显示：单击前一张图片后再用转场效果切换到下一张图片，就需要在每张图片的结束帧上分别设置脚本命令“go to the frame”，使播放头停留在指定帧上。可双击脚本通道上的第 5 帧，打开脚本编辑窗，已默认事件“on exitFrame me”，输入脚本命令“go to the frame”，创建脚本演员 11。然后将脚本演员 11 拖放到脚本通道的第 10、15、20、25 帧处，重复使用脚本演员 11，产生暂停效果。

由于转场过渡效果脚本精灵都位于暂停帧的下一帧（第 6、11、16、21 帧），只需要使用脚本命令“go to the frame + 1”就可以跳转到暂停帧的下一帧。用鼠标右键分别单击通道中精灵 1，在弹出的快捷菜单中选择“Script”命令，打开脚本编辑窗，在“on MouseUp me”事件内输入脚本命令“go to the frame + 1”，创建脚本演员 12，该脚本演员作用到精灵 1。然后，重复使用脚本演员 12，分别拖放脚本演员 12 到舞台上的精灵 2、精灵 3、精灵 4 即可。

为了使影片可以重复播放，需要在最后一张图片精灵 5 上设置脚本命令“go to frame 1”。

完成这些设置后，在影片启动后，会停留在图片 1 上，等待用户使用鼠标单击跳转到下一张图片。

**注意：**脚本中的“the frame”代表当前帧；“frame 数字 *n*”代表第 *n* 帧，此时，frame 前不能有冠词“the”。

在保存文件时，注意使用“save”命令保存所有自从上次 save 后的改变，改变的信息追加在原有的版本之上，文件会越来越大。使用“save and compact”命令，先优化，再保存，只留下最新内容的文件。

## 2.6 实 验

1．使用 t2-1 文件夹内的素材，制作一个影片。效果要求：首先出现一个图像背景和文字“阿瓦日古丽”，然后开始播放歌曲“阿瓦日古丽”，并同步出现自下而上移动的歌词，当歌曲播放完毕，歌词也随之消失。

提示：

要使歌词的出现、消失与歌曲播放同步，在设计时可通过属性检查器查看歌曲播放时间，如图 2.36 所示。

本例歌曲时长为 3 分 36 秒，共 216 秒。设置播放速率为 1 帧/秒，精灵长度为 216 帧，用 216 帧完成歌词在舞台上的移动，移动距离为舞台高度（歌词精灵出发点放置在舞台下边框外，结束位置在舞台上边框外）。

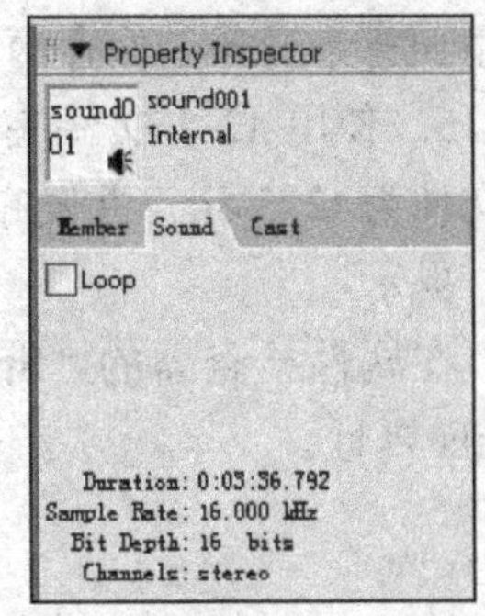


图 2.36 查看 Sound 的属性

2．使用 t2-2 文件夹内的素材，制作如图 2.37 所示的上海外滩夜景，实现图片与文本变换闪动的效果。

图片 1 上的文本“上海外滩夜景”的前景色为黑色，背景色为黄色；图片 2 上的文本颜色改为红色，背景为绿色。文件保存为 t2_2.dir，并发布电影 t2_2.exe。

图 2.37 图片与文本变换闪动

提示：

演员表和剧本分镜窗编排如图 2.38 所示。

在通道 2 上使用文本演员 2 次，设置前一个文本精灵的前景色为黑色，背景色为黄色，后一个文本精灵的前景色为红色，背景为绿色，并使它们在舞台上出现的位置相同。

3．使用 t2-3 文件夹内的素材，交替显示四季的风光，保存源文件为 t2_3.dir，并发布电影 t2_3.exe。

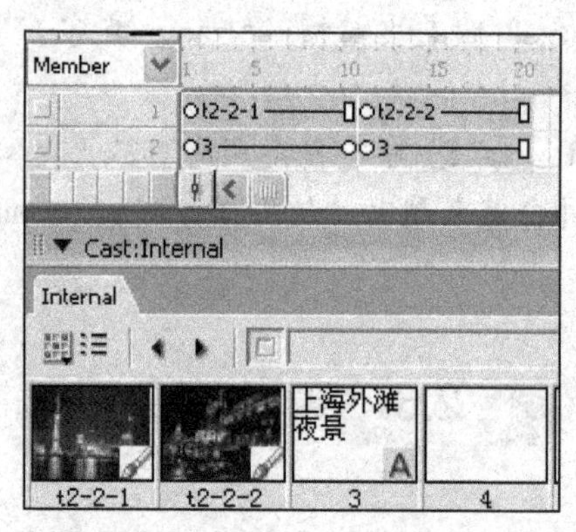


图 2.38　演员表和剧本分镜窗编排

4．制作个人电子相册，要求：使用 t2-4 文件夹内的素材及个人生活照片（3～5 张），并添加背景音乐，保存源文件为 t2_4.dir，并发布电影 t2_4.exe。

5．使用 t2-5 文件夹内的素材，制作一个可用鼠标拖动图片并产生痕迹的动画，保存源文件为 t2_5.dir，并发布电影 t2_5.exe。

提示：

在属性检查器的“Sprite”选项卡中，通过 按钮设置精灵的 Moveable 属性和 Trails 属性。

# 第 3 章

# 文本操作

文字表达的最大特征是表意准确，通过文字可以清楚、准确地表达主题思想，同时给人以丰富的想象空间。抛去文字本身所具有的表意功能外，作为视觉传达中重要的能动因素，不同的字和同一字使用不同的字体都给人以不同的美感，产生不同的艺术效果。

本章主要介绍 Director 中的文本的类型和创建方法。

**本章要点：**

◇ 了解文本和文本域的概念
◇ 掌握创建文本和文本域实例的方法
◇ 掌握行为检查器（Behavior Inspector）对文本创建简单行为的方法
◇ 掌握外部文本的导入方法
◇ 了解嵌入字体

## 3.1 文本创建

### 3.1.1 文本概念

在多媒体作品制作过程中，虽然图形图像以及声音等占有主导地位，但文本对象也是必不可少的演员之一，很多功能性的组成部分也要求文字加入。例如，交互中的按钮、说明、帮助和提示等都离不开文字。很多时候，文本演员不仅能够对视频画面进行辅助说明，更能突出主题内容，并且在超文本链接方面都体现了它不可或缺的重要性。可以说，一个成功的多媒体设计单靠图形图像是无法实现的，必须借助文字。所以，掌握并灵活使用 Director 中的文字是多媒体开发人员的一个重要课题。

Director 能够创建用于 Macintosh 和 Windows 两种平台的 outline 字体的文本。该类文本是可编辑、无锯齿、有利于快速下载的矢量字体文本。能将这些功能与 Director 的动画性能结合起来，例如旋转，在 Director 电影中将产生奇妙的文本效果。

通过在一个电影中嵌入字体来确保在电影播放时，文本以指定的字体显示，不管用户的计算机上是否存在该字体。

Director 提供许多方法来将文本添加到一个电影中。用户既能在 Director 里创建新的文本演员，也能从一个外部的源文件导入文本。Director 可以识别的文本格式有 3 种：纯文本、RTF 和 HTML 文档。纯文本没有任何字体和格式，只是字符本身；RTF 和 HTML 文档除文本字符外，还包含各种样式和格式。

在文本成为电影的一部分之后，可以通过使用 Director 格式化工具以多种方法格式化文本。Director 内置了标准的文本排版功能，包括对齐、制表符、字距调整、间距、下标、上标、颜色等。

在电影中可以使用两种文本演员：文本（Text）演员和域文本（Field）演员。

文本和域文本是两个不同的概念，文本只能用来显示指定的文本信息，而域文本则可以允许观众修改文本内容。通常情况下，文本主要用在需要向读者提供某些信息的位置，而域文本则用于和读者交互，例如数据库录入、资料查询等区域。

### 3.1.2 Text（文本）窗口

#### 1. Text 窗口结构

Director 提供两种方法来创建文本演员：直接在舞台上或者在 Text（文本）窗口中。

Text 窗口实际上就是一个简单的文本处理工具，它包含了标准的文本处理软件所具备的选项和功能。

选择“Window→Text （窗口→文本窗口）”菜单命令或单击工具栏上的 A 按钮，就可以打开 Text 窗口，如图 3.1 所示。

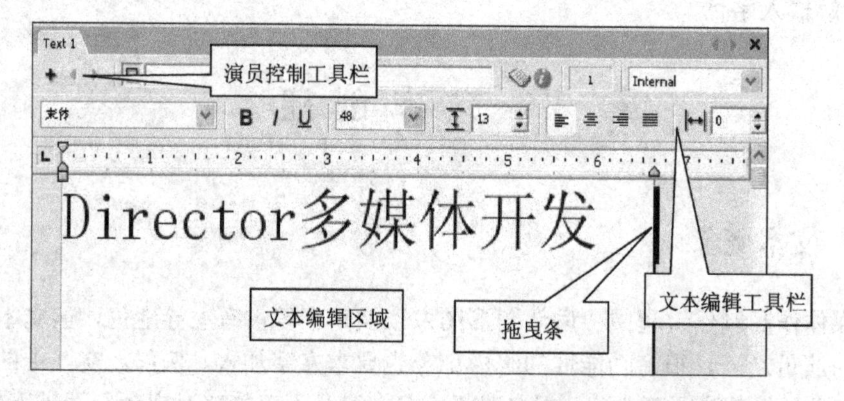


图 3.1 Text 窗口

Text 窗口与其他窗口相似，第一排是演员控制工具栏，用来新建、选择以及为文本演员命名、添加脚本等。第二排是文本编辑工具栏，通过其中的工具，可以实现对文本字体、字号、样式、对齐以及字间距和行间距等的设置；最下面是文本编辑区域，是输入文本的地方，该区域还提供了标尺以及制表符等设置工具，其操作与文字处理软件 Word 有许多类似之处。文本编辑工具按钮功能说明如表 3-1 所示。

表 3-1 文本编辑工具按钮功能说明

| 按钮 | | 功能说明 |
|---|---|---|
| ⌶ | Line Space（行间距） | 定义文本行与行之间的隔开距离，单位是像素 |
| ⟷ | Kerning（均衡紧） | 调节字符之间的像素大小 |

续表

| 按钮 | | 功能说明 |
|---|---|---|
| | Justify（强制齐行） | 使文本和左右边界两端对齐 |
| | 制表符 | 有左齐、右齐、居中对齐制表符，及小数点制表符 |
| | 缩进值 | 设置文本段落的缩进，有左缩进、右缩进和首行缩进 3 种 |

### 2. 创建文本演员

在 Text 窗口中输入文本内容后，就会自动在演员表中生成相应的演员，但它不能自动被放置在舞台上。要改变演员的宽度，可拖曳文本编辑区域右边的竖线条。

将文本演员从演员表中拖到舞台上时，就成了一个文本精灵。当精灵被选中时，有双重的边界出现在舞台上，如图 3.2 所示

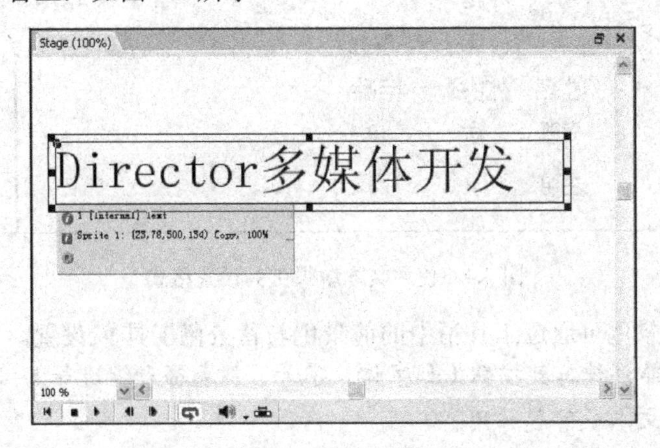


图 3.2　创建文本精灵

当在舞台上对文本精灵的边框进行缩放操作时，文本字符的大小不会随之缩小或放大，文本字符的大小由编辑时所设置的字号所决定。但文本边框的大小会影响到文本内容的自动换行等效果，这与位图演员不同，位图演员的大小随边框的大小而变化。图 3.3 所示是对图 3.2 中所创建的文本精灵缩小边界框宽度后产生的效果。

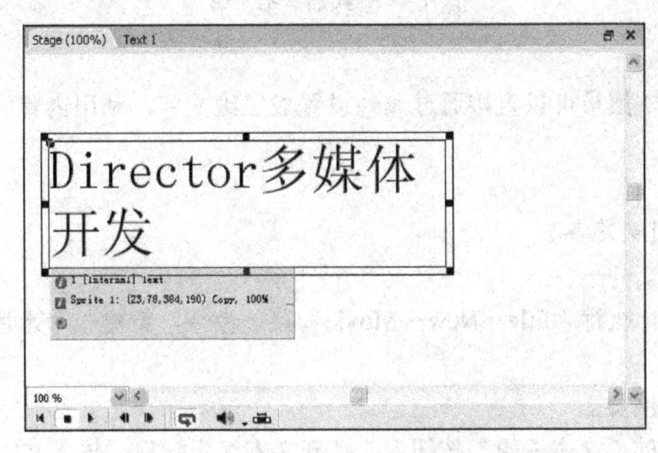


图 3.3　缩小文本精灵边框宽度后的效果

### 3. 编辑及设置文本格式

（1）在舞台上编辑文本。

选择舞台上的一个文本精灵，该文本精灵出现双边线。双击要编辑的文本，文本中出现一个插入点，就可以开始编辑文本。

（2）设置文本格式。

利用 Text 窗口的文本编辑工具可以方便地对文本进行格式设置操作。先选择需要设置格式的文本，再使用对应的工具按钮完成操作。图 3.4 所示是一个文本演员应用了制表符和不同的字体设置。

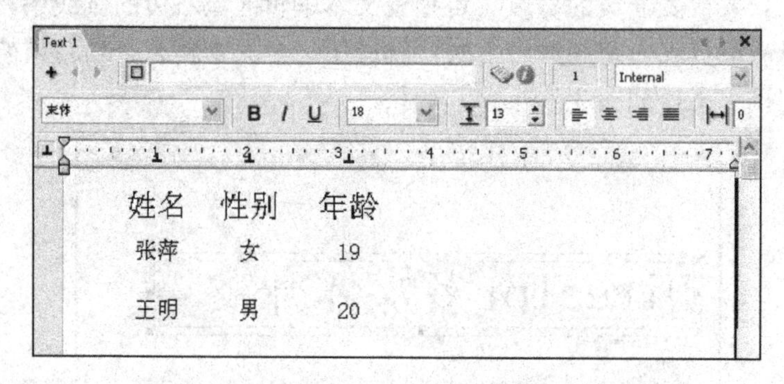


图 3.4 使用文本编辑工具设置格式

Text 窗口的背景色可通过工具箱中的前景色与背景色工具设置。

**注意：**无论选择哪种工具按钮（如字体、字号、制表符和缩进等），只对被选择的文本内容或光标所在的文本段落起作用。

**【例 3.1】** 制作一个可以旋转的三维文字影片，效果如图 3.5 所示。

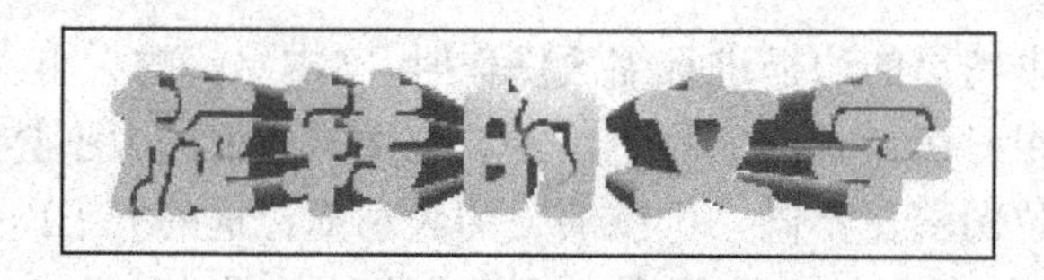


图 3.5 旋转的三维文字

设计分析：

Director 的文本演员可以直接通过属性设置成三维文字，利用内置的行为可以产生旋转的效果。

设计步骤：

1. 舞台与演员的准备

（1）新建影片。

运行 Director，执行“File→New→Movie”菜单命令，新建一个影片，设置舞台大小为“320×240”。

（2）输入文字演员。

单击工具栏上的“文本编辑”按钮，打开文本编辑窗口，输入文字“旋转的文字”，使用文本编辑窗口中的工具栏，设置字间距、字体和文字颜色，文字大小，居中对齐等。

（3）构建 3D（三维）模式。

选中文字演员，在“Property Inspector”属性检查器的“Text”选项卡中，选择“Display（显示）”列表框的值为“3D Mode”，如图 3.6 所示。

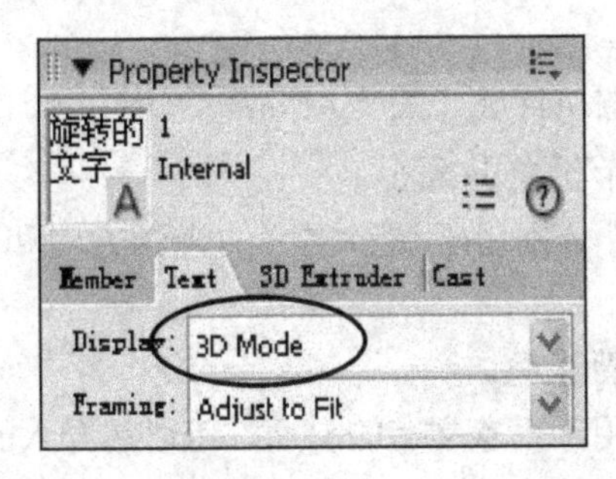


图 3.6 设置文本 3D 模式

2. 使用剧本分镜窗布置场景放置演员

（1）将文字演员拖动到通道 1，起始位置从第 1 帧开始，产生 3D 文字精灵 Sprite1，这时可以在舞台上看到 3D 效果的文字。

如果需要对文字效果进行修正，切换到如图 3.7 所示的“3D Extruder（3D 挤压）”选项卡中进行处理。

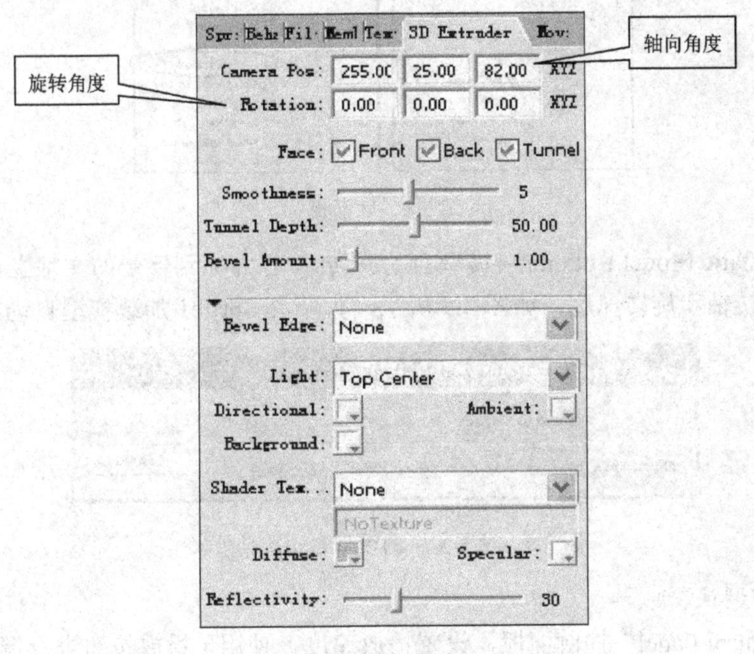


图 3.7 修正文字效果

其中：

“Camera Pos”和“Rotation”用于调节 3D 文字的轴向角度和旋转角度。

“Face”选项设置 3D 文字外观，通过“Front（前面）”、“Back（后面）”和“Tunnel（侧面）”产生组合效果，默认是全部选择。

"Smoothness"用于调节文字的平滑度，数字越高，文本外观越平滑。数值范围为1～10，默认值为5。

"Tunnel Depth"用于设置文字挤出值（3D文字是挤出成形的），即立体深度，深度值越大，文字就会显得越厚实。

"Bevel Edge"用于设置倒角样式，有"Miter"、"Round"两种。

"Bevel Amount"用于调节倒角的大小。

"Light"和"Directional"分别用于调节文字的光源方向和光源的颜色；"Ambient"用于设置阴影的颜色。

"Background"用于设置背景色。

"Shade Texture（纹理）"用于设置文字的材质，可以用导入的位图演员设置文字的纹理。

最下面的颜色框用于设置文字的颜色。

（2）设置文字旋转的效果。

执行"Window→Library Palette"菜单命令，打开库面板，如图3.8所示。在"Library"选项卡中，从"Behaviors→3D→Actions（行为→3D→动作）"中选择内置的行为。

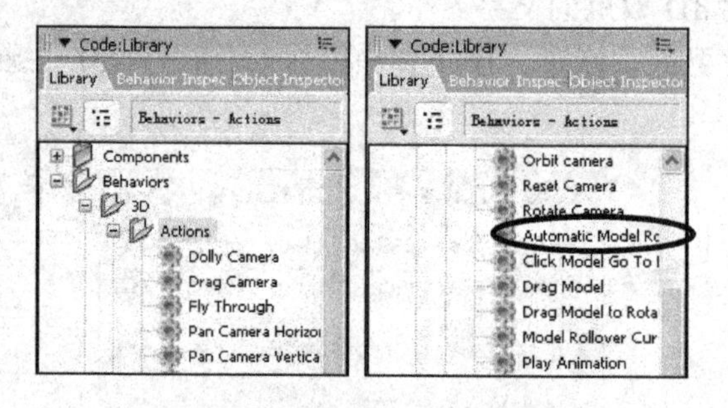


图3.8　库面板

将"Automatic Model Rotation（模型自动旋转）"行为拖到舞台的文字上，在弹出的对话框中选择旋转轴和旋转速度，如图3.9所示，为精灵Sprite1加载模型自动旋转行为。

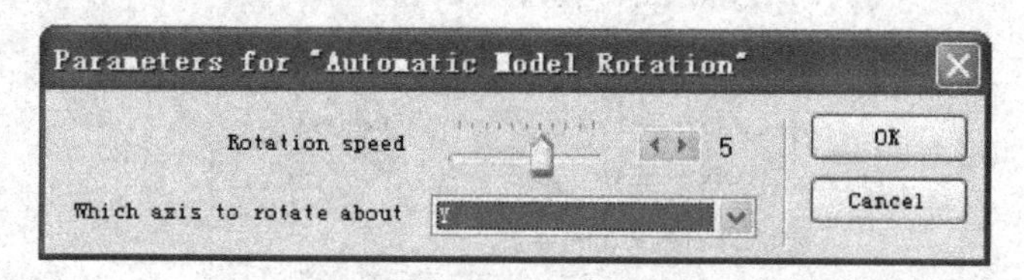


图3.9　设置文字的模型自动旋转效果

3．播放与调试

打开"Control Panel"控制面板，设置播放速度，使用▶播放按钮进行调试。

4．保存与生成项目

源文件保存为sy3_1.dir，导出影片为可执行文件sy3_1.exe。

**【例 3.2】** 制作一个旋转的字幕效果，场景中一行字幕从小开始，随着旋转字幕逐渐清晰并放大，最后定格。

设计分析：

本例运用修改关键帧尺寸的技术和Fade In/Out（淡入/淡出）及Rotation（旋转）行为。

设计前先用 Photoshop 制作出字幕文字素材，如图 3.10 所示。

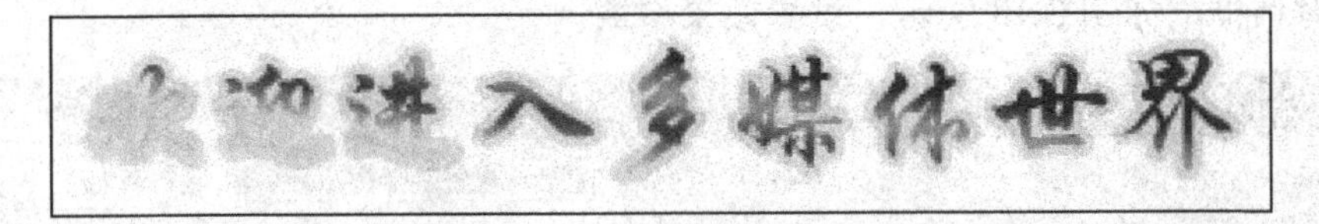

图 3.10　字幕文字素材

设计步骤：

1. 舞台与演员的准备

（1）新建影片。运行 Director，执行“File→New→Movie”菜单命令，新建一个影片，设置舞台大小为“320×240”。

（2）导入演员。用鼠标右键单击演员表的窗格 1，打开导入对话框，将用 Photoshop 制作好的字幕文字素材导入到演员表中。

2. 使用剧本分镜窗布置场景放置演员

（1）将文字素材演员拖到通道 1，起始位置为第 1 帧，结束帧设置为第 30 帧。

（2）用鼠标右键单击通道 1 上的第 30 帧，在弹出的快捷菜单中选择“Insert Keyframe”命令，插入关键帧（将第 1 帧的内容复制到第 30 帧）。

（3）在通道 1 上选中第 1 帧，在“Property Inspector”属性检查器的“Sprite”选项卡中修改精灵的宽度和高度，例如修改为原来的 1/4。在“Ink”下拉列表中选择“Background Transparent”，使文字素材背景透明，如图 3.11 所示。

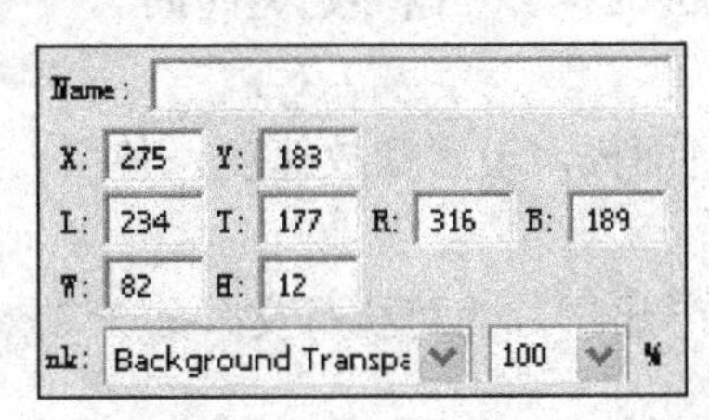


图 3.11　修改精灵宽度和高度及墨水效果

（4）设置旋转参数

执行“Window→Library Palette”菜单命令，打开库面板，在“Library”选项卡中，选择“Behaviors→Animation→Automatic”，将基于帧旋转的行为“Rotate （frame-based）”拖曳到舞台上的精灵 Sprite1 上，弹出如图 3.12 所示的旋转参数设置对话框，设置旋转参数。

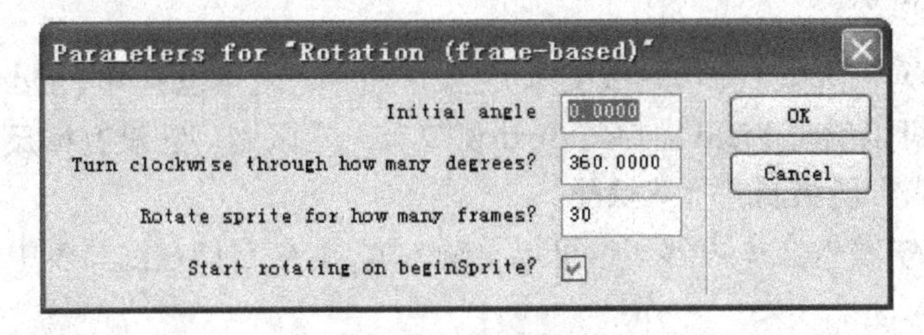


图 3.12　设置旋转参数

（5）设置淡入/淡出。将“Fade in/out（淡入/淡出）”行为也拖曳到精灵 Sprite1 上，弹出相应的对话框，如图 3.13 所示，设置效果参数。

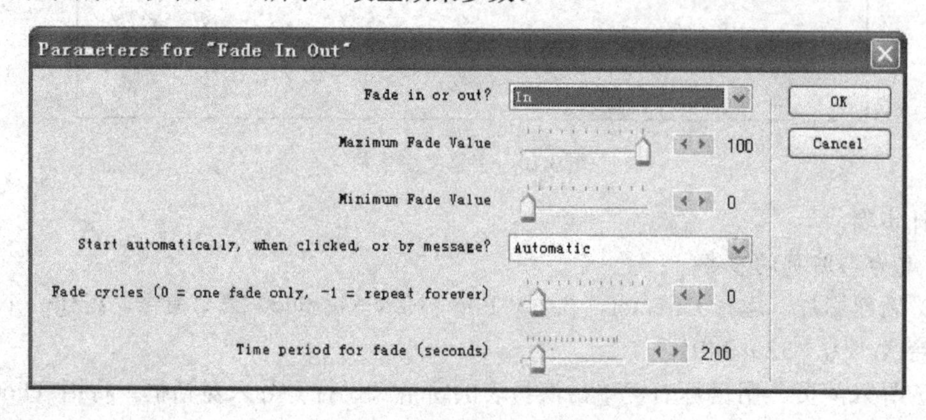


图 3.13　设置淡入淡出行为参数

其中：

Fade in or out? ——选择淡入或淡出；

Maximum Fade Value ——设置最大值；

Minimum Fade Value ——设置最小值；

Start automatically, when clicked, or by message ——启动方式：自动、鼠标或消息启动；

Fade cycles ——设置循环次数，上限 10 次，0 表示无循环，1 表示无限循环；

Time period for fade （seconds）——循环延迟时间。

3. 播放与调试

打开“Control Panel”控制面板，设置播放速度，使用▸播放按钮进行调试。

4. 保存与生成项目

源文件保存为 sy3_2.dir，导出影片为可执行文件 sy3_2.exe。

### 3.1.3　Field（域文本）窗口

域也称为字段，它也是由文本组成的。域文本演员是在电影播放过程中可由用户动态地实时编辑的。所以域文本可以实现电影播放时的交互，可以作为数据和文字的输入或动态显示区域。域文本占用系统资源较小，相同内容的域文本演员比文本演员的文件要小一半还多。

**1. 创建域文本演员**

执行“Window→Field（窗口→域文本）”菜单命令，就可以打开 Field（域文本）窗口，如图 3.14 所示。可以发现 Field 窗口与 Text 窗口有一定区别，它没有标尺和缩进以及制表位等功能，也不能实现强制齐行等操作。

在 Field 窗口中输入文本内容（也可以不输入），就会自动在演员表中生成相应的域文本演员。

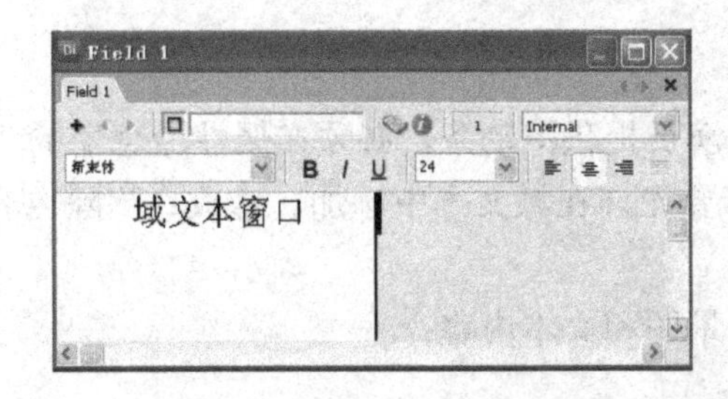


图 3.14　Field 窗口

## 2. 使用域文本演员

域文本演员的使用类似于使用文本演员。在舞台上或者在 Field 窗口中可以直接修改文本的字体、大小、样式和对齐方式等，其操作方法与 Text 窗口的操作相同。

当然，在学习了脚本语言后，也可以用语言对文本字段做出相应的控制。另外，调用域属性检查器也可以对其修改，这将在后面具体讲解。

如果域文本演员的文本内容超过当前 Field 窗口的高度，可在属性检查器的“Field”选项卡中，在“Framing”下拉列表中选择“Scrolling（滚动）”，为域文本演员设置滚动条，如图 3.15 所示。当多媒体作品发布后，用户在域文本中可拖动滚动条来观察文本。

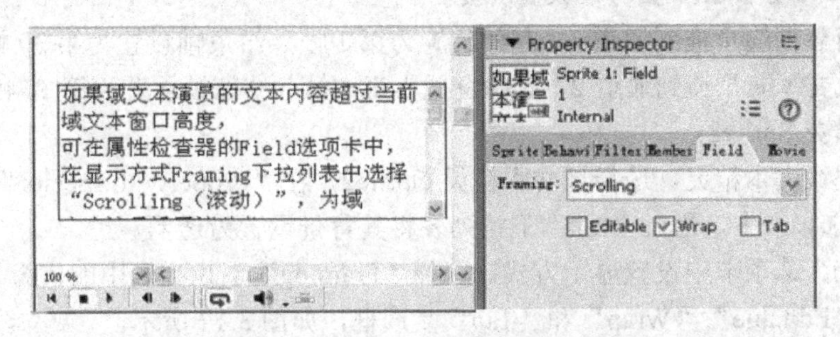


图 3.15　为域文本演员设置滚动条

【例 3.3】 利用域文本制作一个影片。要求：在背景图上显示文本，用户可以用滚动条拖动文本滚动，并可对文本内容进行编辑修改等操作。影片运行效果如图 3.16 所示。

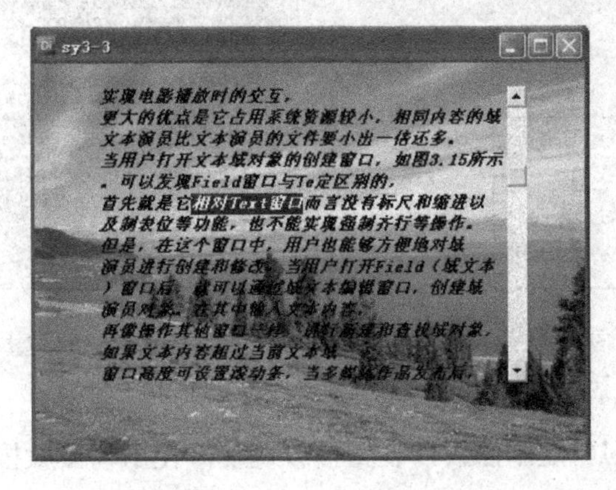


图 3.16　域文本影片运行效果

设计分析：

要为影片中的域文本演员提供滚动条，必须在属性检查器的“Field”选项卡中，选择“Scrolling”显示方式；若要允许在域文本中添加、修改、删除内容，必须选中“可编辑修改（Editable）”属性。

在设计前，准备好背景图和文本内容。

设计步骤：

### 1. 舞台与演员的准备

（1）新建影片。执行“File→New→Movie”菜单命令，新建一个影片，设置舞台大小为“450×314”。

（2）导入演员。用鼠标右键单击演员表的窗格 1，打开导入对话框，导入图像文件“background.jpg”。

（3）建立域文本演员。执行“Window→Field（窗口→域文本）”菜单命令，打开 Field 窗口，在其中输入文本内容（或将事先准备好的文本内容复制到 Field 窗口）。

选择 Field 窗口中的文本内容，使用文本窗口中的工具栏，设置字体大小为 14，加粗并倾斜，对齐方式为 Align Left（左对齐）。

### 2. 使用剧本分镜窗布置场景放置演员

（1）将背景图演员拖到通道 1，起始位置为第 1 帧，结束帧设置为第 30 帧。

（2）将域文本演员拖到通道 2，起始位置为第 1 帧，结束帧设置为第 30 帧。在舞台上建立域文本精灵 Sprite2。

（3）设置域文本精灵。选择域文本精灵 Sprite2，在“Property Inspector”属性检查器的“Sprite”选项卡中，通过“Ink”下拉列表将其背景设置为透明。

在“Field”选项卡中设置显示方式，选择“Framing”下拉列表中的值为“Scrolling”，并分别选中“Editable”、“Wrap”和“Tab”复选框，如图 3.17 所示。

操作完成后，舞台上最终的效果如图 3.18 所示。

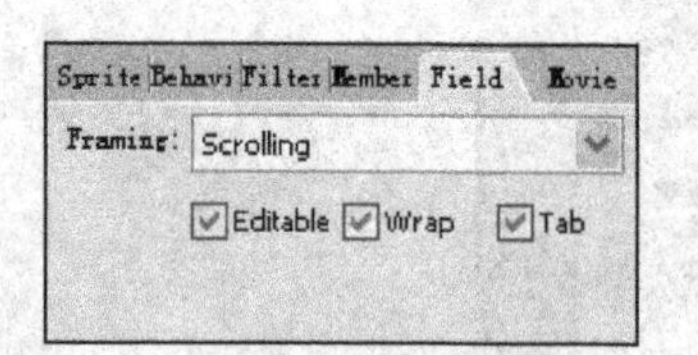


图 3.17 “Field”选项卡设置

图 3.18 舞台上最终的效果

### 3. 播放与调试

打开“Control Panel”控制面板，设置播放速度，使用 ▶ 播放按钮进行调试。

### 4. 保存与生成项目

源文件保存为 sy3_3.dir，导出影片为可执行文件 sy3_3.exe。

**注意**：当影片中需要大量文本，用户就可以有选择性地使用文本或域文本对象来创建电影文本演员。这时，就要考虑多种因素，并做出正确判断以选择应用最适合的演员对象。比如电影中对文本版式和样式以及其他某些属性不做具体的要求时，用户应当首先选择应用域文本演员。因为这样可以减小电影文件的大小，随之降低电影的负荷，并达到加快其运行的最终目的。

## 3.2 外部文本操作

Director 可以直接将外部文本导入到影片内部作为演员来操作，也可以在影片放映时对外部文本进行读或写的操作。

### 1. 导入外部文本

尽管 Director 有它完整的文本编辑系统，但对于已经创建完成的文本文件来说，能够直接导入无疑成为最为便捷的一种方法。下面通过一个例子来说明外部文本导入方法。

**【例 3.4】** 直接导入外部文本到电影中作为演员。

在设计前，准备好外部文本。

设计步骤：

（1）新建影片。运行 Director，执行“File→New→Movie”菜单命令，新建一个影片，设置舞台大小为“320×240”。

（2）导入演员。执行“File→Import ”菜单命令，在弹出的“Import Files into Internal”对话框中选中所需导入的文件，如图 3.19 所示，然后单击“Import”按钮将其导入。

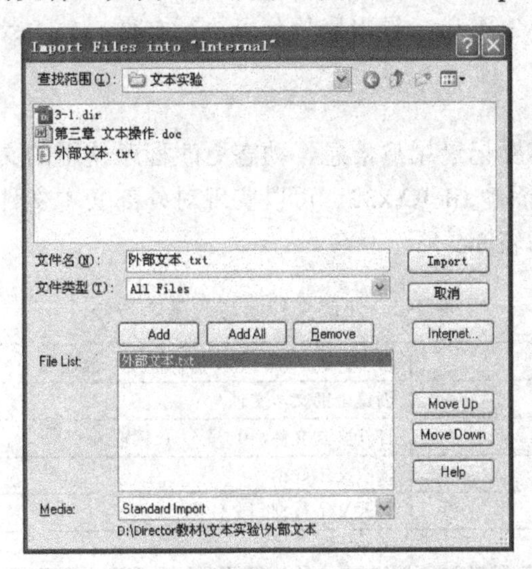


图 3.19 “Import Files into ‘Internal’”对话框

当导入的文件类型为文本 txt 时，则会弹出如图 3.20 所示的格式选择“Select Format”对话框，询问导入的文本是以“Text”文本演员的形式还是“Script”脚本语言的形式出现。

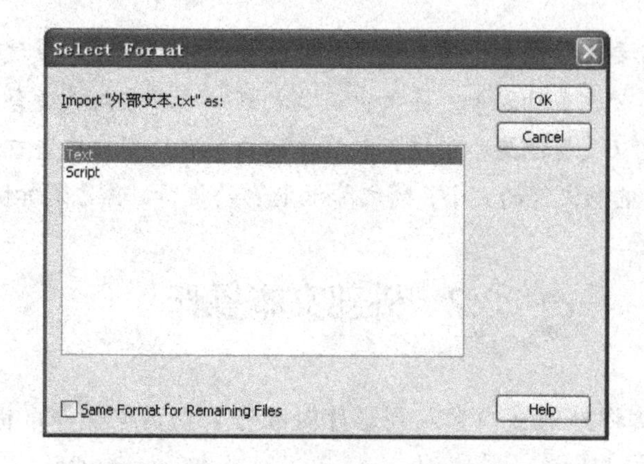


图 3.20 “Select Format”对话框

如果选择“Text”选项，单击“OK”按钮后，则会在 Cast 演员表窗口中出现如图 3.21 所示的文本演员。

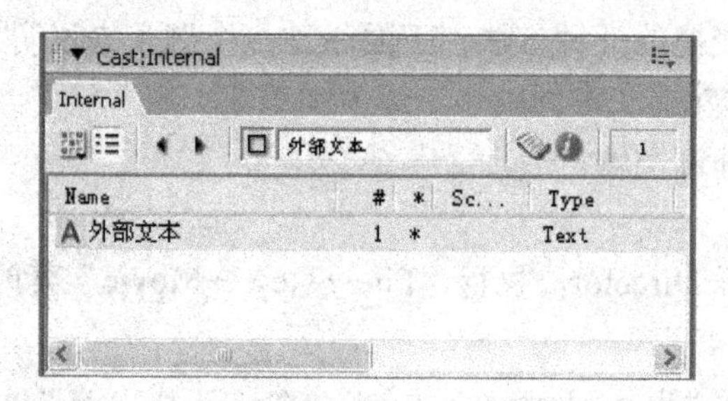


图 3.21 演员窗口中显示导入的文本演员

（3）保存源文件为 sy3_4.dir，导出影片为可执行文件 sy3_4.exe。

### 2. 读写外部文本

在多媒体创作中当需要记录用户信息、动态更改程序使用的文本资料时，就要用到外部文本。Director 附带的插件 fileIO.x32，可以实现对外部文本文件的存储和读取。读写外部文本文件的基本方法如表 3-2 所示。

**表 3-2 外部文件读写的基本方法**

| 命令 | 描述 |
| --- | --- |
| createfile（文件路径） | 创建外部文本文件 |
| openfile（文件路径, 方式） | 打开文本文件，0-写入 1-读取 |
| readfile() | 读取文本数据 |
| writeString（文本） | 写入文本数据到文件 |
| closefile() | 关闭文件 |

文件输入/输出插件的使用，必须建立 fileIO Xtra 的实例对象。建立 fileIO Xtra 实例的语法为：

```
实例名= xtra ("fileIO") .new()
```

然后按“实例名.命令”格式对文件进行操作。

【例 3.5】 利用域文本制作一个影片，实现对外部文本文件的读写操作验证。

影片运行效果如图 3.22 所示。在上方的域文本内输入信息，通过单击“写文件”按钮在影片文件所在的目录内建立文本文件 demo.txt；单击“读文件”按钮，读入 demo.txt 文件的内容并显示在下方的域文本中。

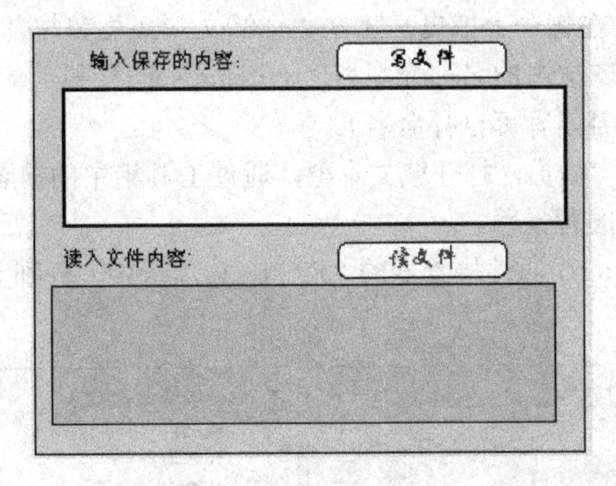


图 3.22 外部文本文件的读写验证

设计分析：

本例要实现电影播放时的交互功能，所以需要使用域文本作为文字的输入和动态显示区域。要实现对外部文本文件的存储和读取，使用 fileIO.x32 的读写命令。

除了通过执行相应的菜单命令，来建立文本演员、域文本演员、按钮演员，也可以使用工具箱中的工具来创建这些演员。下面的设计过程中，介绍使用工具箱中的文本工具 A、域文本工具 和按钮工具 来创建对应的演员。

设计步骤：

1. 舞台与演员的准备

（1）新建影片。执行“File→New→Movie”菜单命令，新建一个影片，设置舞台大小为“320×240”，选择一种舞台背景颜色。

（2）创建文本演员。在工具箱 Tools 的下拉列表内选择“default”或“classic”模式，如图 3.23 所示。

单击工具箱中的文本工具 A，并在舞台上拖曳出一个矩形，以定义该文本的区域。有一个插入点被放置在文本区域的开始处，输入文字“输入保存的内容：”后，在文本区域之外单击，以退出输入状态，如图 3.24 所示。此时，所创建的文本对象自动成为一个演员，同时在舞台上创建一个精灵。

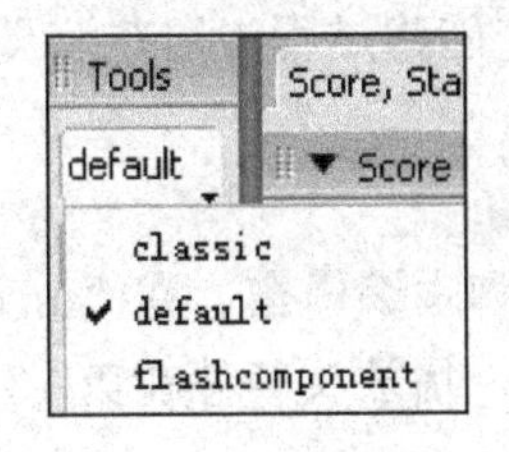


图 3.23 工具箱模式

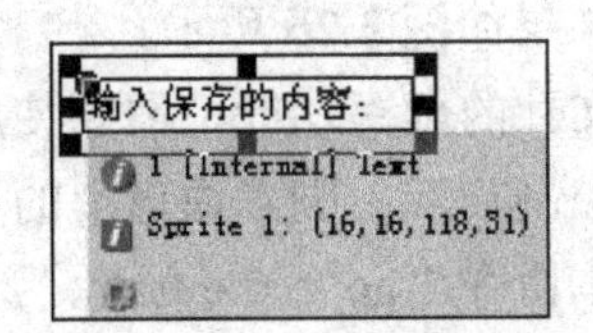


图 3.24 用文本工具创建精灵

类似地创建“读入文件内容：”文本演员和精灵。

**注意：** 如果要修改或设置该文本区域的内容和格式，鼠标双击舞台上的文本精灵，选择文字后，可通过快捷菜单设定字体和文字颜色、文字大小、居中对齐等。

（3）创建域文本演员。在工具箱的下拉列表内选择“classic”经典模式，单击工具箱中的域文本工具，并在舞台上拖曳，建立2个域文本演员和与之对应的精灵。

在演员表窗口命名域文本的名称分别为“writemessage”和“readcontents”（后面的脚本要使用演员名，演员名读者可自行命名）。

双击“readcontents”演员，打开域文本窗，通过工具箱中的前景色与背景色工具设置“readcontents”演员的背景色。

在“Property Inspector”属性检查器的“Field”选项卡中，分别为2个域文本精灵设置属性，如图3.25所示。

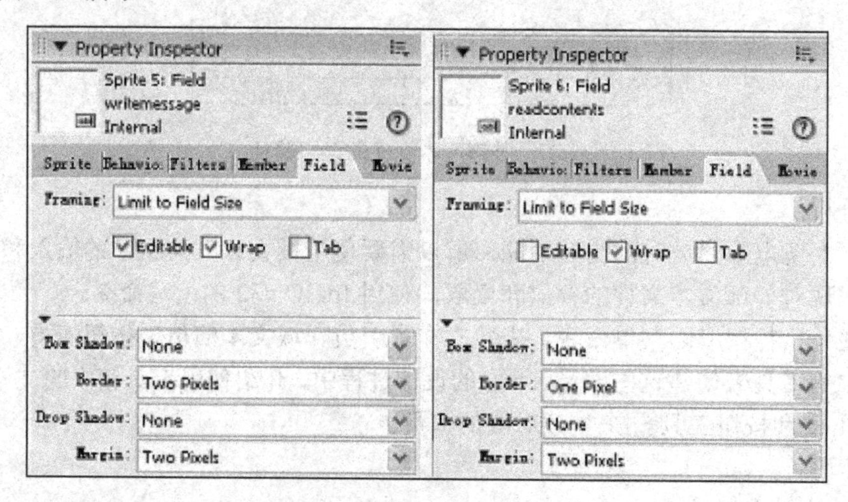


图3.25 设置域文本属性

在属性检查器的“Sprite”选项卡中，设置2个域文本精灵的宽与高都为295×80。

（4）创建按钮演员。在工具箱的下拉列表内选择“classic”经典模式，单击工具箱中的按钮工具，操作方法与文本工具和域文本工具相同。在舞台上拖曳，分别输入文字“写文件”和“读文件”，创建2个按钮演员和与之对应的精灵。

双击演员表中的按钮演员，打开按钮编辑器，设置按钮文字大小、颜色等。

在属性检查器的“Sprite”选项卡中，可设置按钮的大小。

2. 使用剧本分镜窗布置场景放置演员

由于使用工具箱中的工具直接在舞台创建演员，在创建过程中这些演员自动分配到精灵的通道上，结果如图3.26所示。

为了实现文件的读写功能，需要使用脚本。

（1）暂停控制。双击脚本通道上的第10帧，打开脚本编辑窗，在“on exitFrame me”事件内输入脚本命令“go to the frame”，当影片启动后，播放头暂停在第10帧，等待用户的交互操作。

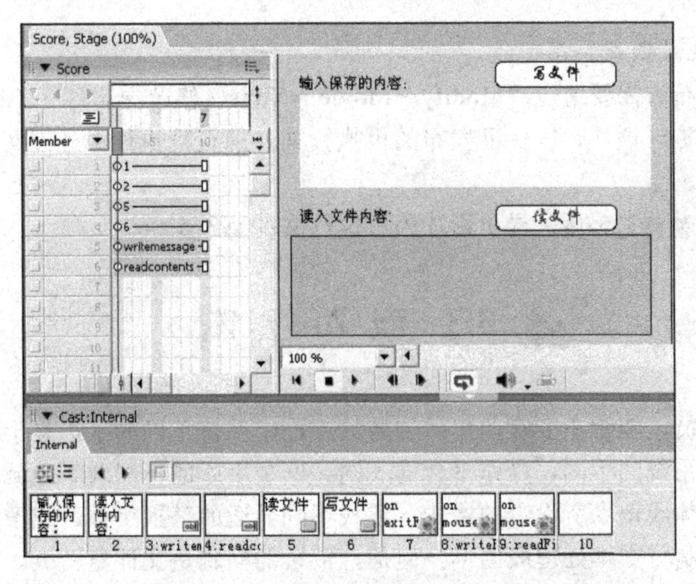

图 3.26 演员表、舞台、剧本分镜窗

（2）设置“写文件”按钮功能。

使用鼠标右键单击舞台上的“写文件”按钮，在弹出的快捷菜单中选择“Script”命令，打开脚本编辑窗，在“on MouseUp me”事件内，输入脚本命令：

```
fileText= member("writemessage").text  --获取域文本 writemessage 的信息
filex = xtra("fileIO").new()           --建立 xtra 实例，名为 filex
filePath = _movie.path & "demo.txt"
                          --文件绝对路径，_movie.path 为影片所在目录
filex.createFile(filePath)            --创建外部文本文件
filex.openFile(filePath, 0)           --打开文件，写入数据
filex.writeString(fileText)
filex.closeFile()                     --关闭文件
```

（3）设置“读文件”按钮功能。

设置方法与“写文件”按钮类似，脚本命令如下：

```
member("readcontents").text=""        --清控域文本 readcontents 的信息
filex = xtra("fileIO").new()
filePath = _movie.path &"demo.txt"
filex.openFile(filePath, 1)           --打开文件，注意模式为 1
fileText = filex.readFile()           --读文件内容到变量 fileText
filex.closeFile()
member ("readcontents").text=fileText --在域文本 readcontents 中显示
```

3. 播放与调试

打开“Control Panel”控制面板，使用 ▸ 播放按钮进行调试。当单击“写文件”按钮后，使用资源管理器可以在影片文件所在的文件夹内查到 demo.txt 文件；当用记事本程序编辑了 demo.txt 文件后，单击“读文件”按钮，将会在影片中显示出 demo.txt 文件的内容。

4. 保存与生成项目

在保存与发布前需要通过“Modify→Movie→Xtras（修改→影片→Xtras）”菜单命令，添加 fileIO.x32 扩展插件，以保证发布的可执行文件能正确执行对外部文本文件的存储和读取的脚本命令。

源文件保存为 sy3_5.dir，导出影片为可执行文件 sy3_5.exe。

## 3.3 嵌入字体

对于文本演员，能否在多媒体作品的播放过程中保持正确的字形是十分重要的。有时由于计算机操作系统的不同、操作平台的不同、安装字库的不同或者地域、国别的差异，会使节目中的字体或偏离所设定的格式，或找不到合适的替换字体，或干脆显示为乱码。常规的解决方案是将文本处理成图形。但是，带来的问题是文件量变大。

在 Director 提供了一种既保证文本正常显示，又占用较小磁盘空间的处理方案，这就是嵌入字体功能，即将所有的字体信息存储在影片文件中。当多媒体影片在其他计算机上播放时，无论该计算机上是否安装了影片中使用的字体，可以使用嵌入的字体来正确显示文本。因为嵌入字体仅可用于电影，采用压缩方式嵌入字体，通常仅使电影文件增加 14 到 30K，所以在 Director 电影中发布字体没有大的妨碍。

嵌入的字体作为一种特殊的成员出现在 Cast 演员表中，它只能供当前的多媒体节目使用。可用于 Windows 和 Macintosh 计算机。

**【例 3.6】** 设计一个影片封面，在雪景的图片上，显示文本“美丽的雪景”，利用嵌入字体，使文本“美丽的雪景”产生雪峰效果。

设计分析：

如果用户的计算机上没有“汉仪雪峰体繁”字体，先将“汉仪雪峰体繁.ttf”复制到 C:\Windows\Fonts 文件夹中，如图 3.27 所示。该文件夹为 Windows 系统提供可使用的字体库，应用程序在启动时从 C:\Windows\Fonts 文件夹中读取字体信息。如果 Director 已经启动，在字体复制到 C:\Windows\Fonts 文件夹后，必须重新启动 Director，否则，Director 无法取得新添加字体的信息。

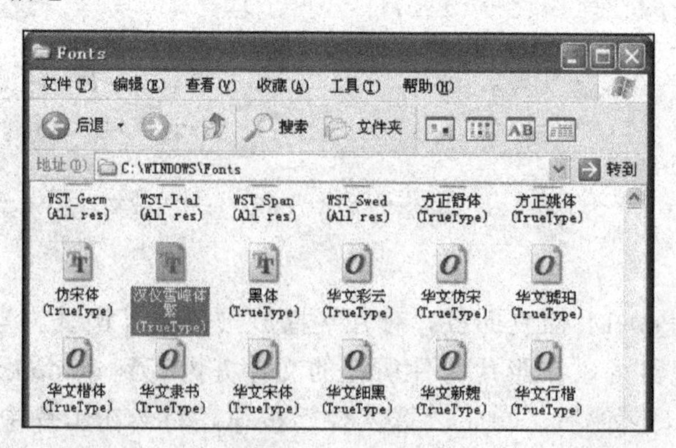


图 3.27 安装字体

在设计前，准备好背景图。

设计步骤：

1．舞台与演员的准备

（1）新建影片。运行 Director，执行“File→New→Movie”菜单命令，新建一个影片，设置舞台大小为“320×240”。

（2）导入演员。鼠标右键单击演员表第一个窗格，打开导入对话框，导入背景图片文件“snow.jpg”。

（3）创建嵌入字体演员。执行“Insert→Media Element→Font（插入→媒体→字体）”菜单命令，打开“Font Cast Member Properties”对话框，如图 3.28 所示。

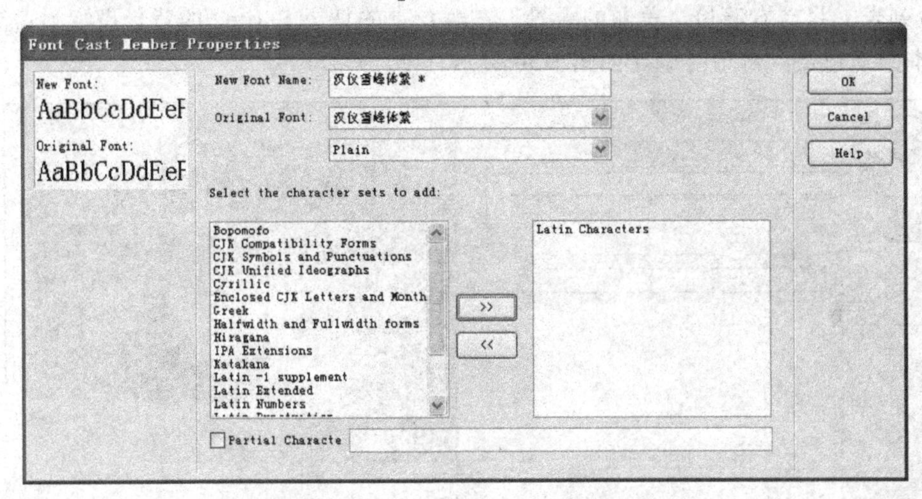


图 3.28 “Font Cast Member Properties”对话框

对话框中各项参数作用如下：

① New Font Name （新字体名称）：默认状态下，该项的字体名称与 Original Font 栏选择的字体名保持一致，并在字体名称后自动添加一个“*”号。

② Original Font（原始字体）：在列表框中选择要嵌入到多媒体作品中的字体。只有出现在 Original Font 列表框中的字体，才能用于嵌入。

其下方的列表框用来指定将该种字体以何种格式类型嵌入到多媒体作品中。

③ Select the character sets to add：用于设置嵌入的字体类型。在左侧栏中选择需要的字体类型，单击按钮 ›› ，将字体类型添加到右侧栏中。

要删除添加到右侧栏中的字体类型，选择该字体类型，然后单击按钮 ‹‹ 即可。

完成设置后，在演员表中创建嵌入字体演员，如图 3.28 中左侧所示。

（4）输入文字。打开 Text 窗口，输入“美丽的雪景”文字，设置字体为嵌入的“汉仪雪峰体繁”字体，字号为 36，并居中显示。此时在演员表窗格 3 中产生了“美丽的雪景”文字演员，如图 3.29 中右侧所示。

2．使用剧本分镜窗布置场景放置演员

（1）将背景演员“snow.jpg”拖到通道 1，起始位置为第 1 帧，结束帧为第 30 帧。

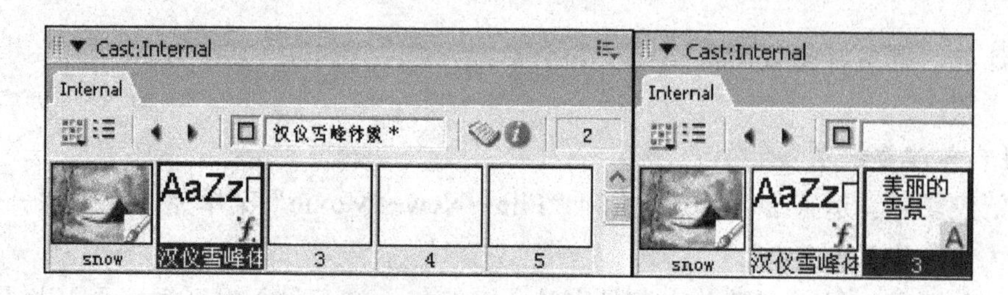


图 3.29　嵌入的字体演员

（2）将文本演员“美丽的雪景”拖到通道 2，起始帧为 1，结束帧为第 30 帧。

（3）设置文本演员。在“Property Inspector”属性检查器的“Sprite”选项卡中，通过 Ink 下拉列表，将文本演员“美丽的雪景”在舞台上的精灵 Sprite2 的背景设置为透明。

剧本分镜窗及舞台最终编排如图 3.30 所示。

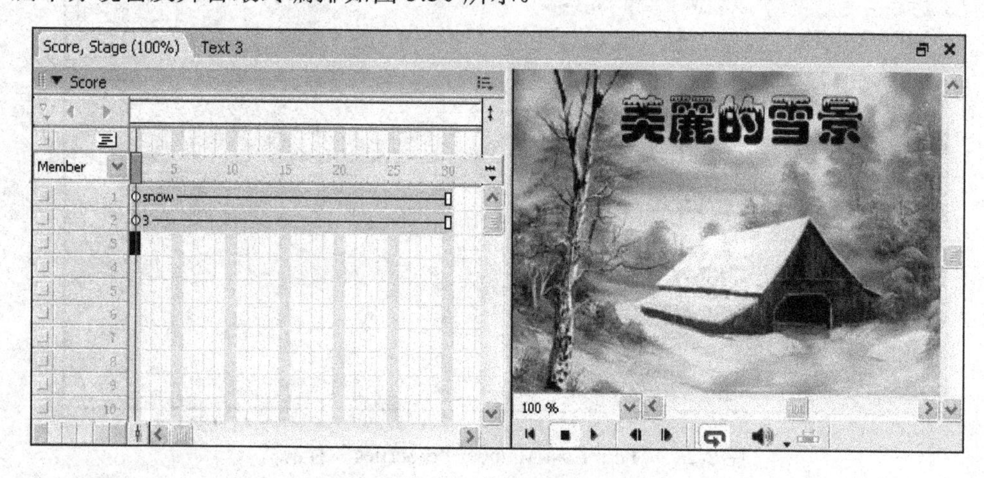


图 3.30　剧本分镜窗和舞台最终编排

3．播放与调试

打开“Control Panel”控制面板，设置播放速度，使用 ▸ 播放按钮进行调试。

4．保存与生成项目

源文件保存为 sy3_6.dir，导出影片为可执行文件 sy3_6.exe。

当该影片在没有安装“汉仪雪峰体繁”字体的计算机上运行时，文字“美丽的雪景”同样会产生雪峰效果。

读者可以做一个对比，创建一个 sy3_6.exe 的影片副本，在副本影片中，删除嵌入字体演员。再将影片副本在没有安装“汉仪雪峰体繁”字体的计算机上运行，观察其运行效果。

## 3.4　应用实例

**【例 3.7】** 制作一个文字跳跃的动画影片。要求“多媒体技术与应用”各个文字在窗口内按一定的轨迹跳跃。

设计分析：

在设计前，先用 Photoshop 制作出字幕文字素材，将“多媒体技术与应用”每个文字单独保存为一个 jpg 文件，文字的样式与效果可以任意定义。

设计步骤：

1. 舞台与演员的准备

（1）新建影片。运行 Director，执行“File→New→Movie”菜单命令，新建一个影片，设置舞台大小为“640×400”。

（2）导入演员。通过导入对话框将制作好的 8 个文字图片素材导入到演员表。

2. 使用剧本分镜窗布置场景放置演员

（1）把文字演员拖放到舞台上，布置好位置，如图 3.31 所示。

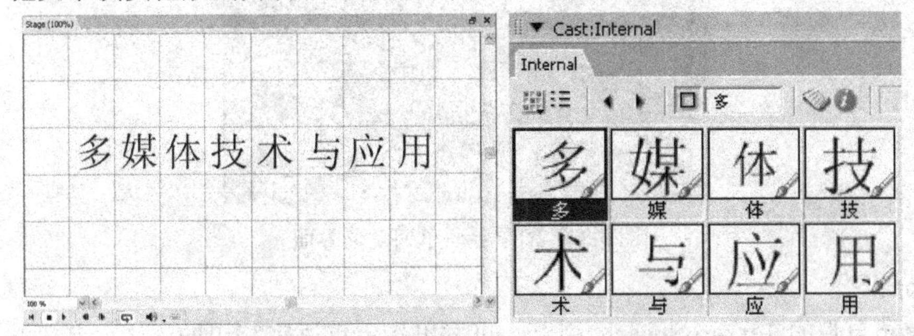


图 3.31　素材导入及在舞台的位置设置

（2）在剧本分镜窗口中，直接用鼠标拖动精灵的末尾帧到 70 帧，并且将各个精灵的起始帧依次设置为 1，3，5，7，9，11，13，15。

（3）使用鼠标右键单击通道 1 的第 32 帧，在弹出的快捷菜单中选择“Insert Keyframe”命令，插入关键帧，选中添加的关键帧，在舞台上拖动该精灵到舞台底部；在通道 1 的第 54 帧插入关键帧，选中添加的关键帧，在舞台上拖动该精灵到舞台中央。完成对文字“多”的动作设计。

使用同样的方法分别处理其他文字。剧本分镜窗最终编排如图 3.32 所示。

3. 播放与调试

打开“Control Panel”控制面板，设置播放速度，使用▸播放按钮进行调试。

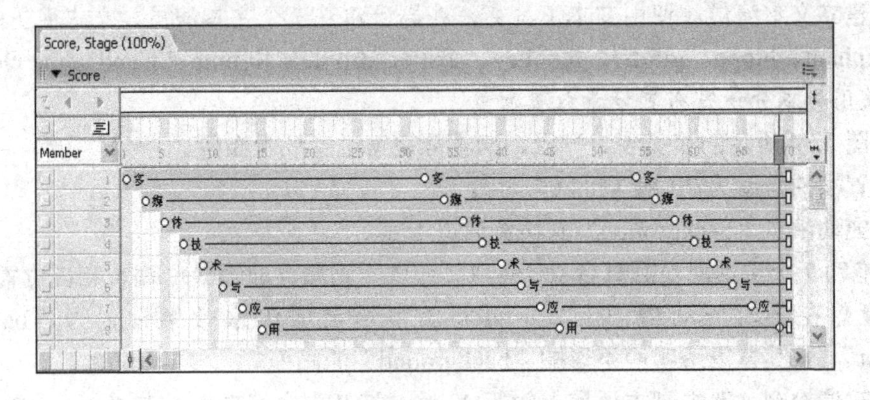


图 3.32　剧本分镜窗最终编排

4. 保存与生成项目

源文件保存为 sy3_7.dir，导出影片为可执行文件 sy3_7.exe。

【例 3.8】 制作一个儿童英语单词复读软件，当用户单击图 3.33 中的某一动物时，软件自动发出该动物名称的语音。

图 3.33 简单英语单词复读界面

设计分析：

Director 自带的 Text-to-Speech 引擎，可发出指定英语字符串的语音。其语法格式为：

```
voiceSpeak (string)
```

其中，string 为使用 text-to-speech 引擎发出语音的字符串，通常可由文本演员提供。

在每一个动物画面上可用透明的文本演员覆盖在其上方，文本内容为该动物名称的英语单词，在“on MouseUp me”或“on MouseDown me”事件内执行 voiceSpeak 命令即可实现所需要的功能。

设计步骤：

1. 舞台与演员的准备

（1）新建影片。运行 Director，新建一个影片，设置舞台大小为“500×450”。

（2）导入演员。通过导入对话框背景图片文件。

（3）建立文本演员。使用文本工具 A，在舞台建立 7 个文本演员，文本演员的内容依次为：elephant、hippo、giraffe、monkey、snake、droplets 和 blue sky and white clouds。

2. 使用剧本分镜窗布置场景放置演员

参考图 3.34 所示的演员表、舞台、剧本分镜窗进行场景布置。

先设置帧的跨度为 20 帧（可以自定）。

（1）拖动演员“background”到精灵通道 1。

（2）拖动 7 个文本演员到舞台（对应精灵通道 2 到精灵通道 8），调整相应位置及大小，使它能覆盖在各对应动物的上方，并将文字精灵的墨水效果设置为“background transparent”，使其背景透明而不影响“background”的画面。

（3）暂停控制。双击脚本通道上的第 20 帧，打开脚本编辑窗，在“on exitFrame me”

事件内输入脚本命令“go to the frame”，产生脚本演员 9。当影片启动后，播放头暂停在第 20 帧，等待用户的交互操作。

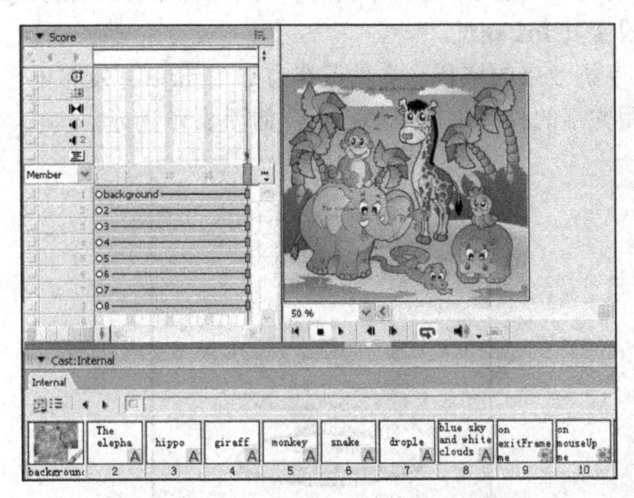


图 3.34　演员表、舞台、剧本分镜窗

（4）设置 text-to-speech 的语音功能。对于有互动行为的精灵能够通过通道编号来引用，例如，Sprite（2）表示精灵 2，它所设置的文本内容由 Sprite（2）.member.text 传递。

使用精灵属性 SpriteNum 可获得它的编号。关键字 me 是一个特殊变量，用于互动行为中引用当前的对象。当用鼠标单击舞台上某文字精灵时，Sprite（me.Spritenum）就引用了该精灵。

根据此分析，建立脚本演员 10。鼠标右键单击舞台上的第一个文字精灵，在弹出的快捷菜单中选择“Script”命令，打开脚本编辑窗，在“on MouseUp me”事件内，输入脚本命令：voiceSpeak （Sprite（me.Spritenum）.member.text）。

即可将该文字精灵所含的字符串提供给 voiceSpeak 命令，发出语音。

然后，重复使用脚本演员 10，分别拖放脚本演员 10 到舞台上其他的文字精灵。

3．使用播放按钮 ▶ 进行调试

当用户单击某一动物时，只要计算机系统带有音响设备，就能听到计算机读出该动物名称的语音。

4．保存与生成项目

在保存与发布前需要通过“Modify→Movie→Xtras”菜单命令，添加 Speech.x32 扩展插件，以保证发布的可执行文件能自动连接用户计算机上的文本-语音转换系统软件。

源文件保存为 sy3_8.dir，导出影片为可执行文件 sy3_8.exe。

## 3.5 实　验

1．制作一个带阴影效果的文本，使文本出现彩色阴影效果。文件保存为 t3_1.dir，并发布电影 t3_1.exe。

提示：

将两个内容相同的文本精灵位置稍稍错开，位于下方的文本精灵设置成某种色彩，位于上方的文本精灵设置其 Ink 属性。

2．制作一个打字机效果的字幕，文件保存为 t3_2.dir，并发布电影 t3_2.exe。

提示：本例使用文字的打字机效果的行为，如图 3.35 所示。

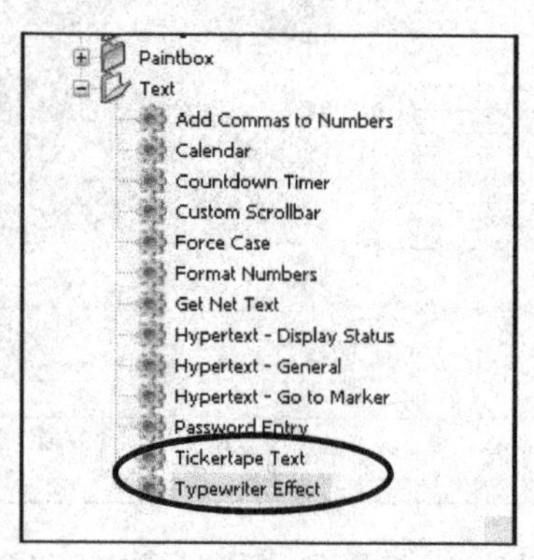


图 3.35 文字的打印机效果行为

3．制作一个三维文字滚动的字幕，文件保存为 t3_3.dir，并发布电影 t3_3.exe。

4．使用 t3-4 文件夹内的素材，利用 Machinegun.ttf 嵌入字体，设计一个影片封面，在汽车的图片上，显示文本，使文本产生如图 3.36 所示效果，文件保存为 t3_4.dir，并发布电影 t3_4.exe。

图 3.36 文字效果

图 3.37 设置精灵的可拖动属性

5．使用 t3-5 文件夹内的素材，设计一个儿童识字动画。影片中有 1 张动物的图片和 6 个标有动物名称的文本框，用鼠标拖动文本框到对应动物的图片。保存源文件为 t3_5.dir，并发布电影 t3_5.exe。

提示：在属性检查器中，设置文本精灵的可拖动属性，如图 3.37 所示。

6．利用文本和域文本制作一个用户注册窗口，如图 3.37 所示，文件保存为 t3_6.dir，并发布电影 t3_6.exe。

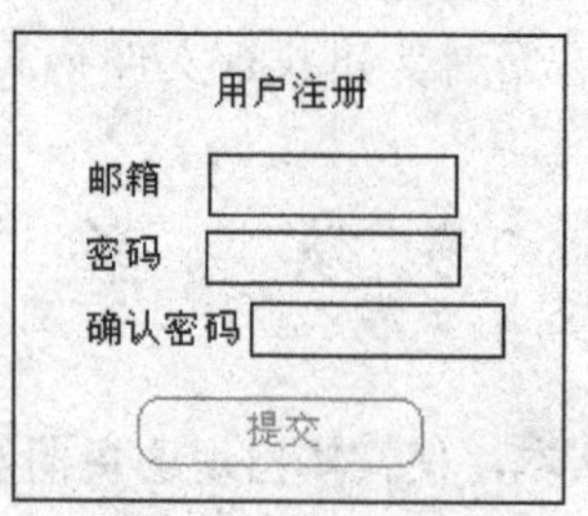


图 3.38 用户注册窗口

7．使用 t3-7 文件夹内的素材，设计一个影片，具备 2 个功能：单击“打开文件”按钮，读入英文文本文件 read.txt，在域文本中显示文件内容；单击“读文件”按钮，由计算机朗读该英文文本。文件保存为 t3_7.dir，并发布电影 t3_7.exe。

8．使用 t3-8 文件夹内的素材，参考【例 3.8】制作一个儿童识字复读软件，当用户单击图中的某一动物时，软件自动发出该动物名称的中文语音。文件保存为 t3_8.dir，并发布电影 t3_8.exe。

提示：通过“控制面板→语音”检查计算机上是否安装了中文文字语音转换程序，若没有安装，可双击素材文件夹内的 MicrosoftTTS51.msi 文件，安装简易中文 TTS 程序，并将其设置为默认语音，如图 3.38 所示。

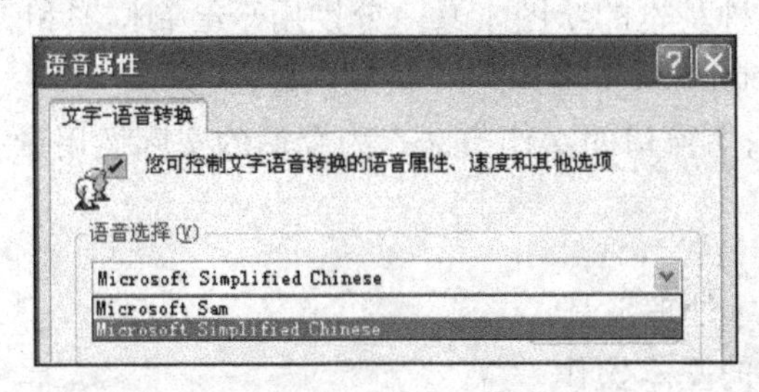


图 3.38　设置 TTS 语音属性

# 第 4 章

# 图形与图像操作

在一个完整的多媒体作品中，一幅幅色彩丰富的图形图像是吸引人们目光的一个重要因素。Director 提供了两种基本的绘图工具，分别用于绘制位图和矢量图。其中，Paint 窗口用于绘制位图，而 Vector Shape 窗口用于绘制矢量图形。

本章将分别介绍这两个窗口的操作方法，为今后的实际运用做好准备。

**本章要点：**

◇ 熟悉 Director 图像处理工具
◇ 掌握图形编辑器的基本操作
◇ 掌握矢量图形的基本操作

## 4.1 图形与图像概念

### 1. 图形与图像

在计算机科学中，图形和图像这两个概念是有区别的：图形一般指由计算机绘制的画面，如直线、矩形、圆、圆弧、任意曲线和图表等；图像则是指由输入设备，例如摄像头、扫描仪、光笔等捕捉的实际场景画面或以数字化形式存储的任意画面。

图形不是主观存在的，是根据客观事物而主观形成的；图像则是对客观事物的真实描述。

在图形文件中只记录生成图的算法和图上的某些特点，如描述构成该图的各种图元位置维数、形状等。在计算机还原图形时，需要使用专门软件将描述图形的指令转换成屏幕上的形状和颜色。由于每次屏幕显示时都需要重新计算，故显示速度没有图像快。它的优点就是占用存储空间较小，容易进行移动、压缩、旋转和扭曲等变换，描述对象可任意缩放不会失真。适用于描述轮廓不很复杂、色彩不是很丰富的对象，如：几何图形、工程图纸、CAD、3D 造型等。

图像是由一些排列的像素组成的，每一个像素点都有一个颜色数值。图像文件中存储的是像素的位置信息、颜色信息以及灰度信息。在计算机中的存储格式有 BMP、PCX、TIF、GIFD 等，一般数据量比较大。图像放大时会失真，可以进行对比度增强、边缘检测等处理。它除了可以表达真实的照片外，也可以表现复杂绘画的某些细节，并具有灵活和富有创造力等特点。

图形与图像示例如图 4.1 所示，图中左侧为图形，右侧为图像。

### 2. Director所用图形类型

图 4.1　图形与图像

Director所使用图形类型为矢量图和位图。矢量图就是前节所描述的图形，由轮廓和填充组成的几何形体的一个数学的描述，包含能够用数学表示的线条密度，填充色，以及线条的其他特征，位图就是前节所描述的图像。

除了可以通过第三方图像处理软件制作图形图像素材之外，Director 提供了一些非常有用的工具和功能，创建和编辑 Director 中的矢量图和位图演员。

Director 内置的 Vector Shap 窗口工具用于矢量图形处理。在 Vector Shap 矢量形状视窗中能创建矢量形状。矢量形状可以是一条直线，一条曲线，或者开放或者闭合的不规则矢量形状，能够用颜色或者渐变色填充。

Paint 绘图窗口是 Director 经典的位图图像编辑器，使用绘图工具可创建简单的图像对象，包括矩形、圆形、多边形以及线条，同时在绘图窗口中，还可以添加文本。在绘图窗口中创建的文本将被转化为图像对象，只有文本还处于输入状态时，它按照文本方式进行编辑，一旦输入过程结束，就不能再以文本的方式对它们进行编辑，此时只能以图像对象对其进行修改。

## 4.2　Paint（绘图）窗口

在一个优秀的多媒体制作软件中，图形图像是非常重要的传递信息的手段之一。要想制作出美轮美奂的多媒体作品，画面效果是非常重要的一个决定因素。

### 4.2.1　Paint 窗口简介

执行"Window→Paint(窗口→绘图)"菜单命令，或单击常用工具栏中的 Paint Window 按钮，打开 Paint 图像编辑窗口，Paint 窗口的结构如图 4.2 所示。

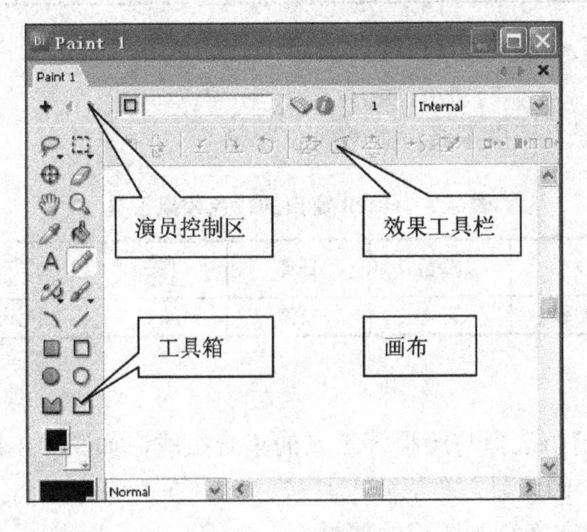


图 4.2　Paint 窗口

Paint 图像编辑窗口可以划分为四个部分：演员控制区、Effect 效果工具栏、工具箱、画布（工作区）。

### 1. 演员控制区

在 Paint 图像编辑窗中演员控制区如图 4.3 所示，它也可以对演员进行操作。

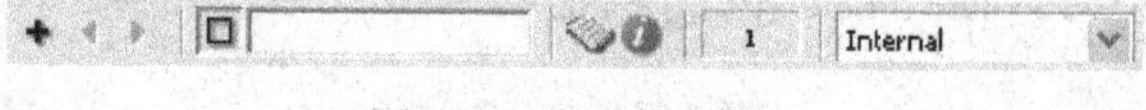


图 4.3 演员控制区

演员控制区功能说明如表 4.1 所示。

表 4.1 演员控制区功能

| | |
|---|---|
| New Cast Member | 在不退出 Paint 窗口的情况下，创建一个新的位图演员 |
| Previous Cast Member | 跳转至前一个位图演员 |
| Next Cast Member | 跳转至后一个位图演员 |
| Drag Cast Member | 将位图演员直接从 Paint 窗口拖放至剧本窗口或舞台上 |
| Cast Member Name | 当前编辑的位图演员的名称 |
| Cast Member Script | 位图演员脚本按钮 |
| Cast Member Properties | 单击该按钮可查看当前编辑位图演员的相关属性 |
| Cast Member Number（演员编号） | 当前编辑的位图演员的演员编号 |
| ChooseCast Internal | 选择不同的演员表 |

### 2. Effect 效果工具栏

（1）Paint 窗口的变形工具。在 Paint 绘图窗口的上方，系统为用户提供了许多变形工具。如表 4.2 所示。

表 4.2 Paint 窗口的变形工具

| | | | | | | | |
|---|---|---|---|---|---|---|---|
| 水平翻转 | 上下翻转 | 左转 90 度 | 右转 90 度 | 自由旋转 | 倾斜 | 扭曲 | 透视 |

在使用变形工具前，用户必须在绘图窗口中使用选取工具选中需要施加变形的对象或者是某一部分。

（2）Paint 窗口的颜色效果工具，如表 4.3 所示。

表 4.3 Paint 窗口的颜色效果工具

| | | | | |
|---|---|---|---|---|
| 颜色反转 | 亮化 | 暗化 | 填充 | 颜色切换 |

### 3. 工具箱

Paint 窗口的工具箱由选择与绘画等工具的集合组成，如图 4.4 所示，类似 Photoshop 和 Windows 画图程序中的工具。在部分工具按钮的右下角还有一个三角形，单击三角形将打开工具选项，可用于定义绘制图形的属性。

（1）设置注册点。

注册点是剧本演员自身坐标系的中心点位置。在默认情况下，注册点位于剧本演员的中心，通过使用 Registration Point 按钮，可以改变注册点的位置。

单击按钮，在演员对象中出现两条虚线，两条虚线的交点即为注册点，如图 4.5 所示，此时，在演员对象上单击或拖动鼠标可改变注册点。

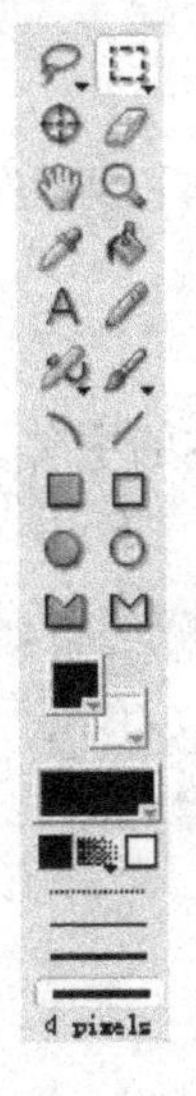

图 4.4　工具箱

图 4.5　注册点为两条虚线的交点

（2）区域选取。

Lasso（套索）工具用于创建不规则选区；Marquee（矩形）工具是套索工具的简化形式，专门用于创建矩形选区。

工具按钮右下角的小三角，提供选取工具选项。选取工具选项功能说明如表 4.4 所示。

**表 4.4　选取工具选项功能**

| 工具选项 | 功能说明 |
| --- | --- |
| Shrink | 缩减选区，收缩到图形边界，选区中的所有白色像素被看作是一种不透明的白色 |
| No Shrink | 不收缩，选区中的所有白色像素被看作是一种不透明的白色 |
| Lasso | 只选择与拖动处开始的像素颜色不同的区域像素，忽略周围所有与其颜色相同的区域 |
| See Thru Lasso | 反色选取，所有与拖动开始处的像素颜色相同的区域都将被处理为透明颜色 |

区域选取工具操作方法和操作结果如表 4.5 所示。

**表 4.5　区域选取操作及结果**

| 选择工具 | 操作方法 | 操作结果 |
| --- | --- | --- |
|  | 按住鼠标左键在图像周围绘制一个封闭线框，释放鼠标 | 选区内被选定的对象将快速闪烁 |
|  | 按住鼠标左键在图像上拖动出一个矩形区，释放鼠标 | 用滚动的虚线框显示选区 |

Shrink 选项与 No Shrink 选项所产生的选区如图 4.6 所示，左侧为选择 Shrink 选项，右侧为选择 No Shrink 选项。

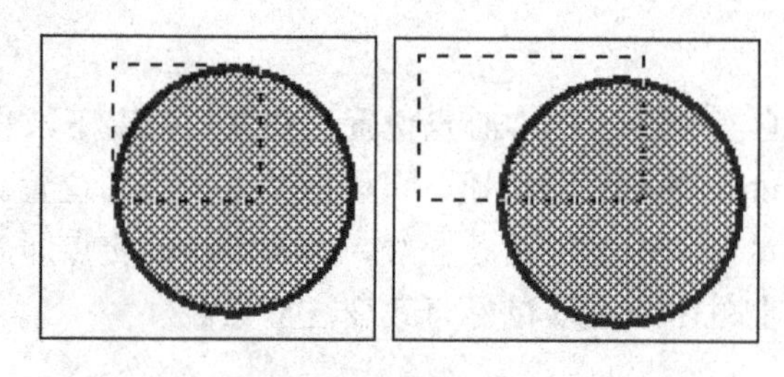

图 4.6 Shrink 选项与 No Shrink 选项比较

在完成选区操作后，这时候可以对选区进行拖动、删除、复制和剪切等操作，也可以对选区内的对象使用各种特效效果。

（3）Text A。

Text 文本工具用于在 Paint 窗口输入位图文本，用户可对文本的字体、字号、效果等进行调整。双击工具箱内的文本工具按钮 A，打开如图 4.7 所示的“Font”对话框。

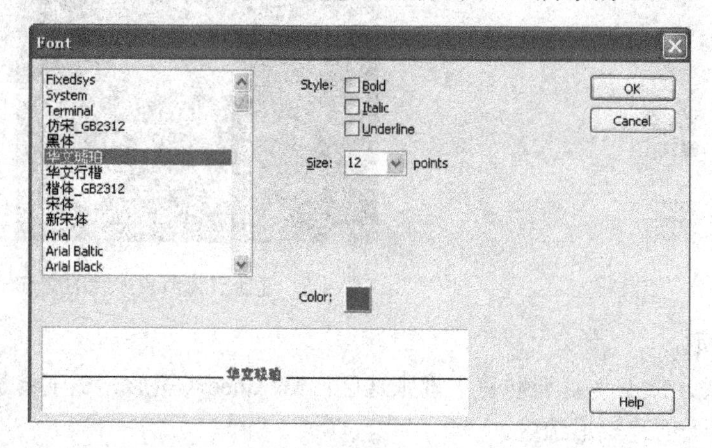


图 4.7 “Font”对话框

在字体列表框内选择位图文本字体；在 Style 选项组内确定位图文本的样式；在 Size 下拉列表框确定位字号；Color 颜色框显示位图文本的前景色。

选择文本工具按钮之后，在 Paint 窗口单击时，一个灰色的边框将显示在画布上，它是输入位图文本的起始点，随着文本的输入，文本框的长度将不断地延长。当光标离开输入区后，所输入的文本就会转换成不可改变的位图。

（4）颜色处理。

颜色处理工具的功能和操作方法如表 4.6 所示。

**表 4.6 颜色工具**

| 工具 | 功能 | 操作方法 |
| --- | --- | --- |
| Eyedropper | 吸管，拾取图像上任意位置上的颜色，用于设置前景色与背景色 | 前景色：鼠标单击所需的颜色区域<br>背景色：Shift+鼠标单击<br>渐变颜色的目的色：Alt+鼠标单击 |
| Paint Bucket | 颜料桶，用前景色填充指定区域 | 鼠标单击所需填充颜色的区域 |
|  | 提供前景色与背景色 | 鼠标单击按钮，弹出调色板，选择颜色 |

续表

| 工具 | 功能 | 操作方法 |
| --- | --- | --- |
| Patten | 图案填充 | 鼠标单击按钮，弹出图案填充面板 |
| Gradient Color | 渐变颜色 | 鼠标单击按钮，弹出调色板，选择颜色 |

（5）图形绘制。

图形绘制工具的功能和操作方法如表 4.7 所示。

**表 4.7　绘图工具**

| 工具 | 功能 | 操作方法 |
| --- | --- | --- |
| Pencil | 铅笔，用前景色绘制一像素宽的细线 | 在 Paint 窗口中拖曳鼠标<br>水平线：Shift+水平方向拖动<br>垂直线：Shift+垂直方向拖动 |
| Air Brush | 喷枪，将前景色喷射在 Paint 窗口 | 在 Paint 窗口中拖曳或单击鼠标 |
| Brush | 画刷，使用前景色绘制图形 | 在 Paint 窗口中拖曳或单击鼠标 |
| Arc | 弧线，绘制各种弧线<br>弧线粗细由线型工具设置 | 单击画布，确定弧线的起点；拖动鼠标确定弧线的大致走向；在弧线终点处释放鼠标。<br>绘制 1/4 圆弧线：Shift+拖曳 |
| Line | 直线，在 Paint 窗口中绘制任意直线 | 在 Paint 窗口中拖曳鼠标<br>Shift+拖曳方向，绘制水平、垂直或 45°的直线 |
| Filled Rectangle | 实矩形，用前景色填充 | 在 Paint 窗口中拖曳鼠标<br>正方形：Shift+拖曳 |
| Rectangle | 矩形，边框色为前景色，白色填充 | |
| Filled Ellipse | 实椭圆形，用前景色填充 | 在 Paint 窗口中拖曳鼠标<br>圆形：Shift+拖曳 |
| Ellipse | 椭圆，边框色为前景色，白色填充 | |
| Filled Polygon | 实心多边形，用前景色填充 | 在 Paint 窗口中拖曳鼠标 |
| Polygon | 多边形，边框色为前景色，白色填充 | |

（6）其他工具。

其他工具的功能和操作方法如表 4.8 所示。

**表 4.8　其他工具**

| 工具 | 功能 | 操作方法 |
| --- | --- | --- |
| Erase | 橡皮，擦除 Paint 窗口中的图像 | 在图像上拖动鼠标，经过区域被清除为白色<br>双击橡皮工具，清除 Paint 窗口全部图像 |
| Hand | 手形，移动窗口中图像的位置 | 在图像上拖动鼠标 |
| Magnifying Glass | 放大镜，改变图像在 Paint 窗口内的显示比例 | 鼠标单击图像，放大图像<br>Shift+鼠标单击，缩小图像 |
| Color Depth 32 bits | 颜色深度，对位图的尺寸、颜色色深和应用的调色板进行设定 | 双击颜色深度工具打开“Transform Bitmap” 位图转换对话框，进行设置 |
| Other Line Width 4 pixels | 线宽设定 | 双击线宽设定按钮打开“Paint Window Preferences”对话框，进行设置 |

### 4.2.2　Paint 应用

**【例 4.1】** 制作一个影片，效果要求：舞台上的演员扭曲变动。

设计分析：

形成演员扭曲变动的动画需要一系列变形过渡演员，可用扭曲按钮工具产生扭曲后的最终画面，使用 Director 的“Xtras→Auto Distort”命令，自动产生扭曲，按变形过程自动生成一系列变形过渡演员。

设计步骤：

1. 舞台与演员的准备

（1）新建影片。新建一个影片，设置舞台大小为“240×400”。

（2）导入演员。将素材包中的 tu4-1.jpg 导入到演员表。

（3）创建变形过渡演员。打开 Paint 窗口编辑 tu4-1 演员；设置 Paint 窗口中的矩形选区（Marquee）工具工作方式为 No Shrink；用矩形工具选取整个图片，单击扭曲按钮，此时选区四角出现圆形的句柄调整块，用鼠标拖动圆形句柄改变图形，如图 4.8 所示。

图 4.8　拖动句柄改变图形

执行“Xtras→Auto Distort”命令，弹出“Auto Distort”对话框，如图 4.9 所示。在 Generate 文本框中输入过渡演员的数量，演员表中将自动生成了一系列变形过渡演员。

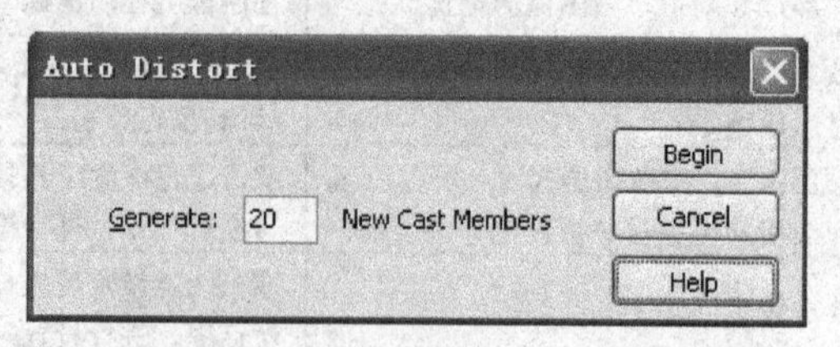


图 4.9　输入过渡演员的数量

2．使用剧本分镜窗布置场景放置演员

使用“Ctrl+A”组合键选择所有演员（也可以使用“Edit→Select All”菜单命令），按下“Alt”键将所选择的演员拖动到舞台上。此时，在一个通道上产生了一个组合精灵。

**注意**：如果在拖动所选择的演员到舞台上时，没有使用“Alt”键，一系列变形过渡演员将分布到不同的通道上。

3．播放与调试

打开“Control Panel”控制面板，设置播放速度，使用▸播放按钮进行调试。

4．保存与生成项目

源文件保存为 sy4_1.dir，导出影片为可执行文件 sy4_1.exe。

## 4.3 Vector Shape（矢量图形）窗口

Paint 窗口主要用于绘制位图图像，而 Vector Shape 窗口主要用于绘制矢量图形。如前所述，这两种绘制技术的一个重要区别在于：在绘制过程中，图像是以像素为基本单位来进行绘制的，而图形则是通过对一个个节点的控制及对节点之间连线的调节来完成图形的绘制。

### 4.3.1 Vector Shape 窗口

执行“Window→Vector Shape（窗口→矢量图形）”菜单命令；或单击常用工具栏中的按钮，打开 Vector Shape 窗口，如图 4.10 所示。

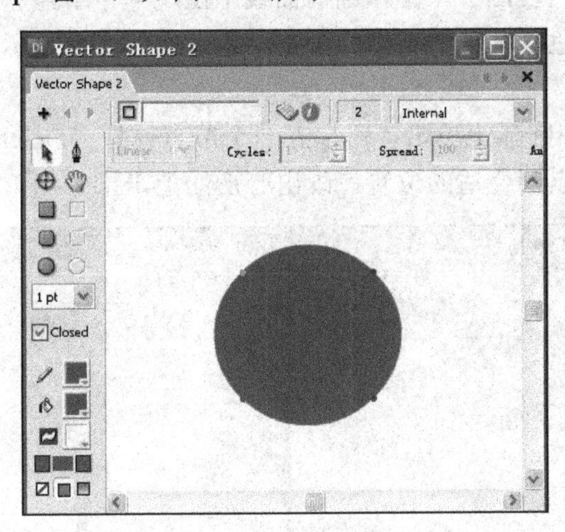


图 4.10　矢量图形窗口

在 Vector Shape 窗口中有一些工具按钮和 Paint 窗口是相同的，这里只对 Vector Shape 窗口中所特有的工具按钮进行叙述。

（1）Pen（钢笔）：用于创建不规则的矢量形状。

（2）Stroke Width 1 pt（线宽指示器）：用来设定矢量形状周围的边框宽度。

（3）No Fill（非填充）：选中该选项时，所绘制出的矢量图形将处于非填充状态。

（4）Solid（实心）：选中该选项时，所绘制出的矢量图形将处于填充状态。

（5）Gradient（渐变）：选中该选项时，所绘制出的矢量图形将处于渐变填充状态。

在 Vector Shape 窗口中所创建矢量形状可以包含多条曲线，能分离和连接曲线。

### 4.3.2 Vector Shape 应用

**【例 4.2】** 制作一个简单电子相册影片。效果要求：首先出现一个相册封面，封面上有一心形，自上向下移动，然后在镜框内逐张显示照片。

设计分析：

将相册封面和照片放在不同的帧，就可使它们按时间先后出现在舞台上。心形演员自上向下移动需要 2 个关键帧，前一关键帧对应的精灵位于舞台上方，后一关键帧对应的精灵位于舞台下方。

要使照片显示在镜框内，镜框演员必须放在最上层，并设置镜框背景为透明，使得镜框下的照片可见。

设计步骤：

1. 舞台与演员的准备

（1）新建影片。运行 Director，新建一个影片，设置舞台大小为“320×240”。

（2）导入演员。将事先准备好的 5 张图片素材导入到演员表，分别存放在演员表窗格 1～窗格 5 中。

（3）绘制相册封面演员。单击工具面板上的按钮，打开 Vector Shap 矢量绘图窗口。选择椭圆工具，在空白区画一个圆，圆周曲线上出现 4 个节点。曲线上第一个节点为绿色，最后一个节点为红色，其他的节点为蓝色，未选中的节点显示为实心点，当前选择的节点显示为空心点。

选择钢笔工具，在圆弧上单击，可插入一个节点（按“Delete”键可删除该点）；选择箭头工具，拖动此节点到合适的位置，画出心形的上半部分的形状，如图 4.11 所示。

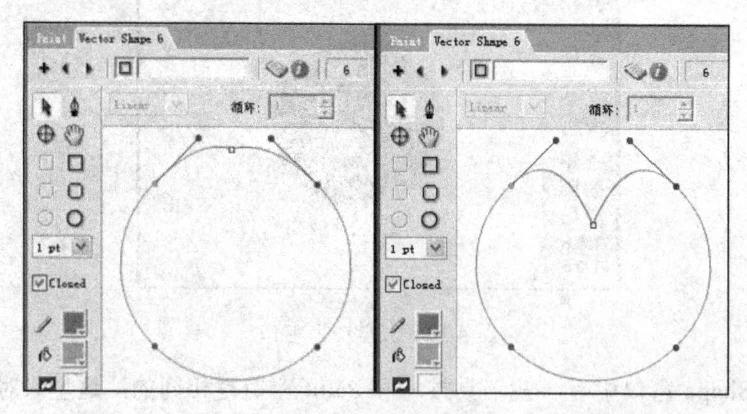


图 4.11　用椭圆工具画圆

选择下方的一个节点，拖动节点切线的控制端点到合适的位置，画出心形下半部分的形状；用工具和工具设置轮廓和填充色为红色，用 Solid 填充按钮填充颜色，如图 4.12 所示。

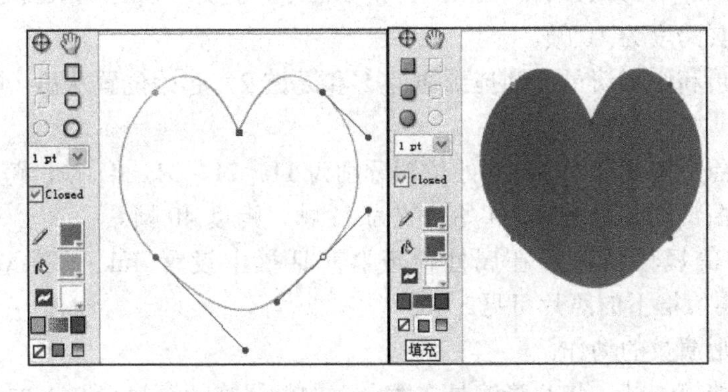


图 4.12　改变控制点画出心形

**注意：** 节点上出现的方向线是节点之间的弯曲度数的控制调杆。拖曳控制点可以调节该处曲线的曲率，其原则是：总是向曲线的隆起方向拖移第一个方向点，并向相反的方向拖移第二个方向点；如果同时向一个方向拖移两个方向点将绘制出 S 形曲线，如图 4.13 所示。

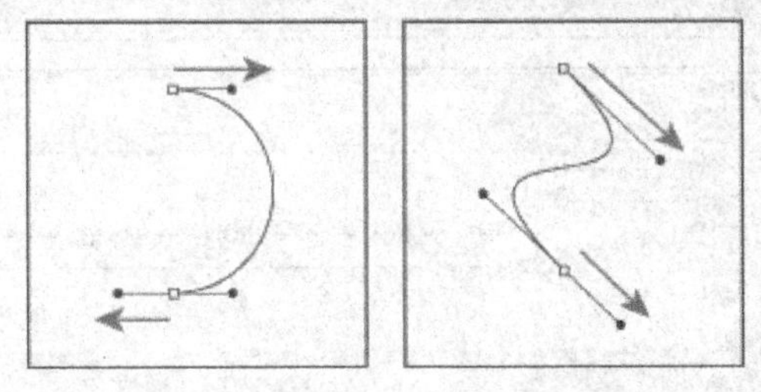

图 4.13　使用钢笔绘制曲线原则示意

选择矩形工具，在空白区画一个矩形；分别单击 Gradient Color 工具左右两侧的方框，弹出调色板，选择颜色，设定渐变颜色；使用 Gradient 按钮在矩形内填充渐变过渡颜色，如图 4.14 所示。窗体上方的参数选项可以设置渐变效果，渐变类型有线性与辐射两种方式，图中所示为线性方式；循环用于设置渐变重复出现的次数，也可设置渐变展开的范围和角度等。

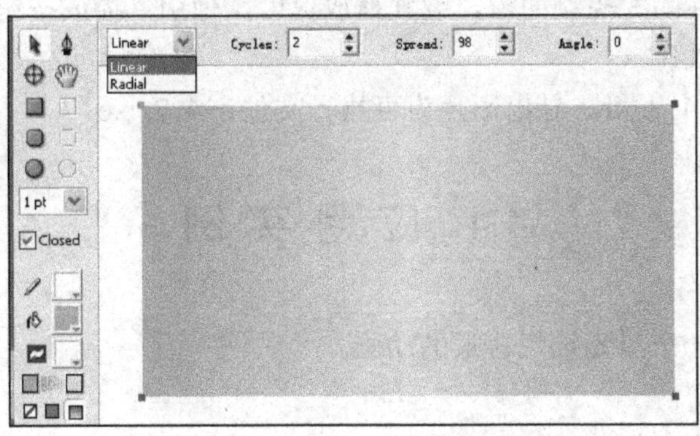


图 4.14　用渐变过渡颜色填充矩形

所绘制的心形演员和矩形框演员存放在演员表窗格 6 与窗格 7 中。

2. 使用剧本分镜窗布置场景放置演员

（1）执行“Edit→Preferences→Sprite”菜单命令，打开“Sprite Preferences”精灵属性对话框，设置精灵跨度为 10 帧。

将矩形框演员和心形演员分别拖到通道 1 和通道 2，起始位置从第一帧开始，结束帧在 10 帧。

（2）将 4 张照片拖到通道 3，起始位置分别为 11、21、31、41 帧，跨度都是 10 帧。

（3）将镜框演员拖到通道 4，起始位置为 11 帧，跨度 40 帧。

选择舞台上的镜框精灵，在属性检查器对话框中设置 Ink 的类型为 Background Transparent，使得镜框下的照片可见。

（4）设置心形演员的动作。

选中通道 2 的第一帧，将心形演员在舞台上的精灵拖动至舞台最上方；右击通道 2 的第 10 帧（心形演员的最后一帧），插入关键帧，将心形演员在舞台上对应的精灵拖动至舞台最下方，形成自上而下地进行运动。

剧本分镜设置最终编排如图 4.15 所示。

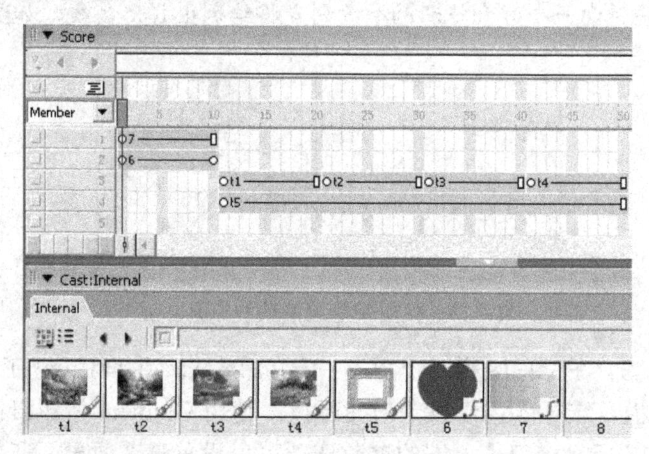


图 4.15　剧本分镜编排设置

3. 播放与调试

打开“Control Panel”控制面板，设置播放速度，使用 ▸ 播放按钮进行调试。

4. 保存与生成项目

源文件保存为 sy4_2.dir，导出影片为可执行文件 sy4_2.exe。

## 4.4 应用实例

【例 4.3】 制作一个星光灿烂背景的动画。

设计步骤：

1. 舞台与演员的准备

（1）新建影片。运行 Director，新建一个影片，设置舞台大小为“320×240”，舞台背景为蓝色。

（2）绘制星星演员。

单击工具面板上的按钮，打开矢量绘图窗口。选择矩形工具绘制一个矩形，使用钢笔工具在矩形的 4 条边线上各添加一个控制点；选择箭头工具移动调整控制，形成一个星星，并添加白色到蓝色的辐射状渐变效果，过程如图 4.16 所示。

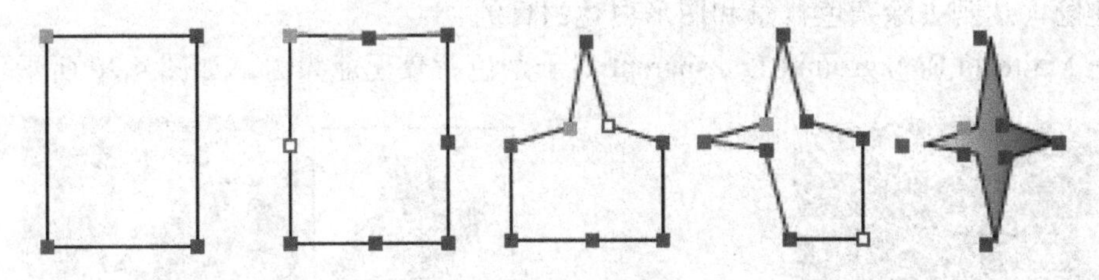

图 4.16　绘制星星

将星星边线的宽度设置为 6pt，并填充浅蓝色，如图 4.17 所示。

2. 使用剧本分镜窗布置场景放置演员

（1）将星星演员拖到舞台上生成精灵 1，设置精灵的 Ink 属性为 Background Transparent，使背景透明，将前景色改为绿色。

（2）再次将星星拖动到舞台上，生成精灵 2，并调整大小，将其 Ink 属性设置为透明背景色，前景色改为粉色。

（3）使用相同的方法创建精灵 3、4、5，最后效果如图 4.18 所示。

图 4.17　设置边线的宽度

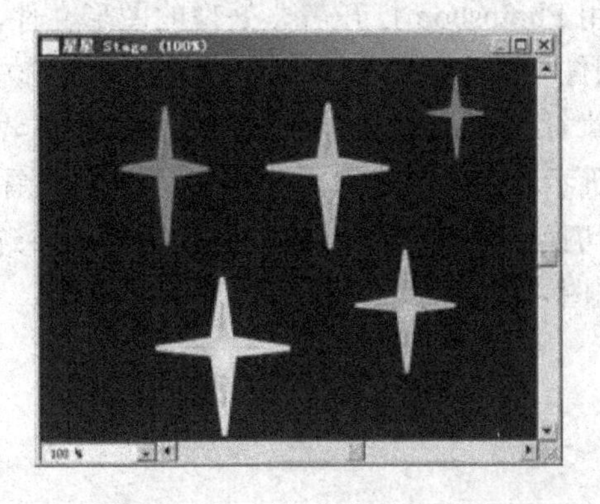


图 4.18 星光灿烂的背景效果

3. 播放与调试

打开“Control Panel”控制面板，设置播放速度，使用播放按钮进行调试。

4. 保存与生成项目

源文件保存为 sy4_3.dir，导出影片为可执行文件 sy4_3.exe

**注意：**如果改变通道上精灵的起终点位置，形成阶梯形的布置，可使星星产生闪烁效果，读者也可以思考出产生闪烁效果的其他方法。

**【例 4.4】** 使用 Alpha 通道，过滤图形背景区域，效果如图 4.19 所示。

设计分析：

使用 Ink 属性去除图形背景，常用 3 种方法：

（1）Matte。Matte 墨水类型只能够去掉位图周围的纯白色背景，这是最简易的一种方法。

（2）Background Transparent。使背景（包括图形对象内部的纯白色区域）变为透明。

（3）Mask。Mask 在 Director 中创建一个遮罩图像，控制一幅图片中部分能被显示，部分被遮隐，达到去除杂色背景和图形白边的目的。

但是 Matte 和 Background Transparent 对于杂色背景无能为力，如图 4.20 所示。

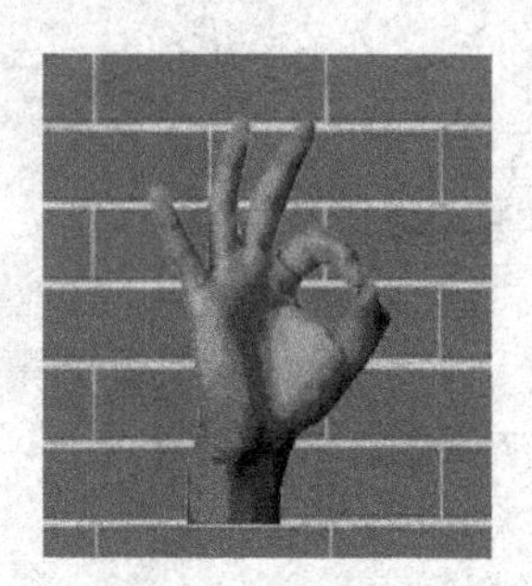

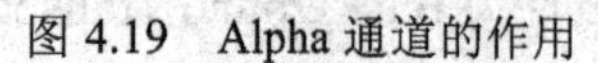

图 4.19　Alpha 通道的作用

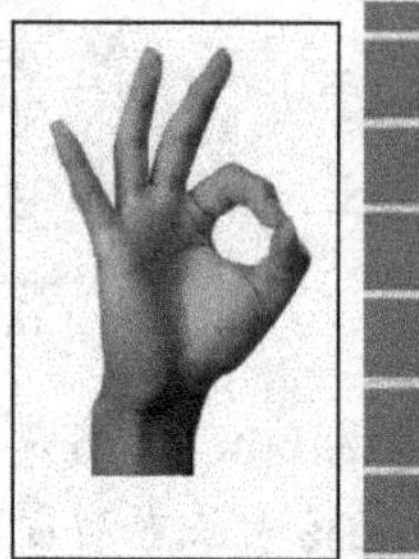

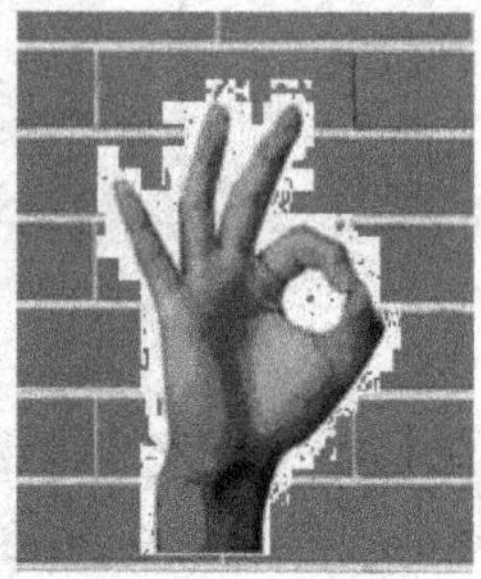

图 4.20　Matte 和 Background Transparent 效果

因此，需要使用第三方软件处理，例如 Photoshop，创建 Alpha 通道，过滤图形背景区域。本例介绍使用第三方软件创建 Alpha 通道，过滤图形背景区域。

设计步骤：

① 用 Photoshop 打开需要处理的图形文件，本例为图 4.20 所示的手形图。利用魔棒工具选择图像中的白色部分，然后用反选功能选中手形部分。

② 执行 Photoshop 中的“选择→修改→收缩”命令，打开“收缩选区”对话框，如图 4.21 所示。确定收缩量，用于去除图像周围的白边。

③ 切换到通道面板，单击面板底部的将选区存储转为通道按钮，创建一个 Alpha 通道，如图 4.22 所示。

图 4.21　“收缩选区”对话框

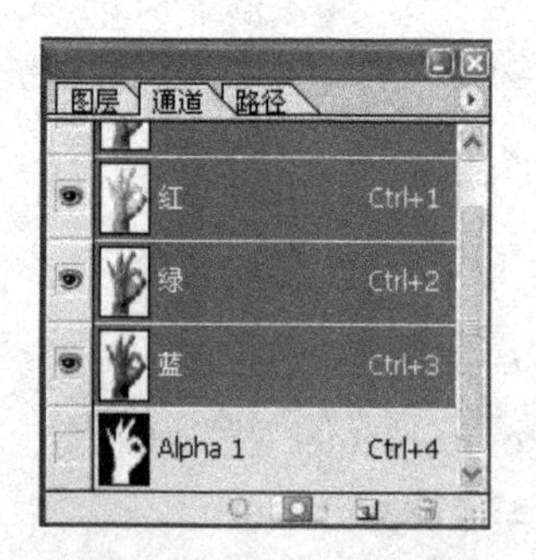


图 4.22　创建 Alpha 通道

④ 然后将图像保存。

**注意**：必须将图像保存为带有 Alpha 通道信息的图形格式文件，如图 4.23 所示，否则所保存的文件将会丢失 Alpha 通道信息（Photoshop 中会有提示信息）。

⑤ 将修改后的图形文件导入 Director，在导入属性对话框中要选择 Color Depth 中的 Image（32bits）选项，将图像的颜色深度设为 32 位。

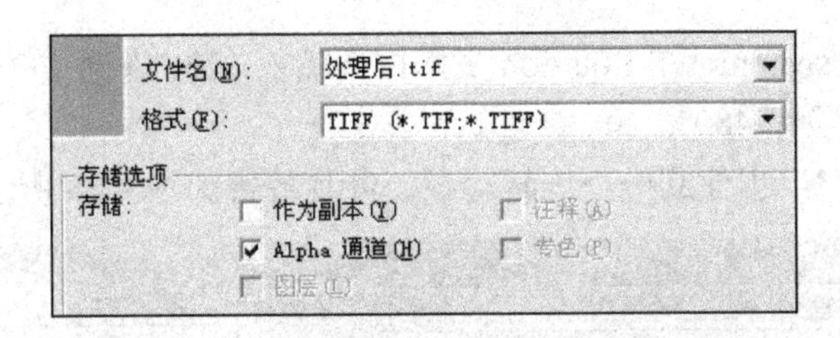


图 4.23　带有 Alpha 通道信息的图形格式文件

当将这个演员角色拖到舞台上，形成一个新的精灵，不需要设定任何特殊的墨水类型，背景消失了，此时舞台上将呈现如图 4.19 所示的效果。

**【例 4.5】** 用矢量图形工具绘制一个叶片，制作电风扇旋转动画。

设计步骤：

1. 舞台与演员的准备

（1）新建影片。运行 Director，新建一个影片，设置舞台大小为“320×240”。

（2）导入演员。将电风扇的网罩和底座图片素材导入到演员表。

（3）绘制叶片演员。打开矢量绘图窗口，用椭圆工具绘制一个圆；选中右下角的节点，按“Delete”键删除；移动红色节点，形成一个叶片，并添加渐变效果，过程如图 4.24 所示。

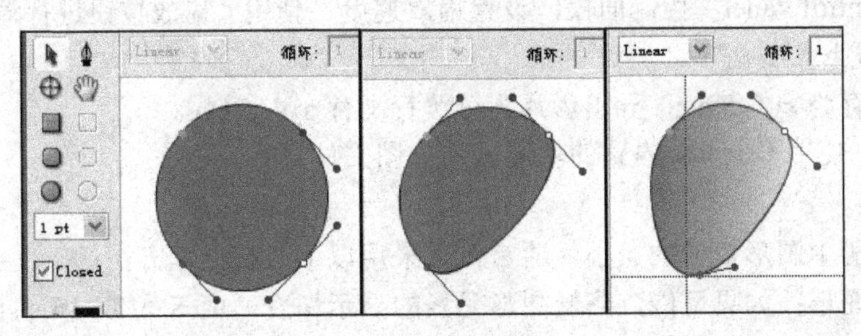


图 4.24　绘制叶片

（4）设置叶片旋转中心。选择中心点工具，单击叶片图片的适当位置确定旋转中心。

2. 使用剧本分镜窗布置场景放置演员

（1）将叶片演员拖动到舞台上，形成精灵 1。在第 20 帧插入一个关键帧，选择“Property Inspector”属性检查器的“Sprite”选项卡，在 Rotation 旋转文本框中输入“360”，如图 4.25 所示。

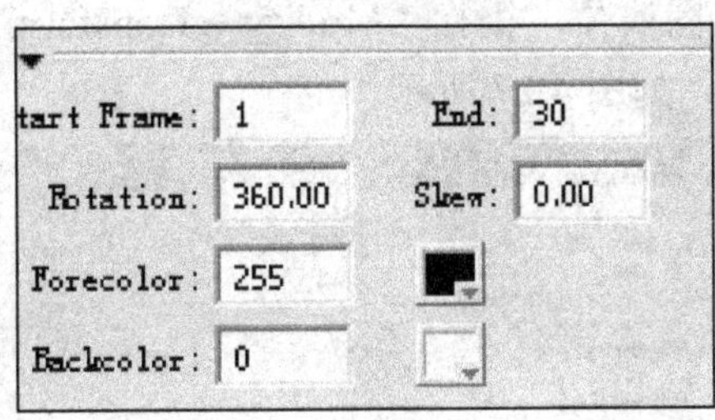


图 4.25　设置旋转

（2）再次将叶片拖动到舞台上形成精灵 2，位置与精灵 1 重合。设置精灵 2 的 Ink 属性为 Background Transparent，在 Rotation 文本框中输入 120。在通道 2 的 20 帧插入一个关键帧，将其旋转角度设为 480°。

类似地产生精灵 3，也建立一个旋转动画。叶片放置如图 4.26 所示。

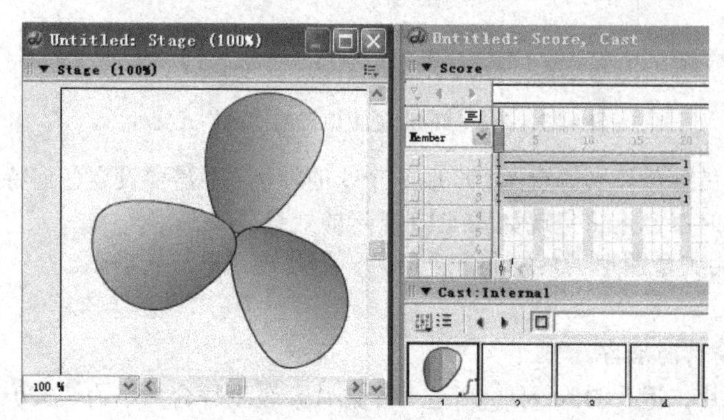


图 4.26　三个叶片旋转动画

（3）添加电风扇的网罩和底座到舞台。

3. 播放与调试

打开“Control Panel”控制面板，设置播放速度，使用 ▸ 播放按钮进行调试。

4. 保存与生成项目

源文件保存为 sy4_5.dir，导出影片为可执行文件 sy4_5.exe。

【例 4.6】 使用 Director 内置的功能压缩位图文件。

设计分析：

要减小电影中图形数据的大小，通常可以采用以下几种处理方法：

使用矢量图形；如果可能，降低图形元素的显示精度，用 8 位或 16 位颜色深度；用 Director 内置的功能压缩 BMP 位图文件。

设计步骤：

（1）新建影片。运行 Director，新建一个影片，设置舞台大小为“480×360”。

（2）导入演员。将位图图片素材导入到演员表。

（3）保存源文件为 sy4_6_1.dir。

（4）压缩 BMP 位图演员。

选择需要压缩 BMP 位图演员，执行“Modify→Transform Bitmap”菜单命令，打开“Transform Bitmap”对话框，如图 4.27 所示。

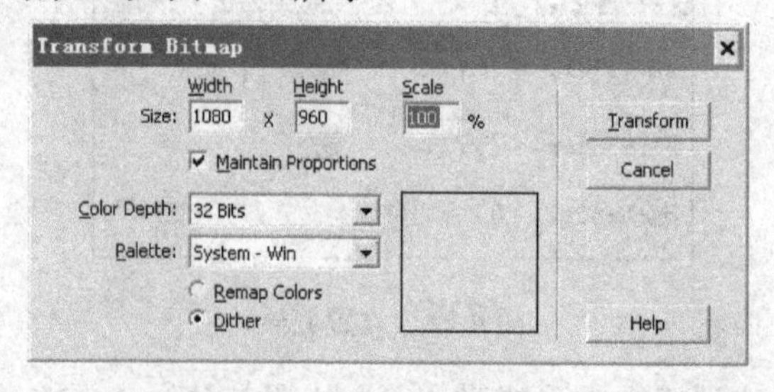


图 4.27　“Transform Bitmap”对话框

其中：

Size（大小）：设置位图的宽度和高度，及缩放比例。

Maintain Proportions（维持比例）：表示维持原来的宽度和高度比例缩放。

Color Depth（颜色深度）：设置位图位数，颜色深度越高，位图显示质量越好。

Palette（调色板）：有 Windows 系统使用的模式 System-Win 和 Mac 机使用的模式 System-Mac。

Remap Colors：重新配置颜色。

Dither：显示颜色抖动效果。

在本例中，设置 Scale 缩放比例为 50%，将源文件保存为 sy4_6_2.dir。

在资源管理器中可以清楚地看到，未经过压缩处理的 dir 文件大小为 3178KB，压缩处理后只有 815KB，如图 4.28 所示。

| | | |
|---|---|---|
| sy4_6_1.dir | 3,178 KB | Adobe Director |
| sy4_6_2.dir | 815 KB | Adobe Director |

图 4.28　压缩处理对比

【例 4.7】 使用 Director 内置的功能，输出动画为位图文件。

设计分析：

利用 Director 输出位图与 AVI 的特点，可以将 Gif 动画或 AVI 转换成一系列的位图文件，然后可对位图文件进行编辑，重新导入到 Director。

设计步骤：

（1）新建影片。运行 Director，新建一个影片。

（2）导入 Gif 演员。将 Gif 动画素材导入到演员表。

（3）设置 Gif 演员。双击演员表中的 Gif 演员，弹出“Animated GIF Asset Properties”对话框，如图 4.29 所示。

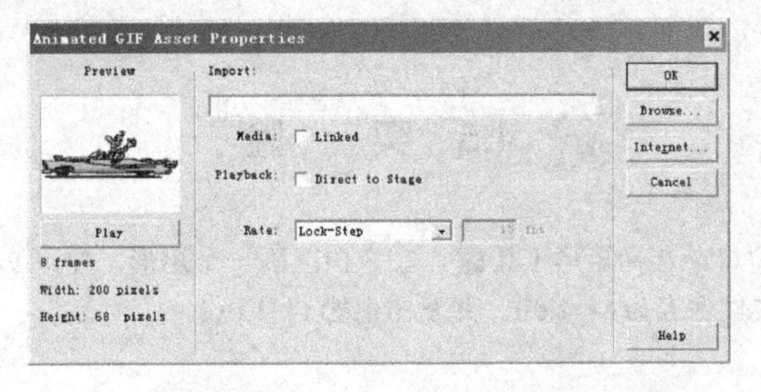


图 4.29 “Animated GIF Asset Properties”对话框

从图中可看出该 Gif 动画由 8 帧组成（在 Play 按钮下）。在 Rate 下拉列表选择“Lock-Step”选项，使 Gif 动画与电影播放速度同步。将 Gif 动画演员放置到精灵通道 1 的 1～8 帧。

（4）输出位图文件。执行“File→Export”菜单命令，弹出“Export”对话框，如图 4.30 所示。

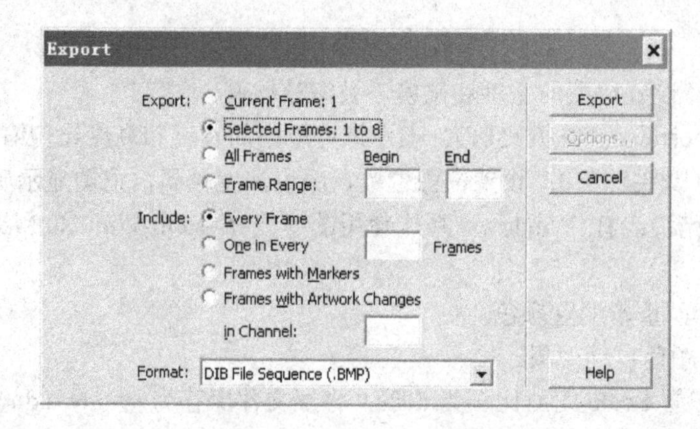


图 4.30 “Export”对话框

图中 Export 选项的含义如下：

Current Frame：表示输出当前帧。

Selected Frame：表示输出所选择的帧。

All Frame：表示输出全部帧。

Frame Range：表示输出指定范围的帧。

如果选择 Selected Frame 或 All Frame 或 Frame Range 单选按钮，可在 Include 选项中选择以下设置：

Every Frame：输出指定范围的所有帧。

One in Every：指定帧数 n，每 n 帧输出一帧。

Frame with Markers：仅输出在剧本分镜窗中设置帧标号的帧。

Frame with Artwork Changes：输出指定通道中发生改变的帧。

Format：选择输出文件为 BMP 或 AVI 格式。

在指定设置后，单击 Export 按钮，输入保存的文件名，即可将 Gif 动画转换成一系列的位图文件。

## 4.5 实　验

1．在 Paint 窗口，选择矩形工具，在空白区画一个矩形，使用 Paint 中的颜色技巧创建彩色条带，文件保存为 t4_1.dir，并发布电影 t4_1.exe。

提示：

在 Paint 窗口，单击 Gradient Colors 按钮，弹出选项菜单，选择 Gradient Settings，打开“Gradient Settings”对话框，如图 4.31 所示，设置矩形过度颜色。

2. 使用 t4-2 文件夹素材，制作一个史努比在舞台上翻筋斗的动画，文件保存为 t4_2.dir，并发布电影 t4_2.exe。

提示：

使用 Paint 窗口的旋转按钮产生过渡演员。

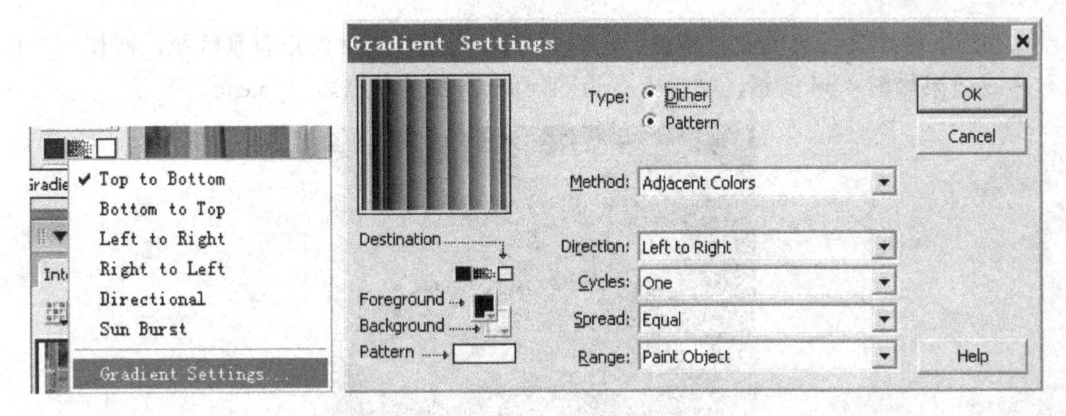


图 4.31 “Gradient Settings”对话框

3．制作一个心形闪烁动画，效果如图 4.32 所示，文件保存为 t4_3.dir，并发布电影 t4_3.exe。

图 4.32 心形闪烁背景效果

4．使用 t4-4 文件夹中素材，用 Auto Distort 命令创建演员成员，制作一个透视效果动画，文件保存为 t4_4.dir，并发布电影 t4_4.exe。

5．绘制如图 4.33 所示的笑脸和邮箱，制作一个动画，交替显示笑脸和邮箱，文件保存为 t4_5.dir，并发布电影 t4_5.exe。

图 4.33 笑脸和邮箱

提示：

可以将图形分解为多个独立的对象，然后组合成电影。

6. 使用 t4-6 文件夹的文件素材，创建 Alpha 通道，过滤图形背景区域，制作一个影片，最终效果如图 4.34 所示，文件保存为 t4_6.dir，并发布电影 t4_6.exe。

图 4.34　最终效果

# 第 5 章

# 动画制作技术与应用

多媒体电影吸引人的一个很重要原因便是它能产生各式各样的动画，为原来孤立的一张张图片赋予了生命，使其产生神奇的效果。Director 作为多媒体开发家族中的佼佼者，可以通过多种手段实现其他工具无法比拟的动画效果。

本章将从如下几个方面对 Director 动画制作技术进行详细介绍：关键帧动画、单步录制动画、实时录制动画、从空间到时间动画和胶片环动画。

**本章要点：**

◇ 了解各种动画制作技术的概念

◇ 掌握创建各种动画实例的制作方法

## 5.1 关键帧动画

关键帧动画是在帧连帧动画基础上发展起来的一种动画制作技术。在使用关键帧动画制作技术制作动画时，动画制作者只需要制作出关键帧中的画面，而关键帧之间的过渡帧画面则由 Director 自动生成。在一部电影中，关键场景的一幅画面称为关键帧，关键画面决定精灵属性的关键值，关键帧在 Score 剧本分镜窗中以小圆圈显示。一个精灵要产生动画效果，至少需要有两个关键帧。在系统默认状态下，拖动演员到精灵通道上时，产生开始和结束两个帧，其开始帧是关键帧，结束帧不是关键帧，而是静止帧，相应地以矩形显示，静止帧只是起延时的作用，使与其相邻的前一关键帧画面继续显示。图 5.1 显示了关键帧动画的构成和在剧本分镜窗中的放置。

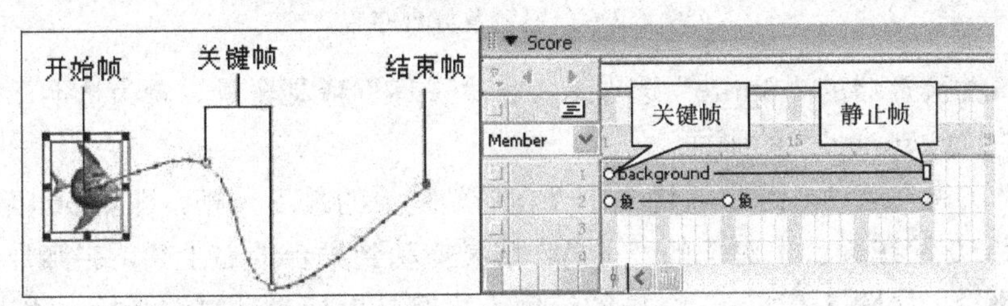


图 5.1　关键帧动画的构成

**【例 5.1】** 使用关键帧技术制作鸟儿飞行的动画效果。

设计分析：

关键帧通常可描述的精灵属性有：位置、大小、旋转、扭曲、混合色、前景颜色和背景颜色等，在相邻的两个关键帧之间能够自动补插这些属性。当精灵运动的路径上只有两个关键帧时，产生直线运动，如果要形成曲线运动，需要使用多个关键帧。

设计步骤：

1. 舞台与演员的准备

（1）新建影片。运行 Director，新建一个影片，设置舞台大小为“550×366”。

（2）导入演员。将图片素材“background.jpg”及“bird.gif”导入到演员表，如图 5.2 所示。

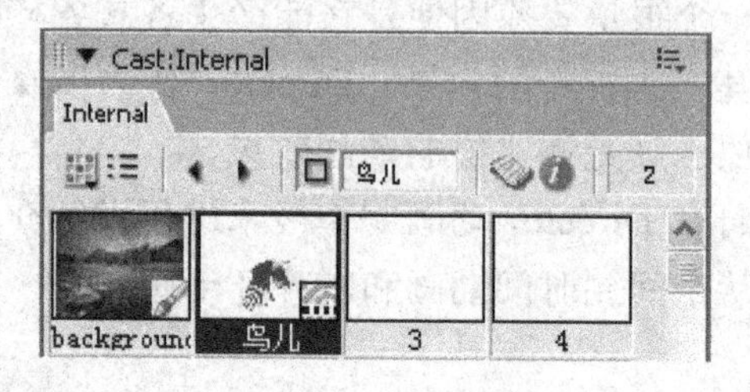


图 5.2 导入素材

2. 使用剧本分镜窗布置场景放置演员

（1）分别拖动演员“background”和“飞鸟”到通道 1、通道 2 上。

调整“background”到舞台的中央，将“飞鸟”拖动到舞台的最左侧，如图 5.3 所示。

图 5.3 分镜窗及舞台布置

（2）在属性检查器的“Sprite”选项卡，将“飞鸟”精灵背景设置为透明，使其背景透明而不影响“background”的画面。

（3）使“飞鸟”运动。选中通道 2 中“飞鸟”精灵的最后一帧，即第 30 帧，插入一关键帧，然后将 30 帧在舞台上对应的“飞鸟”精灵拖动到舞台的右上角，在舞台上形成精灵运动的线性路径，如图 5.4 所示，图中的绿色十字符是鼠标拖动时的光标。适当缩小 30 帧上精灵的大小。

要使精灵运动的路径变成曲线，按下“Alt”键，并选择路径线上某节点后移动鼠标，如图 5.5 所示。

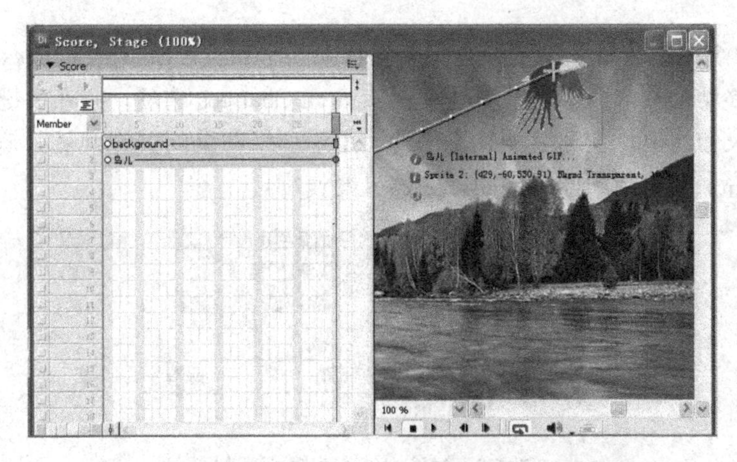


图 5.4　拖动精灵到舞台右上角的分镜窗和舞台效果

图 5.5　使精灵运动的路径弯曲

（4）设置运动过渡效果。要使由两个关键帧控制的精灵运动更自然，可以设置运动过渡效果。

选中分镜窗通道 2 上“飞鸟”精灵所使用的所有帧，然后执行“Modify→Sprite→Tweening（修改→精灵→过渡）”菜单命令，打开“Sprite Tweening”精灵过渡对话框，如图 5.6 所示。

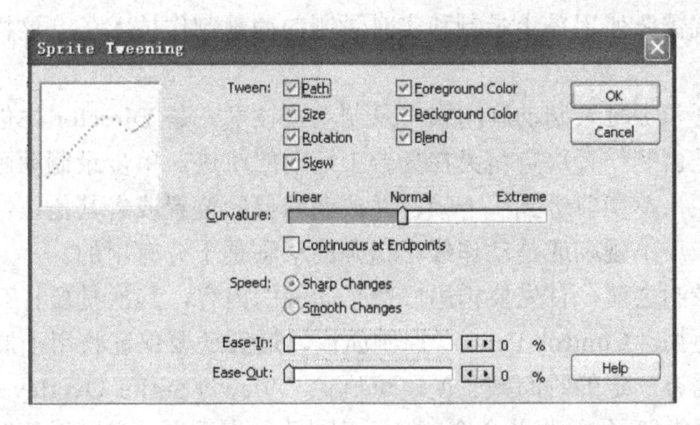


图 5.6　精灵过渡对话框

“Tween”的各个复选框和 Curvature 滑动条的功能如图 5.7 所示。

Curvature 滑块可调节路径线弯曲度；Continuous at Endpoints 可创建一个圆周运动。

Speed 选项组控制在每个关键帧之间怎样移动一个精灵。Sharp Changes 选项，在精灵的关键帧之间移动位置，而不调节其速率；Smooth Changes 选项，它在关键帧之间移动时逐渐地调节精灵的速率，使速度变化更平滑，用于一个精灵的关键帧被分镜窗中不同的帧数、或者在舞台上被不同的间距隔断，突然改变速度。

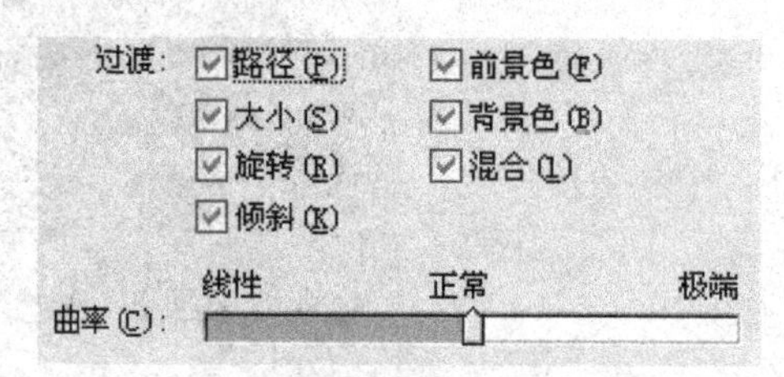


图 5.7 过渡对话框复选框功能

Ease-In 和 Ease-Out，控制一个精灵怎样从它的开始帧移动到它的结束帧。不论中间有多少关键帧，Ease-In 使一个精灵在开始帧中更慢地移动，Ease-Out 使这个精灵在结尾帧慢下来。这个设置使这个精灵更像一个对象在真实的世界里移动。

3. 播放与调试

打开“Control Panel”控制面板，设置播放速度，使用▸播放按钮进行调试。可以看到，动画中鸟儿先加速飞行，然后减速飞行。

4. 保存与生成项目

源文件保存为 sy5_1.dir，导出影片为可执行文件 sy5_1.exe。

## 5.2 单步录制动画

在上一节的关键帧动画技术的介绍中，可以看到关键帧动画的制作只需要编辑好前后两个关键帧，中间的过渡帧将自动产生。但有时整个动画的每一帧都是关键帧，都代表着不同的关键值，就需要使用单步录制和实时录制的动画制作技术了，这样可以去编辑每一帧画面。

单步录制动画和实时录制动画同属于录制动画技术，是 Director 中创建动画的一种常用技术，它们都是由制作者决定精灵在舞台上运动的轨迹。单步录制动画的实质就是记录精灵每一帧的属性，单步前进到下一帧，并改变精灵的位置或者其他属性，直到完成动画为止。这对创建一个不规则或是动作线不精确的动画是十分有用的。

在进行动画录制之前，首先要构思好整个动画的内容，其次是要打开正确的窗口进行操作，并灵活地运用“Control Panel”控制面板，最后还要保证将用于制作动画的精灵在剧本分镜窗中占据有一定的时间帧长度，可执行“View→Sprite Overlay→Show Paths（查看→精灵标注→显示路径）”菜单命令，打开精灵路径覆盖图，它可以帮助用户查看精灵在每一帧之间移动情况。

下面介绍单步录制流程和基本制作方法：

① 将需要录制的演员拖放到舞台上，调整好初始位置，并打开控制面板。

② 选择要录制动画的精灵，并在剧本分镜窗指定动画开始的帧（不一定是第一帧），将播放头定位到该位置。

③ 执行“Control→Set Recording（控制→单步录制）”菜单命令，启动单步录制功能。此时在剧本分镜窗中可以看到，需要录制的精灵通道号的左边出现了一个红色标记的小箭头，这表示所选精灵进入单步录制状态，如图 5.8 所示。

确定所在帧的精灵属性和状态，例如位置、大小、混合模式等。

④ 单击控制面板中 Step Forward（单步前进）按钮，将播放头移动到下一帧，调整精灵的各个属性和状态，或者交换角色成员，以实现画面的改变，再重复此操作以实现动画效果。

Director 默认精灵的时间长度是 30 帧，但是如果录制不停止，帧数将自动延长，结束时只要单击控制面板中的播放按钮或再执行“Control→Set Recording”命令即可。

**注意：**可以对多个精灵同时录制。只要在录制前选择所有要录制的精灵，如图 5.9 所示，其他操作相同。

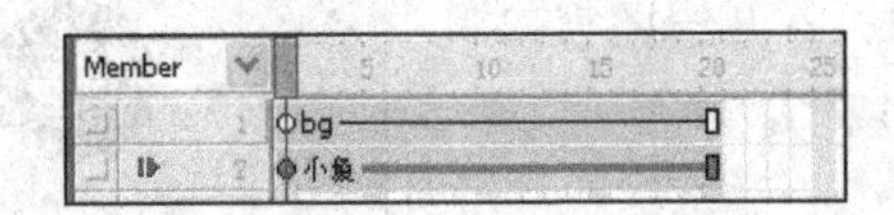


图 5.8　单步录制状态

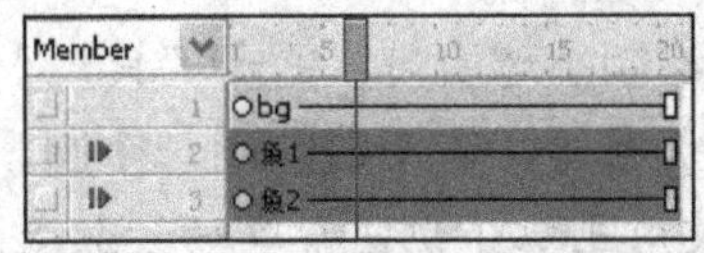


图 5.9　多个精灵同时单步录制

## 5.3　实时录制动画

单步录制对于小型动画来说是相当方便的。如果制作 200 帧的动画，用这种方法将需要很长时间，这时就应该使用实时录制（RealTime Recording）动画技术。实时录制其实是实时地记录鼠标移动时所处的位置，这些位置最终构成了动画精灵的运动轨迹。利用这种动画制作技术可以方便地对所有类型的精灵制作动画效果。

实时录制的准备工作与单步录制的准备工作一样。先在 Score 剧本分镜窗内选中需要录制动画精灵的第一帧，执行“Control→Real.Time Recording（控制→实时录制）”菜单命令，就可进入录制状态，这时被录制精灵在舞台上由一个红色矩形边框所包围。在舞台上拖动该精灵，影片开始播放，Score 剧本分镜窗内的播放头随着移动，精灵所对应通道记录运动过程，产生一系列的关键帧，如图 5.10 所示。

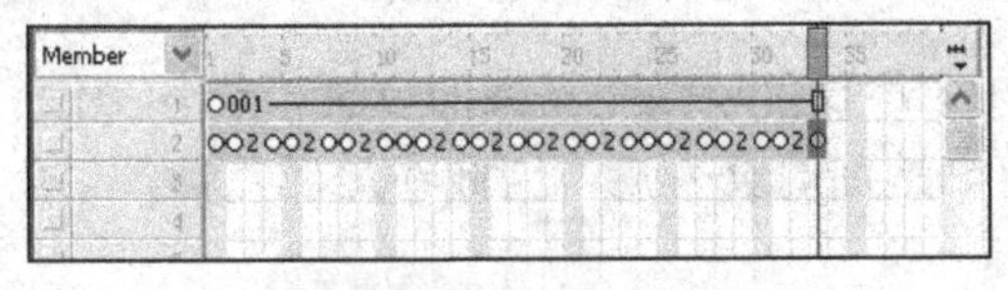


图 5.10　实时录制动画

完成上述工作后，得到的动画与单步录制的结果相似，用户还可以对录制后的动画进行逐帧的编辑和修改。熟悉这两种操作后，可以结合单步录制和实时录制更方便、快捷地制作所需要的动画。

另外，为了使实时录制的动画能够更好地工作，要求制作者能以一个恒定的速率平滑地移动精灵。并且，在录制之前，要在控制面板中降低电影的播放节拍，使其低于实际播放时的节拍，这样就可以有充足的时间定位演员在舞台上的位置，实现对动作线的精确控制。

**注意**：可以对多个精灵同时进行实时录制，只要在录制前选择所有要录制的精灵。

**【例 5.2】** 分别利用单步录制和实时录制技术，制作一个小球从高处落下然后向右上方弹起的影片。

设计分析：小球从高处落下然后向右上方弹起，实际是简单的移动和变形。在进行动画录制之前，首先要构思好整个动画的运动路径。

设计步骤：

1. 舞台与演员的准备

（1）新建影片。运行 Director，新建一个影片，设置舞台大小为“320×240”。

（2）绘制小球演员。单击工具栏上的按钮，打开绘图窗口。选择椭圆工具，在空白区画一个圆，如图 5.11 所示。

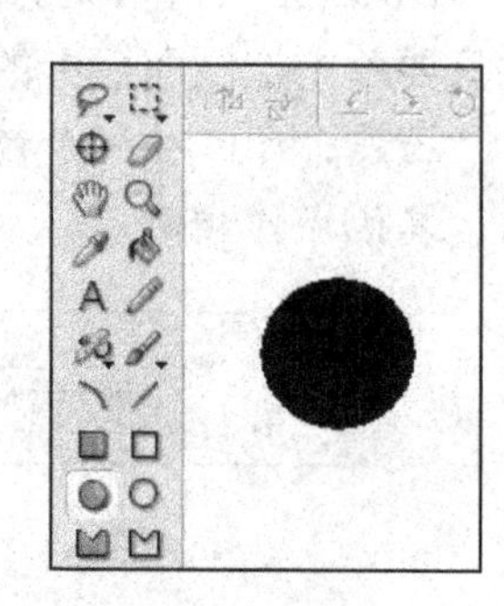

图 5.11　绘图窗口

2. 使用剧本分镜窗布置场景放置演员

（1）单步录制法。

① 把刚画好的小球拖放到舞台上部，精灵的帧跨度设置为 30 帧。

② 选定舞台上的小球精灵，执行“Control→Step Recording（控制→单步录制）”菜单命令。小球精灵的通道左边出现了一个红色小箭头，表明精灵已处在单步录制状态。

③ 通过舞台下方的单步前进按钮将时间改为第 2 帧，然后拖动小球到一个新位置；重复上面的操作依次更改后面的各帧，录制过程如图 5.12 所示。

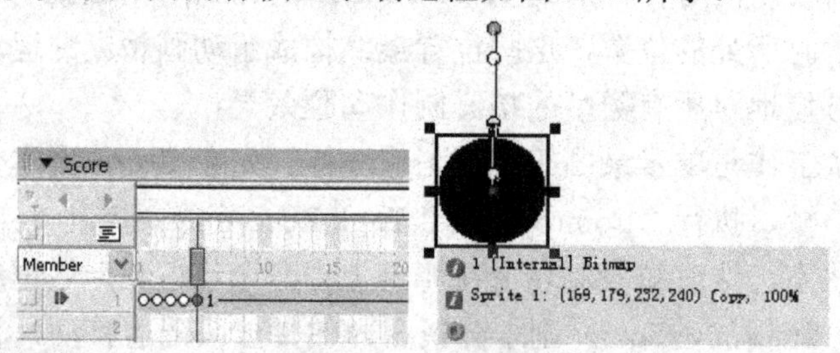


图 5.12　单步录制过程

④ 在单步录制过程中，不仅可以改变精灵的位置、大小，还可以改变它的透明方式和透明度等。例如，小球落到地面时会变扁，因此在最后几帧，可用鼠标拖拉舞台上小球的外框来改变它的外形。

⑤ 设置完所有的帧后，可单击按钮观看动画效果，此时会自动关闭录制状态（也可以再次使用“Control→Step Recording”菜单命令取消单步录制状态）。

⑥ 打开“Control Panel （控制面板）”，设置播放速度，使用播放按钮进行调试。并保存源文件为 sy5_2.dir。

（2）实时录制法。

① 选定舞台上的小球精灵，执行“Control→Real.Time Recording （控制→实时录制）”菜单命令。舞台上的小球精灵周围出现一个红色矩形边框；在剧本分镜窗口，小球精灵的通道左边出现了一个红色小圆点，如图 5.13 所示，表明该精灵已处在实时录制状态。

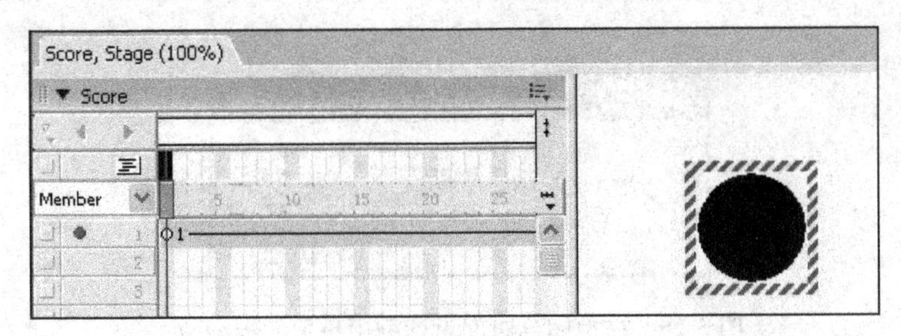


图 5.13 进入实时录制状态

② 在舞台上拖动小球，影片进入放映方式，开始记录动画过程，可单击 ■ 按钮关闭录制状态。

③ 执行“Window→Control Panel（窗口→控制面板）”菜单命令，在打开的控制面板中设置播放速度，使用播放按钮 ▸ 进行调试。

## 5.4 从空间到时间动画

Space to Time（从空间到时间）动画技术是 Director 特有的典型动画技术，是其他动画制作平台上少有的制作方法。它的基本思想是将分布在不同通道上的精灵移动到单一的通道，转换为一个单独的精灵。图 5.14 所示描述了该动画技术：舞台上安排了飞鸟的 5 个图像，被分布在 5 个精灵通道上，每个通道上的精灵跨度都为 1 帧，Space to Time 将精灵从邻近的 5 个通道转换为一个单独的精灵。

图 5.14 Space to Time 动画技术示意

利用 Space to Time 能够方便、快捷地将逐帧动画的各个静态画面连接成动画。首先在相同帧号中将精灵在不同时间内所要显示的相对位置、大小和形态变化设置好，然后再将这些设置好的精灵转换到某一通道的不同帧中，即先在空间的意义上设置精灵，然后再将精灵转换到时间的意义上去。

使用这种动画制作技术有利于控制精灵的相对位置。例如，用户可以预先在舞台上放置一个曲线，让某个精灵按照这个曲线的轨迹运动。

空间到时间动画技术的实现步骤是：首先将制作动画所需要的演员按照动画的画面顺

序放置在剧本分镜窗中不同通道的同一帧位置处，然后选择这些精灵的所有帧，再执行“Modify→Space to Time（修改→空间到时间）”命令，并在弹出的 Space to Time（空间到时间）对话框中的 Separation（间隔帧数）文本框中输入各个精灵的间隔帧数，如图 5.15 所示。该数值用于指定精灵在完成从空间到时间的转变过程后每一个精灵在时间上所延续的帧数。

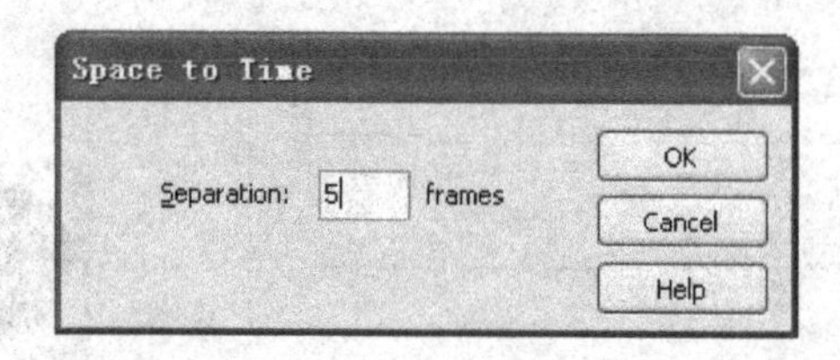


图 5.15　在空间到时间对话框中设置间隔帧数

**【例 5.3】** 利用空间到时间动画技术制作海豚跳跃的影片。

设计分析：

海豚跳跃的动画，可以通过显示海豚在不同位置的图形产生。为了将所有的图形放置到单一的精灵通道构成一个序列，先将精灵跨度设置为 1 帧，将所有的图形演员拖曳到舞台上，并确信所有的精灵是被放置在连贯的通道中。使用 Space to Time 命令将这些精灵按从左到右的次序重新排列到一个单独的精灵里。

设计步骤：

1. 舞台与演员的准备

（1）新建影片。运行 Director，新建一个影片，设置舞台大小为“177×160”。

（2）导入演员。将海豚的 8 张图片“dophin1.jpg～ dophin8.jpg”导入到演员表。

2. 使用剧本分镜窗布置场景放置演员

（1）执行“Edit→Preferences→Sprite”菜单命令，打开“Sprite Preferences”精灵属性对话框的，设置精灵跨度为 1 帧。

使用 Shift+鼠标单击，同时选中演员表中 dophin1、dophin2、dophin3、dophin4、dophin5、dophin6、dophin7、dophin8 演员，将它们拖放到舞台中央，自动使用剧本分镜窗的精灵通道 1、2、3、4、5、6、7、8 的第 1 帧上，如图 5.16 所示（也可以直接将所选中的 8 个演员拖到剧本分镜窗的精灵通道上）。

（2）选中精灵通道 1 到 8 的 8 个精灵，执行“Modify→Space to time （修改→空间到时间）”菜单命令，打开空间到时间对话框，设置各精灵间隔帧数为 4 帧。

可以看到 8 个精灵移动到通道 1 上，依次排列在通道 1 的第 1 帧到 29 帧，如图 5.17 所示。即原来在不同通道上同一帧的空间意义转换成了同一通道上不同帧的时间意义。

3. 播放与调试

打开“Control Panel”控制面板，设置播放速度，使用播放按钮进行调试。可以看到，海豚跳跃。

4. 保存与生成项目

源文件保存为 sy5_3.dir，导出影片为可执行文件 sy5_3.exe。

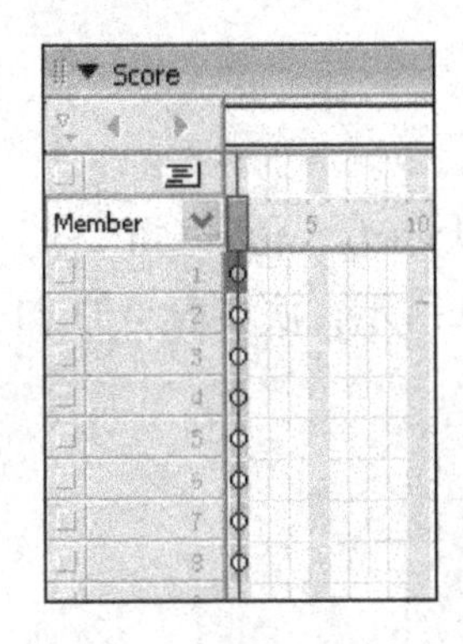


图 5.16　设置演员位置

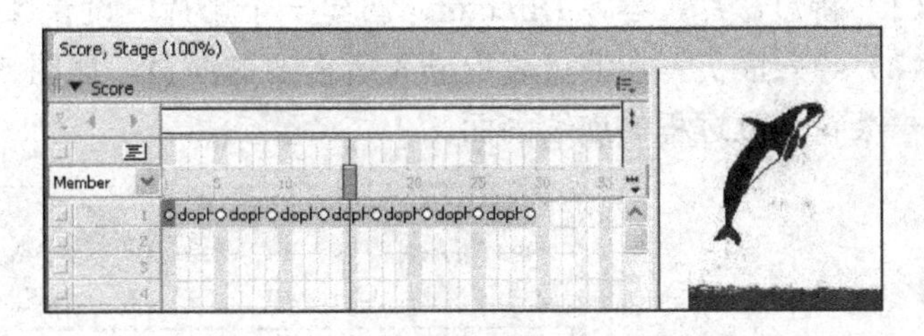


图 5.17　设置空间到时间动画效果

## 5.5　胶片环动画

胶片环动画也称循环动画技术，是一种特殊而实用的动画制作和应用方式。胶片环动画一旦创建，它将作为一个电影演员出现在演员表中。它的实质是将一个连续播放的动画封装在一起，并在电影的任何地方都可以像使用其他演员那样对其进行调用的动画片段。

Cast to Time（从演员到时间）动画技术是创建胶片环动画的前提，它直接通过演员来制作动画，提供了一个快捷的替换演员的方法。Cast to Time 将被选择的演员作为一个单一的精灵放置到 Score 剧本分镜窗内的一个通道上，动画技术示意如图 5.18 所示。

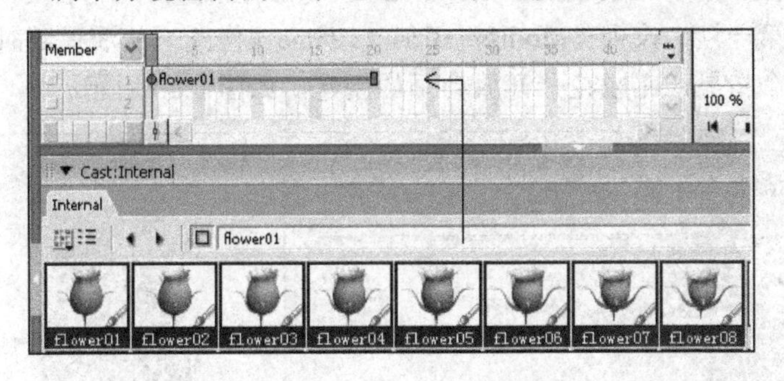


图 5.18　Cast to Time 动画技术示意

用该技术来创建动画，只需要在演员表中选择构建动画的一系列演员，执行 Cast to Time（从演员到时间）命令即可。这样，由组成动画的多个演员被封装成一个整体。

在一个动画序列的基础上，可将其构成胶片环精灵的母本。在电影制作过程中，能像使用演员一样来使用胶片环的。当需要胶片环所描述的动画时，直接将胶片环拖放到舞台上就可以了。

**【例 5.4】** 利用 Cast to Time 技术，创建花开的动画。效果要求：首先出现一个花草背景图像，然后有许多花在开放。

设计分析：

本例要求同时有许多花在开放，可创建花开的胶片环动画，然后重复使用该胶片环，产生许多花在开放的效果。

设计步骤：

1. 舞台与演员的准备

（1）新建影片。运行 Director，新建一个影片，设置舞台大小为“400×350”。

（2）导入演员。在演员表中导入所需要的演员，如图 5.19 所示。演员表里的 11 个演员是一朵花开放过程的连续画面。

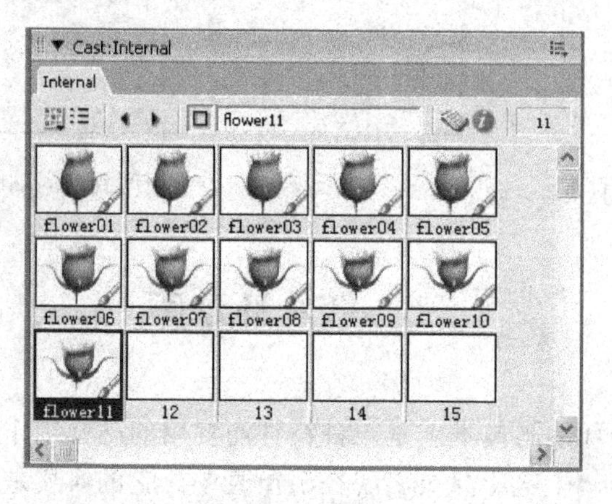


图 5.19 演员导入

（3）制作胶片环前的准备。制作胶片环前，必须先制作一段动画，用于作为构成胶片环的母本。

使用 Shift+鼠标单击，在演员表中选择花朵开放过程的所有演员。打开 Score 分镜窗，单击通道 1 上的第一帧，执行“Modify→Cast to Time（修改→从演员到时间）”菜单命令，在舞台上产生一个精灵，完成花朵开放动画的创建，如图 5.20 所示。

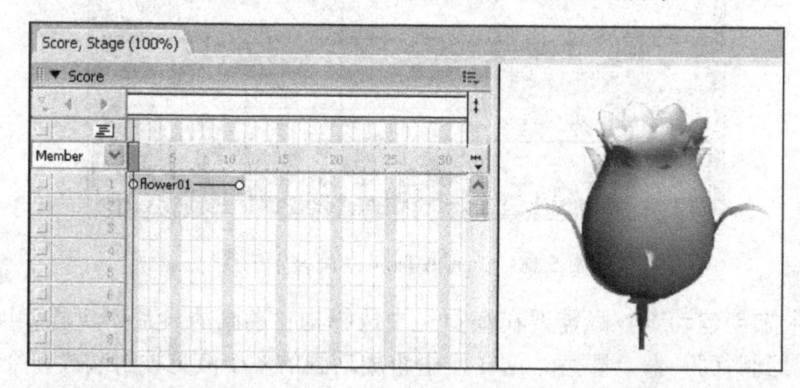


图 5.20 花朵开放动画

由于花朵开放动画精灵使用了 11 个演员，因此，它使用通道 1 前 11 帧，每一帧对应着花朵开放过程中的一个演员。可以改变结束帧的位置，例如，将其拖动至 30 帧，以调整播放速度。

“从演员到时间”动画技术在制作具有画面序列的动画类型，或要求制作的动画在每一帧处的精灵都各不相同时是相当便捷的。它直接从演员表生成动画，免去了“从空间到时间”动画技术必须逐帧放置精灵的烦琐，从而给动画创作带来了方便和效益。

（4）制作花朵开放的胶片环演员。

在剧本分镜窗中选择刚生成的动画帧序列（通道 1 上的精灵），执行“Insert→Film Loop（插入→胶片环）”菜单命令，或将选中的动画序列直接拖放到演员表中。在打开的“Create Film Loop”（创建胶片环）对话框中输入要创建的胶片环演员的名称，如图 5.21 所示，单击“OK”按钮，在演员表中就自动生成了胶片环演员，如图 5.22 所示。

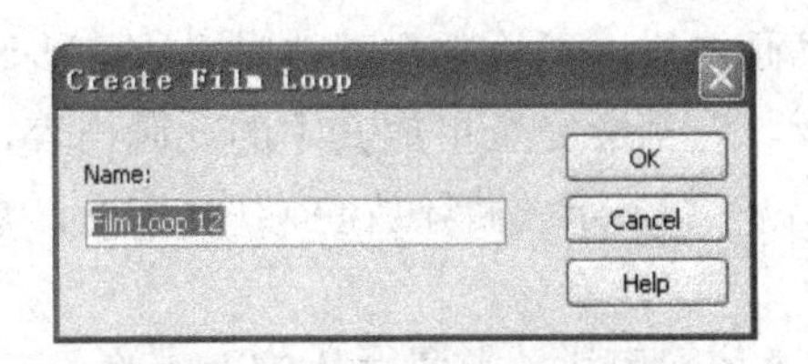


图 5.21　设置胶片环演员名称

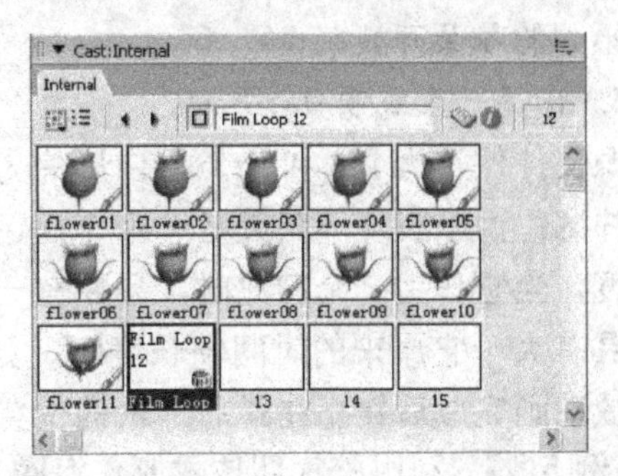


图 5.22　生成胶片环演员缩略图

胶片环演员创建后，像其他演员一样，也具有其独特的属性，用户还可以对该类型演员进行各方面的控制。

例如，在演员表缩略图中单击胶片环演员，执行“Modify→Cast Member→Properties（修改→演员表→属性）”菜单命令，或直接双击胶片环演员，可打开属性检查器中“Film Loop”胶片环选项卡，如图 5.23 所示，设置胶片环演员属性。

图 5.23　“Film Loop”选项卡

胶片环选项卡的参数功能如下：

① Crop：在缩小胶片环精灵的边框时，将采用裁剪的方式将边框以外的部分剪掉；

② Scale：在缩放胶片环精灵的边框时，按框的大小对精灵进行缩放。

③ Center：只有在 Crop（修剪）模式下才可使用，将使精灵在边界框内居中。

④ Audio：将在播放胶片环动画的同时播放其中的音乐，否则动画中的音乐和声音部分将被忽略。

⑤ Loop：决定胶片环动画在播放时是否循环播放。

Cast 选项卡用于修改其演员序列号和所在演员表，而 Preload（预选载入）列表用于确定胶片环怎样被调用。

2. 使用剧本分镜窗布置场景放置演员

（1）通道 1 上的花朵开放动画可以保留，也可以删除。

（2）在舞台的不同位置放置多个花朵胶片环演员，并调整各自的大小。

3. 播放与调试

打开“Control Panel”控制面板，设置播放速度，使用播放按钮进行调试。可以看到，大小不同的花朵开放。

4. 保存与生成项目

源文件保存为 sy5_4.dir，导出影片为可执行文件 sy5_4exe。

**注意**：由于胶片环精灵是一个“打包”后的动画电影，无论它在创建时具有多少时间帧长度，当它作为一个精灵时，只要有一帧的位置，它都会完全播放其中的动画内容，而当其具有大于它原来的时间帧长度时，如果没有选中“Loop（循环放映）”复选框，它将在播放动画完成后停止在最后一帧的位置。

**【例 5.5】** 利用胶片环技术制作海鸥在大海上飞翔的电影，背景音乐为海浪声。

设计步骤：

1. 舞台与演员的准备

（1）新建影片。运行 Director，新建一个影片，设置舞台大小为“640×480”。

（2）导入演员。将图片和声音素材导入到演员表中，如图 5.24 所示。

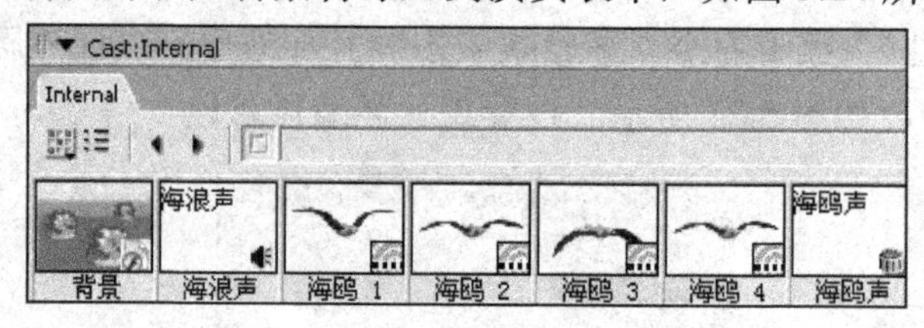


图 5.24　导入演员

（3）制作胶片环前的准备。

要创建海鸥在大海上飞翔的影片，首先要建立一段海鸥拍打它的翅膀的动画，然后，将振翅的海鸥动画创建胶片环。

用 Shift+鼠标单击，在演员表中选择海鸥拍打翅膀的所有演员。打开 Score 分镜窗，单击通道 1 上的第一帧，执行“Modify→Cast to Time”菜单命令，在舞台上产生一个精灵，完成海鸥振翅动画的创建。

选择舞台上海鸥振翅精灵，在属性检查器的“Sprite”选项卡，将“海鸥振翅”精灵背景设置为透明。

（4）制作胶片环演员。

可以使用多个通道中精灵序列制作胶片环。本例中将海鸥振翅和海浪声构成胶片环。

先将海浪声演员放到声音通道 1 中，选择海鸥振翅序列和海浪声这两个通道上的帧，执行“Insert→Film Loop”菜单命令，即可在演员表中建立胶片环演员。

2. 使用剧本分镜窗布置场景放置演员

为了缩减电影文件的大小，可以将剧本分镜窗内不再使用的制作胶片环的精灵清除。本例中可以清除声音通道 1 中海浪声精灵和通道 1 中海鸥拍打翅膀的精灵序列。

（1）将背景演员拖放到通道 1 上，并设置一定的跨度，例如 30 帧，在舞台上使背景精灵居中放置。

（2）将胶片环演员拖放到通道 2 上，跨度 30 帧，并调整其在舞台的位置。

（3）使海鸥飞翔。

在通道 2 第 30 帧处插入关键帧，然后将 30 帧在舞台上对应的“海鸥”精灵拖动到舞台的右上角，在舞台上形成精灵运动的线性路径。适当缩小 30 帧上精灵的大小。

按下“Alt”键，根据设想的海鸥飞翔轨迹，在路径线上选择节点移动鼠标，产生海鸥飞翔路径，如图 5.25 所示。

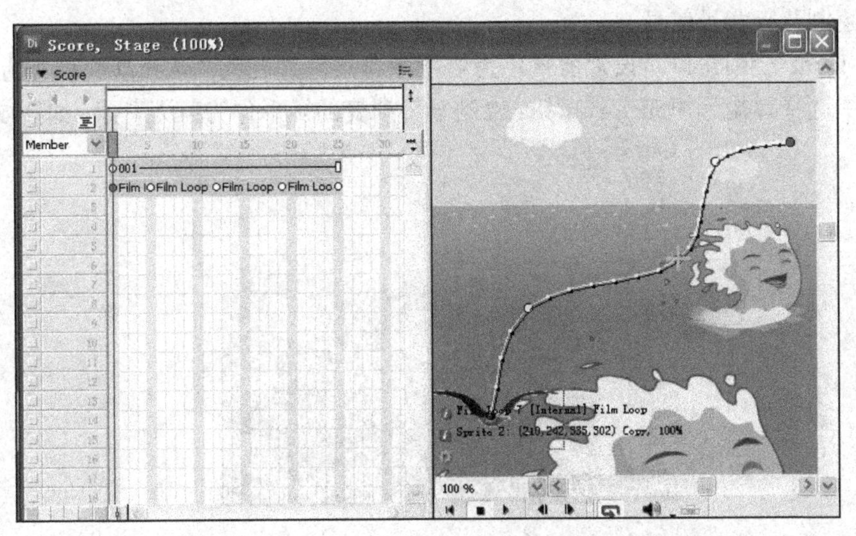


图 5.25 海鸥飞翔路径

（4）设置运动过渡效果。

选中分镜窗通道 2 整个胶片环精灵，然后执行“Modify→Sprite→Tweening”菜单命令，打开“Sprite Tweening”精灵过渡对话框，设置运动过渡效果，使海鸥飞翔更自然。

3. 播放与调试

打开“Control Panel”控制面板，设置播放速度，使用播放按钮进行调试。可以看到，在海浪声伴随下，海鸥在海面上飞翔。

4. 保存与生成项目

源文件保存为 sy5_5.dir，导出影片为可执行文件 sy5_5.exe。

## 5.6 应用实例

**【例 5.6】** 利用胶片环技术制作一个飞机拖影的动画。飞机在天空中飞过，身后会留下一道道幻影。

设计分析：

将若干相同的图形按一定的偏移叠放在一起，使下面的图形色彩淡化，就可形成拖影。

本例需要建立一个飞机拖影的胶片环，用 Paint 窗口绘制一个渐变的矩形作为天空，将飞机胶片环和背景合成飞机飞行的动画。

设计步骤：

1. 舞台与演员的准备

（1）新建影片。

运行 Director，新建一个影片，设置舞台大小为“320×240”。

（2）导入演员。

将图片素材“飞机.psd”导入到演员表中。

（3）绘制蓝天背景演员。

打开 Paint 绘图窗口，设置前景色为蓝色，背景色为白色，选择渐变填充方式，然后在工具箱中选择■矩形填充工具按钮，绘制一个渐变的矩形作为蓝天背景，如图 5.26 所示。

图 5.26　在 Paint 窗口中绘制蓝天背景

（4）制作胶片环前的准备。

① 偏移并叠放飞机。将飞机演员拖入到分镜窗中通道 1 的第 1 帧～第 5 帧，在舞台上产生精灵 Sprite1，设置背景为透明；使用工具箱中的按钮，将该精灵旋转一定角度；在通道 1 的第 5 帧上插入关键帧，并将第 5 帧在舞台上精灵向左上方移动一段距离，该距离的大小将决定拖影的长短，如图 5.27 所示。

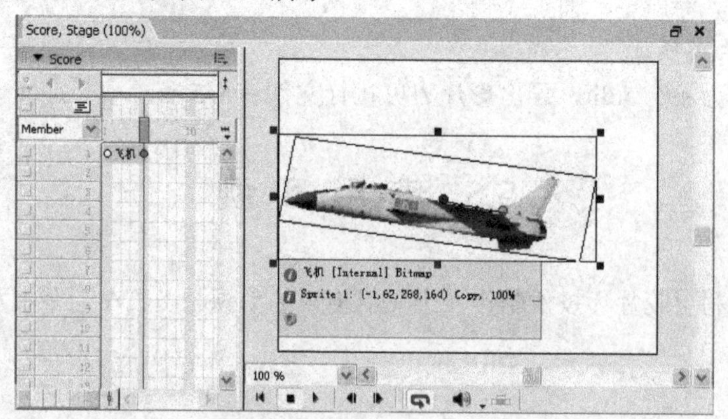


图 5.27　布置剧本和舞台窗口

② 设置运动平滑过渡。选择分镜窗通道 1 上的精灵，执行“Modify→Sprite→Tweening”菜单命令，打开“Sprite Tweening”精灵过渡对话框，选中 Speed 选项组中的 Smooth Changes 平滑度单选按钮，设置运动过渡效果。

③ 产生拖影。由于第 5 帧的精灵向左上方移动，因此相邻两帧之间是后面的精灵覆盖前面精灵的左上方。位于下层的精灵图形色彩混合值应该比上层精灵的混合值小。

鼠标右键单击剧本分镜窗道 1 上的第 1 帧，选择弹出菜单中的“Edit Sprite Frame（编辑精灵帧）”命令进入单帧编辑状态，在 Property Inspector 属性检查器的“Sprite”选项卡中设置其混合值为 10%，如图 5.28 所示。用同样的方法将第 2 帧设为 20%、第 3 帧设为 30%、第 4 帧设为 40%，第 5 帧设为 100%。

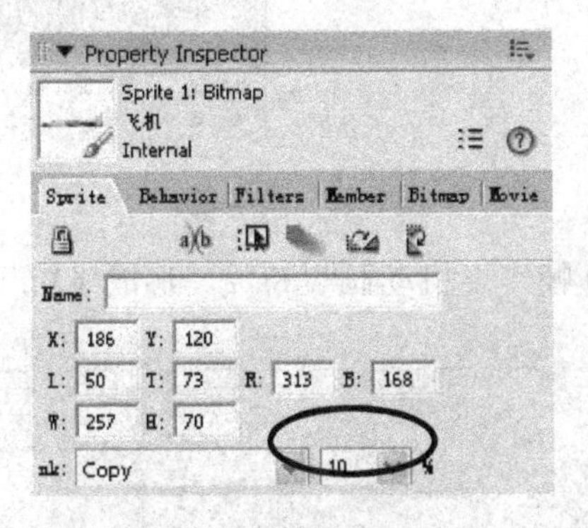


图 5.28 设置帧的混合值

在通道 1 的第 2 帧上单击鼠标右键，选择弹出菜单中的“Cut Sprites（剪切精灵）”命令剪切精灵，将其粘贴到通道 2 的第 1 帧处。同理，将通道 1 的第 3 帧剪切到通道 3 的第 1 帧，通道 1 的第 4 帧放到通道 4 的第 1 帧，通道 1 的第 5 帧放到通道 5 的第 1 帧。最终显示效果如图 5.29 所示。

图 5.29 将帧置于不同的通道

（5）制作胶片环演员。

全选 5 个通道内的所有精灵，将其扩展成为跨度为 5 帧的精灵。执行“Insert→Film Loop”菜单命令，在演员表中建立胶片环演员，胶片环名字为“飞机动画”。

2. *使用剧本分镜窗布置场景放置演员*

（1）清除分镜窗通道 1 到通道 5 中建立胶片环的所有精灵序列。

（2）将绘制的矩形和新生成的胶片环“飞机动画”都拖入到分镜窗中，精灵的跨度为30帧。选中“飞机动画”精灵的最后一帧，插入关键帧，如图5.30所示。

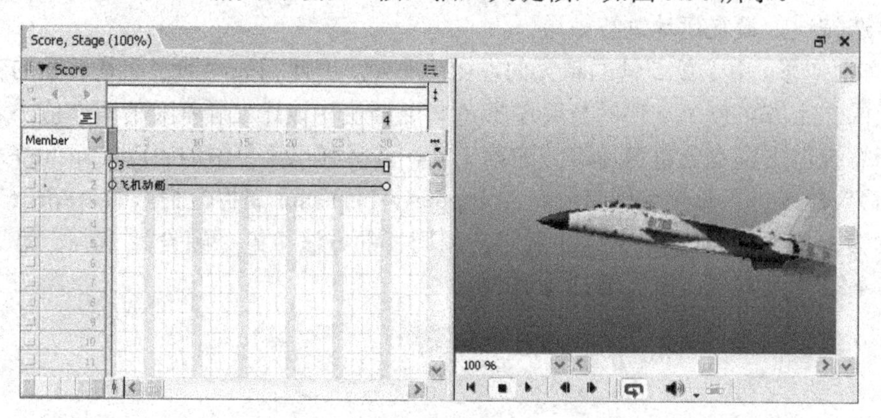


图5.30　剧本窗口

（3）在舞台上拖动第30帧“飞机动画”精灵，形成飞机飞行的路径，如图5.31所示。

图5.31　形成飞机飞行的路径

（4）单击剧本分镜窗中脚本通道上的第30帧，打开脚本窗，为影片加入循环播放脚本，如图5.32所示。该脚本可使影片的exe文件能循环播放。

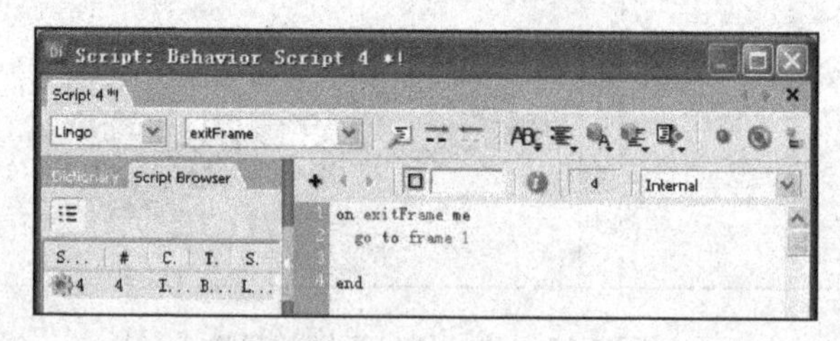


图5.32　脚本窗口

3. 播放与调试

打开“Control Panel”控制面板，设置播放速度，使用播放按钮进行调试。

4. 保存与生成项目

源文件保存为sy5_6.dir，导出影片为可执行文件sy5_6.exe。

**【例 5.7】** 运用天空、太阳、草地、树木、房屋和卡通人（Hoppity），制作一段动画：场景向远处推进，天空和太阳在移动，卡通人从地平线处走来，房屋、行走的卡通人由小变大并出现树木等，如图 5.33 所示。

图 5.33　行走的 Hoppity

设计分析：

场景中要产生天空和太阳的移动，房屋、卡通人由小变大并出现树木等，每个通道都需要采用两个关键帧，通过改变前后两个关键帧上精灵的大小和位置来实现。利用不同的帧控制演员出场的顺序，例如，树木的出现；利用不同的通道控制演员在舞台上的前后位置，例如，太阳应该放在天空的上面。行走的卡通人需要制作成胶片环演员。

设计步骤：

1．舞台与演员的准备

（1）新建影片。

运行 Director，新建一个影片，设置舞台大小为“640×480”。

（2）导入演员。

将图片素材导入到演员表中。

（3）制作行走的卡通人胶片环。

在演员表中选择所有 Hoppity 演员，打开 Score 分镜窗，单击通道 1 上的第一帧，执行“Modify→Cast to Time”菜单命令，使用演员到时间动画技术在舞台上产生一个精灵，完成卡通人行走的动画的创建。

选择舞台上行走的卡通人精灵，在属性检查器的“Sprite”选项卡，将精灵背景设置为透明。执行“Insert→Film Loop”菜单命令，即可在演员表中建立胶片环演员，胶片环名字为“走路”。胶片环制作完成后，可删除通道 1 上的精灵。

2．使用剧本分镜窗布置场景放置演员

参考图 5.34 所示设置分镜表，设置帧的跨度为 50 帧。

（1）将天空演员放置在舞台的右上方，在 50 帧处插入关键帧，向左下方移动精灵，并适当改变精灵大小，产生天空移动的效果，可参考图 5.35 中的设置。

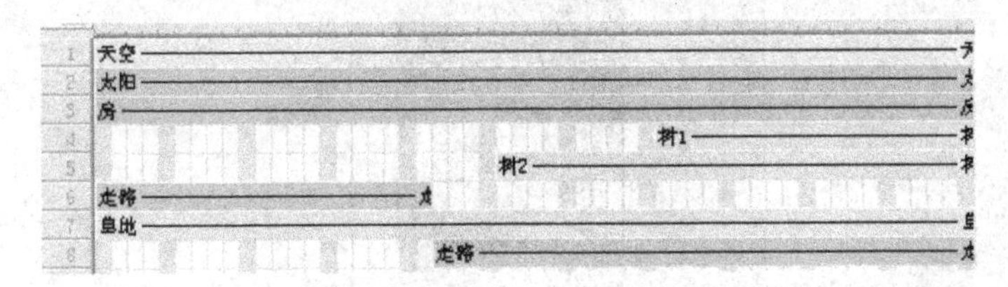


图 5.34　分镜表设置

（2）将太阳演员放置在舞台的左方，在 50 帧处插入关键帧，向右下方移动精灵，并适当改变精灵大小，产生太阳移动的效果。

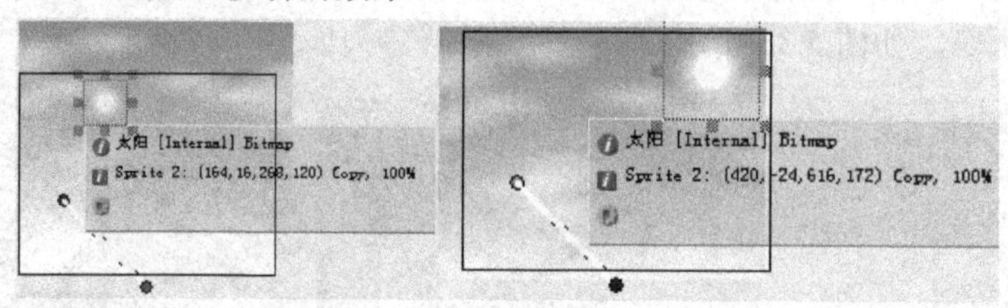


图 5.35　天空与太阳设置

（3）将房屋演员放置在舞台的中间，在 50 帧处插入关键帧，向右方移动精灵，并将精灵增大，产生场景向远处推进的效果。

（4）将草地演员放置在精灵通道 7，位于舞台的左下方，在 50 帧处插入关键帧，向右下方移动精灵，并适当改变精灵大小，产生草地向远处推进的效果。

（5）在通道 6 的 1～20 帧放置胶片环演员，将第一帧的卡通人适当缩小，并位于草地上边线下，在 20 帧处插入关键帧，向左上方移动精灵，产生卡通人从地平线处走来的效果。

在通道 8 的 21～50 帧再次使用胶片环演员，并适当改变精灵位置和大小，产生卡通人在草地上面行走的效果。

由于“走路”胶片环使用了两个精灵通道，前 20 帧在草地的后面，后 30 帧在草地的前面，产生卡通人由远处走近，场景向远处推进的效果。

（6）类似地在通道 3 和 4 放置树木，适当改变精灵位置和大小，由于起始帧分别为 25 与 35 帧，就产生了树木从无到有等变化的效果。

3. 播放与调试

打开“Control Panel”控制面板，设置播放速度，使用播放按钮进行调试。

4. 保存与生成项目

源文件保存为 sy5_7.dir，导出影片为可执行文件 sy5_7.exe。

## 5.7 实　验

1. 使用 t5-1 文件夹中的素材，采用逐帧动画、单步录制、演员到时间 3 种帧动画技术制作一个“海底世界”的电影，如图 5.36 所示，保存源文件为 t5_1.dir，并发布电影 t5_1.exe。

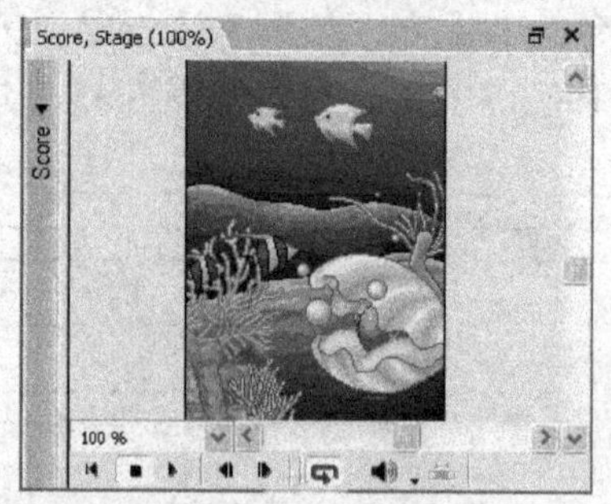


图 5.36　海底世界效果图

提示：

在 Director 中可以直接将 Photoshop 的 psd 文件导入到演员表。

方法一：逐帧放置

执行“Edit→Preferences→Sprite（编辑→属性→精灵）”菜单命令，打开精灵参数对话框，设置精灵在剧本窗口中默认持续的时间为 1 帧。

依次将 hai1～hai7 演员拖动到通道 1 的第 1、2、3……7 帧上。

方法二：单步录制

将 hai 演员拖动到舞台上。

执行单步录制命令进入单步录制状态，打开 Control Panel 控制面板，将播放头移动到第 2 帧；单击演员窗口中第 2 个演员 hai2，按“Ctrl+E”组合键或执行“Edit→Exchange Cast Members”（交换演员命令），此时，观察到精灵 1 变成了精灵 2，以此类推，依次交换第 3～7 帧的精灵演员。

方法三：演员到时间

在演员表内用“Ctrl+A”组合键选择所有演员。

按下“Alt”键将所选择的演员拖动到舞台上，产生一个组合精灵。

2．使用实时录制技术制作一个投篮动画，篮球按某轨迹投入篮筐，落地后反弹跳动，直到静止，如图 5.37 所示。制作素材在 t5-2 文件夹中，保存源文件为 t5_2.dir，并发布电影 t5_2.exe。

图 5.37　投篮动画效果图

3．使用 t5-3 文件夹的素材，制作一个游动小鱼追逐气泡的动画。气泡在水中随机移动，小鱼随后追逐，如图 5.38 所示。保存源文件为 t5_3.dir，并发布电影 t5_3.exe。

图 5.38　小鱼追逐气泡动画效果图

提示：

（1）先绘制气泡。

（2）选择小鱼和气泡精灵，对它们同时进行实时录制，录制后修改小鱼运动路径上的部分关键帧的属性，例如，小鱼的游动方向。

4．使用 t5-4 文件夹的素材，制作小狗运动的动画，单击“开始”按钮，小狗沿道路从远处跑过来。保存源文件为 t5_4.dir，并发布电影 t5_4.exe。

5．使用 t5-5 文件夹的素材，采用胶片环技术，制作一个群鱼戏水的动画，如图 5.39 所示。保存源文件为 t5_5.dir，并发布电影 t5_5.exe。

提示：

将 whale0001.jpg 到 whale0008.jpg 制作成胶片环前，要对精灵去除背景，然而制作成胶片环，再以制作成的胶片环作为精灵，制作过渡动画，要在多个通道上放制作成的胶片环，调节它们的大小和位置。

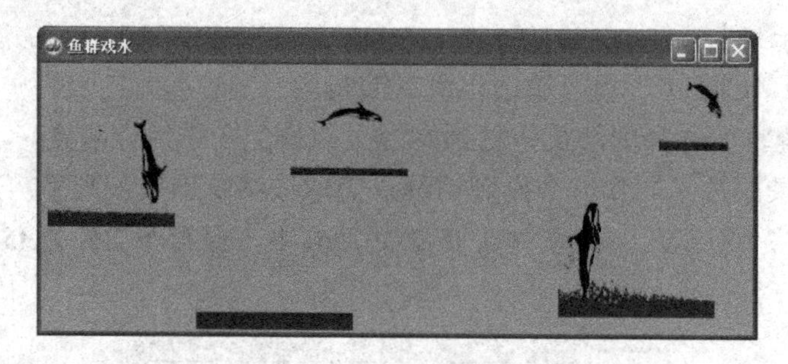


图 5.39　群鱼戏水动画效果图

6．使用 t5-6 文件夹的素材，制作一个拖影效果的动画，帆船在大海上航行，产生拖影效果，保存源文件为 t5_6.dir，并发布电影 t5_6.exe。

# 第 6 章

# 行为与交互技术

在大多数的多媒体设计系统中，要使多媒体应用程序实现交互功能，必定要进行编程。而在 Director 中可以不编程或只要进行少量的参数设置，就能实现一些常用的交互功能。它通过使用行为库（Library）中的内置脚本模块和行为检查器（Behavior Inspector）来自动生成动作脚本，通过鼠标简单地拖曳行为到精灵上或帧通道中释放鼠标，完成交互设置。

当然要达到复杂的交互目的，那还得掌握 Director 脚本知识以及脚本与行为技术进行完美的结合。

本章主要介绍 Director 中行为的概念、行为库以及常用行为的应用方法。

**本章要点：**

◇ 掌握行为库的使用
◇ 掌握创建行为到精灵或帧实例的方法
◇ 掌握行为检查器（Behavior Inspector）创建简单行为和修改行为实例参数的方法
◇ 熟练掌握常用内置行为的应用

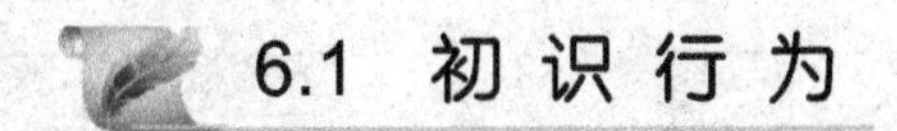

## 6.1 初识行为

### 6.1.1 引例

【例 6.1】 利用行为制作开门动画，运行效果如图 6.1 所示。

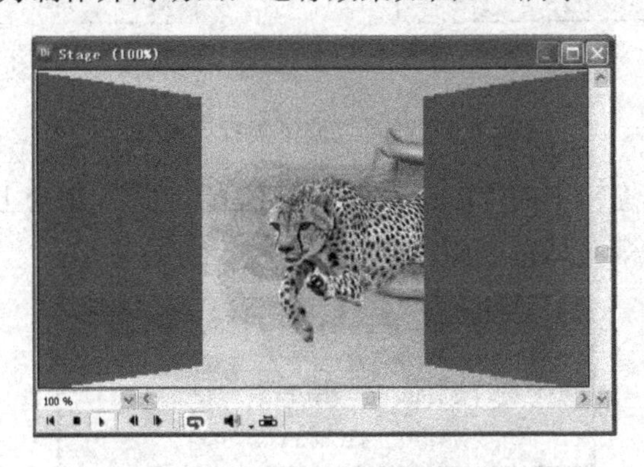


图 6.1 开门动画效果

设计步骤：

1. 舞台与演员的准备

（1）新建影片。

运行 Director，新建一个影片，设置舞台大小为“512×288”。

（2）导入演员。

导入素材 pic1.jpg 图片文件到演员表中。

（3）绘制门演员。

打开绘图窗口，绘制一个红色矩形。

2. 使用剧本分镜窗布置场景放置演员

（1）参见图 6.2 所示编排剧本分镜窗，拖曳演员表窗口中的 pic1 演员到精灵通道 1，拖曳红色矩形演员到精灵通道 2。

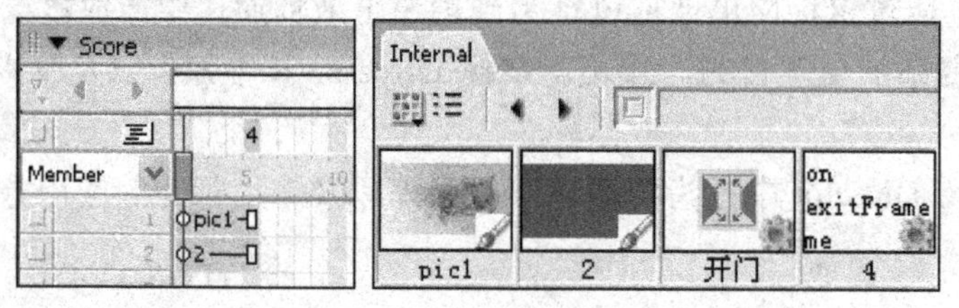


图 6.2 剧本和演员表窗口

（2）为精灵添加开门行为。

执行“Windows→Library Palette（窗口→库面板）”菜单命令，打开 Library 库，单击“Library List”库列表按钮，选择“Animation→Sprite Transitions（动画→精灵过渡）”项目，如图 6.3（a）所示，打开动画类精灵过渡子类行为窗口，如图 6.3（b）所示。

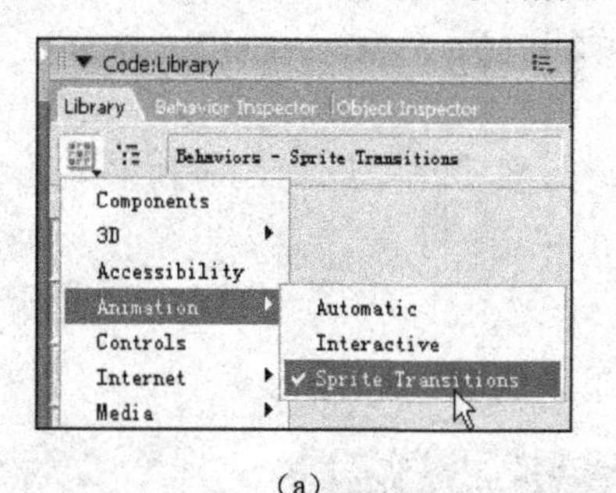


（a）

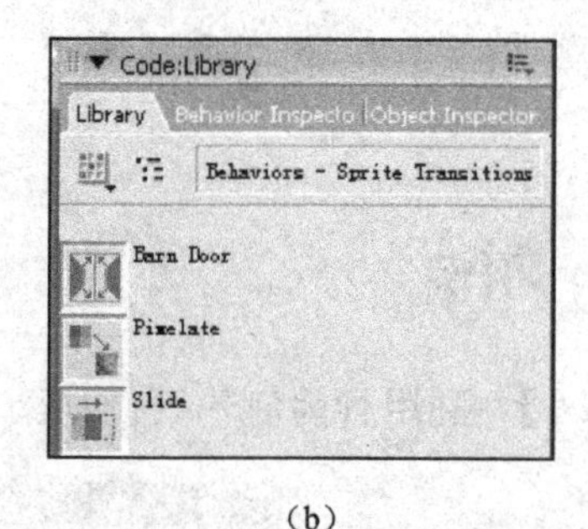


（b）

图 6.3 精灵过渡子类行为窗口

拖曳过渡子类行为窗口中的“Barn Door（开门）”行为到舞台上的精灵 Sprite 2，释放鼠标，弹出该行为的参数对话框，如图 6.4 所示。

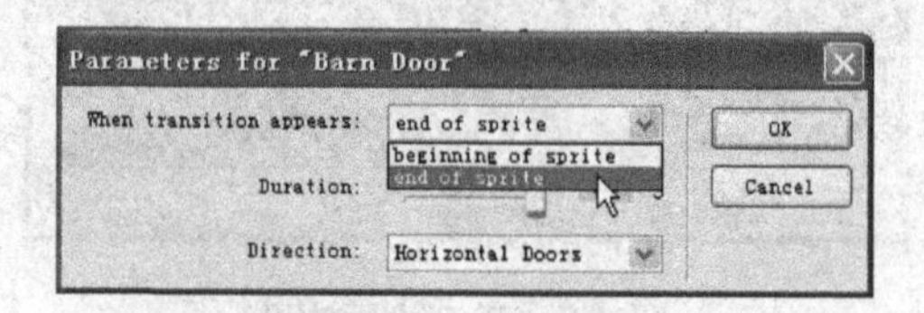


图 6.4 行为的参数对话框

选择“When transition appears:(当显示过渡时:)”为“end of sprite(精灵尾部)”,完成“开门”行为实例的创建。

(3)添加控制脚本。

双击脚本通道最后一帧,打开行为脚本编辑窗口,输入 go to frame 1,使播放头返回到第一帧,重复播放这段电影。

3. 调试播放、保存与生成项目

使用▸播放按钮进行调试,舞台上的红色矩形产生向内开门效果的动画,如图 6.1 所示。

保存源文件为 sy6_1.dir,导出影片为可执行文件 sy6_1.exe。

**注意**:如果在过渡通道添加内置过渡效果的话,则不能实现“开门”动画效果,读者可尝试。

### 6.1.2 行为概念

行为是一种可以重复使用、应用于精灵或帧的 Lingo 语言脚本模块,通过设置参数,实现不同的功能和效果。Director 中内置了许多具有基本执行功能的行为模块,打开行为库,可查看或使用行为库中的行为,通过行为检查器可创建或修改行为,也可通过编写 Lingo 脚本创建自定义行为,将创建的行为添加到行为库,以便以后使用,也可以使用第三方厂商开发的行为。

大多数行为都用来响应某个简单的事件,例如鼠标在一个精灵上单击,或者播放头进入某一帧。当这个事件发生时,触发行为执行一个特定的动作,例如跳转到不同的帧,或者播放一个声音。

Director 允许将同一个行为同时附加到几个精灵或者几个帧上,一个精灵可以添加多个不同行为,但在一个帧上只能添加一个行为。当为一个帧附加行为时,如果该帧已经有一个行为,则新的行为将取代帧上原有的那个行为。

当将行为库中的某个行为设置参数后并附着到精灵或帧上,该对象称作行为实例。为精灵或帧创建行为实例的方法:

① 执行“Windows→Library Palette(窗口→行为库面板)”菜单命令或单击工具栏中的“Library Palette”按钮,打开“Behavior Library”行为库。

② 单击“Library List(库列表)”按钮,选择某个行为项目,拖曳所选行为到精灵或帧上释放,如图 6.5 所示,就成功地将一个行为附加到了该精灵或者帧上。

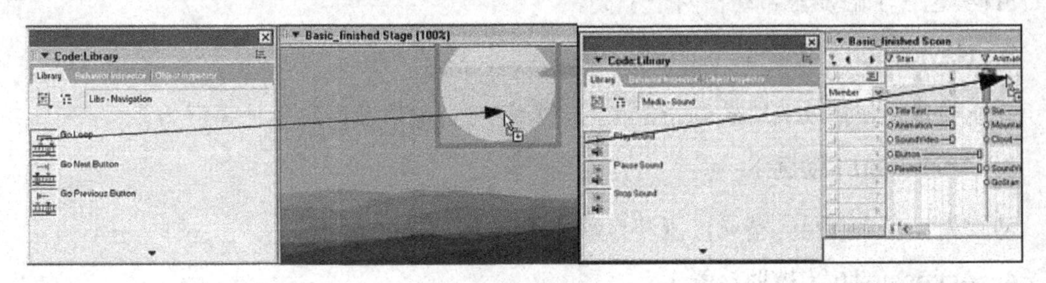


图 6.5 将行为附加到精灵或者帧

③ 如果这个行为包含参数，就会弹出一个行为参数对话框，在对话框中设置需要的参数，完成行为实例的创建，该行为实例自动添加到演员表中。

在创建行为实例时所设定的参数只对选定的精灵或帧起作用，它不会改变行为库中原始脚本模块。同一行为可以为不同的精灵或帧设置不同的参数，产生特定的功能。

对于已经创建行为实例的精灵，可使用行为检查器更改该行为的参数。如果要对行为的参数进行修改，先选中要更改参数的精灵或帧实例，打开行为库，选择“Behavior Inspector（行为检查器）”选项卡，双击行为检查器中要更改参数的行为，就能为该行为设置新的参数。

## 6.2 行 为 库

### 6.2.1 行为分类

单击工具栏中的“Library Palette”按钮，打开行为库面板；单击库面板上“Library List”库列表按钮，可显示行为库的分类，如图 6.6 所示。

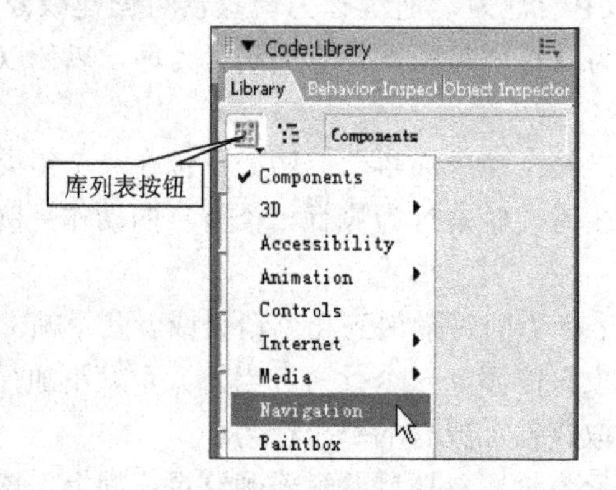


图 6.6 行为库分类列表

Director 行为库面板中内置了 3D（三维）、Navigation（导航）、Animation（动画）、Media（媒体）、Text（文本）等共九类行为，有些行为类还包含子类。

#### 1. 3D（三维）

3D 类包含了触发器和动作两个子类。

#### 2. Navigation（导航）

导航类包括使播放头跳转到指定帧号、标记号、电影及网络地址等行为。

#### 3. Animation（动画）

动画类包含了交互、精灵过渡和自动化等三个子类。

#### 4. Accessibility（辅助功能）

辅助功能类包括键盘控制及工作组等行为。

### 5. Painbox（绘图盒）

绘图盒类包括画布、画刷及橡皮等行为。

### 6. Controls（控件）

控件类包括模拟时钟、各种按钮及连线控制等行为。

### 7. Media（媒体）

媒体类包含了 Flash 电影、QuickTime 视频、RealMedia 流媒体及声音流等四个子类。

### 8. Internet（网络）

网络类包含了表单、流等两个子类。

### 9. Text（文本）

文本类包括限制输入、日历、计数器、密码、文本动画等行为。

行为库面板上的“Library View Style”按钮提供了具体行为的查看方式，单击“Library View Style” 按钮，可在列表方式和图标方式之间切换，如图 6.7 所示。

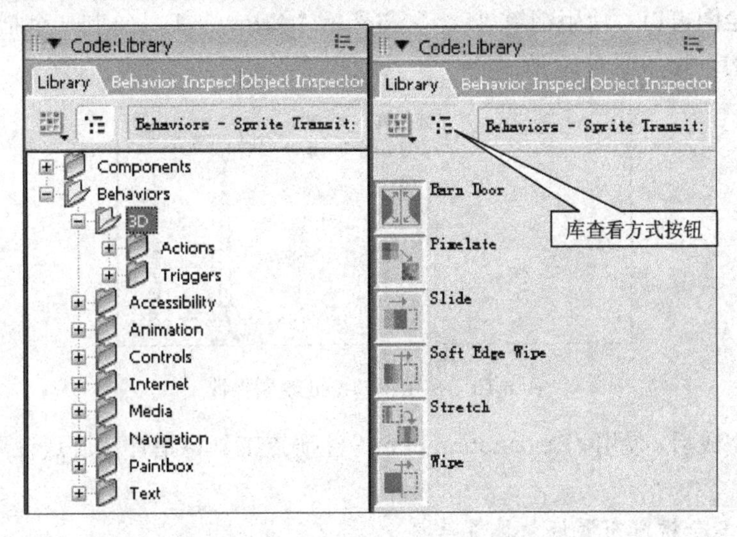


图 6.7　行为显示列表方式和图标方式

要了解某行为的功能，切换到图标方式下，将鼠标停留在行为图标上，就会显示该行为的功能描述。图 6.8 所示为鼠标停留在“Rotate Continuously（time-based)”行为图标上所显示的文字提示。这是一个用于位图、Flash 动画、文本和矢量图形演员旋转的行为，它基于时间以一定的速度连续旋转。

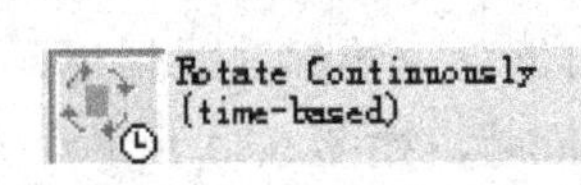


Rotation (time-based)

Use with bitmap, Flash, text, and vector shape members.

Rotates a sprite through a given angle at a steady pace. You can use Lingo to control the rotation.

图 6.8　显示行为的功能描述

### 6.2.2 创建行为实例

下面通过制作秒表动画的过程来说明如何创建行为实例。

【例 6.2】 使用内置行为制作秒表动画，运行效果如图 6.9 所示。

图 6.9 秒表动画

设计分析：

秒表动画实质是基于时间的连续旋转，需要绘制一个指针，并将指针底部作为旋转中心。

设计步骤：

1. 舞台与演员的准备

（1）新建影片。

运行 Director，新建一个影片，设置舞台大小为“300×300”。

（2）导入演员。

导入秒表盘 flash1.swf 动画文件和中心点图片 pic1.psd 文件。

（3）绘制指针演员。

打开矢量绘图窗口，使用钢笔“Pen”和光标“Arrow”工具绘制一个指针，钢笔工具绘制指针图形的过程如图 6.10 所示。

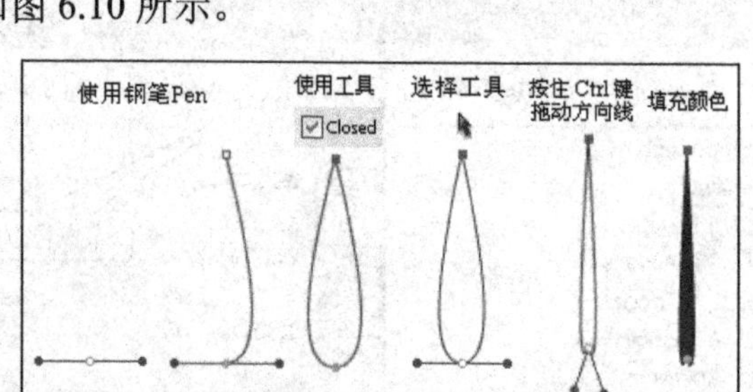


图 6.10 使用钢笔 Pen 绘制指针

指针绘制完成后，使用“Registration Point”注册点工具将指针注册点设置在指针底部，作为旋转中心。

2. 使用剧本分镜窗布置场景放置演员

（1）拖曳演员表窗口中的秒表盘演员 flash1.swf 到精灵通道 1，拖曳指针演员到通道 2，拖曳 pic1 演员到通道 3。

（2）播放头控制。双击脚本通道第一帧，打开行为脚本编辑窗口，输入 go to the frame，使影片播放时播放头停在第一帧。

（3）为秒针添加行为。执行“Window→Library Palette”菜单命令，打开行为库，单击“Library List→Animation→Automatic（库列表→动画→自动化）”子类，拖曳“Rotate Continuously（time-based）”行为到舞台窗口中的指针演员上，弹出该行为的参数对话框，设定“Rotate once every（每旋转一周）”的参数为“60”和“Seconds”，如图 6.11 所示，表示每 60 秒钟旋转一周。

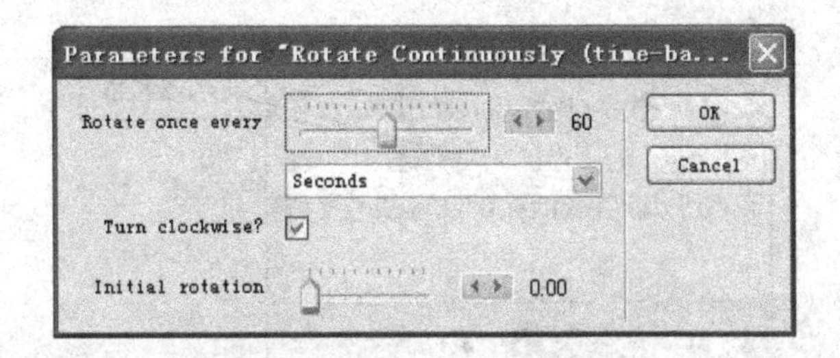


图 6.11 基于时间连续旋转行为的参数对话框

**3. 调试播放、保存与生成项目**

（1）单击控制面板的“播放”按钮播放电影，指针从 12:00:00 位置开始运行，指针连续移动，转动角度正确。

为了模拟真实秒针每一秒移动一次的效果，可双击速度通道的第一帧，打开“Frame Properties：Tempo（帧属性：速率）”对话框，设置帧速率为 1fps，如图 6.12 所示。

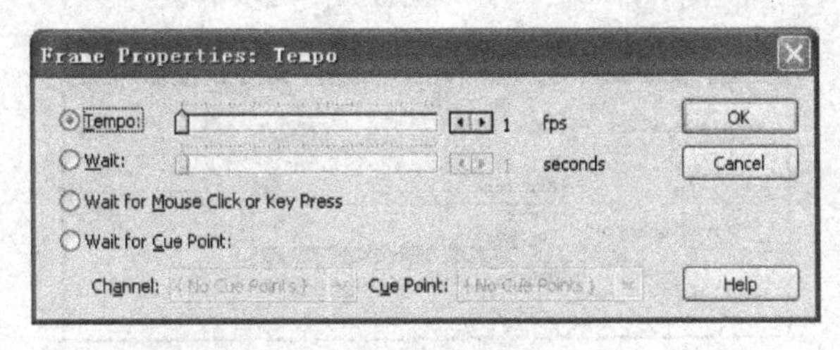


图 6.12 设置速率

设置完成后，再单击播放按钮，就可看到指针每隔一秒移动一次，每隔 60 秒钟旋转一周的效果。

（2）保存源文件为 sy6_2.dir，导出影片为可执行文件 sy6_2.exe。

### 6.2.3 修改行为实例

对于已经建立的行为实例，可在行为检查器中进行修改。

**【例 6.3】** 使用行为检查器将例 6.2“秒表”动画改为“分钟”动画，即将每 60 秒钟旋转一周修改为每 60 分钟旋转一周。

修改步骤：

（1）启动 Director，打开“sy6_2.dir”电影文件，另存电影文件为“sy6_3.dir”。

（2）选中舞台窗口中要更改参数的指针演员（Sprite 2）。

（3）单击工具栏中的“Library Palette”按钮，打开行为库；选择“Behavior Inspector”行为检查器选项卡，如图 6.13 所示。

双击行为检查器中的“Rotate Continuously（time-based）”项或单击行为检查器中的“Parameters”参数按钮，弹出该行为的参数对话框，修改该行为的参数如图 6.14 所示。

（4）单击控制面板“播放”按钮播放电影，指针每隔一分钟移动一次，每隔 60 分钟旋转一周。

（5）保存源文件为 sy6_3.dir，导出影片为可执行文件 sy6_3.exe。

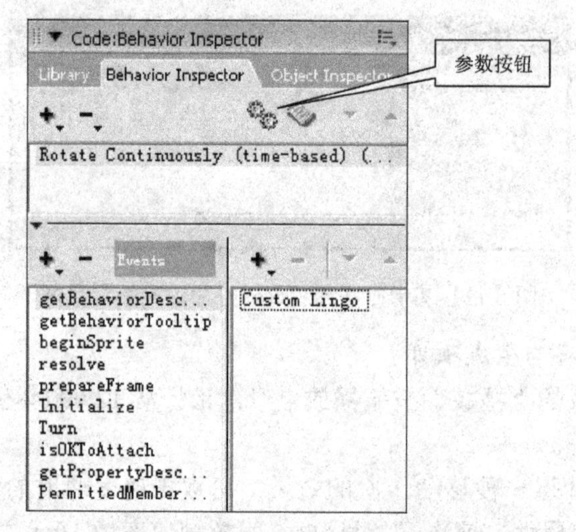


图 6.13 “行为检查器”选项卡

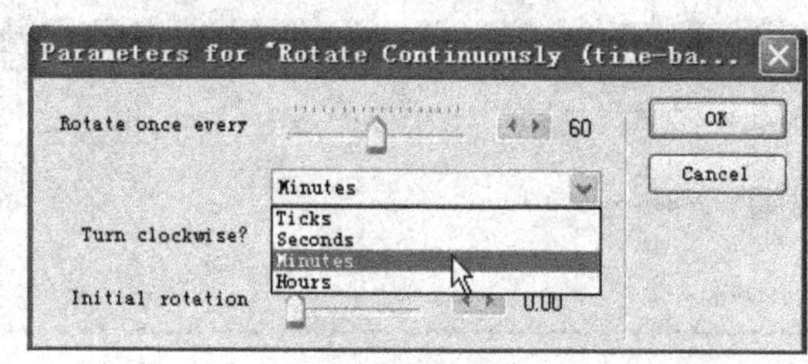


图 6.14 修改参数

## 6.2.4 创建用户行为

Director 中的内置行为虽然使用很方便，但有时仍不能满足多媒体作品开发的多样性需求，用户可使用行为检查器来创建用户行为。该行为将以演员方式存在于演员表中，然后可重复使用该行为到舞台中的精灵或精灵通道。

通过行为检查器来创建新行为，不需要有任何的脚本创作或者设计经验。但是，读者需要知道所创建的用户行为需要有一个事件来触发，然后响应该事件，执行一个或者多个动作，即用户行为要包含一个事件和若干动作。行为检查器列出了大多数用于互动行为的共同的事件和动作，如图 6.15 所示。

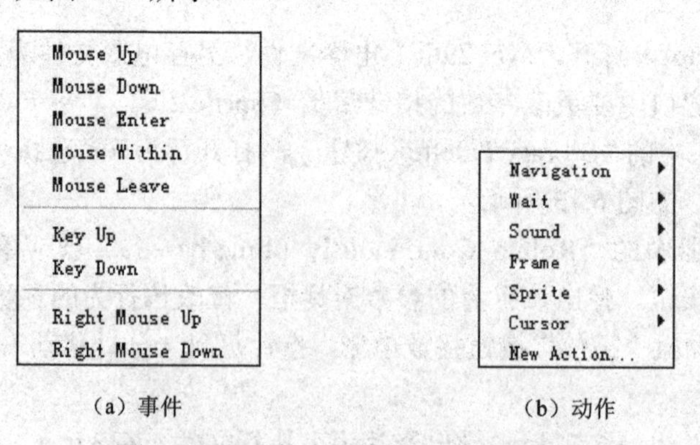


（a）事件　　（b）动作

图 6.15 行为检查器提供的事件和动作

【例 6.4】 设计和制作鼠标的光标变化行为。要求：鼠标进入精灵时，光标变为手型；鼠标离开精灵后，光标恢复原形。

设计分析：

本例需要两个事件来实现光标变化，其一鼠标经过精灵时，触发第一个事件（Mouse Within 或 Mouse Enter）使光标变为手型；其二鼠标离开精灵后，又触发第二个事件（Mouse Leave）使光标恢复原形。

设计步骤：

1. 舞台与演员的准备

（1）新建影片。

运行 Director，新建一个影片，设置舞台大小为“200×150”。

（2）创建按钮演员。

选择工具箱中的“按钮”工具，在舞台上绘制一个按钮，输入文字“鼠标改变演示”。

（3）创建 Mouse_Cursor 行为演员。

① 创建用户行为。单击工具栏中的“Library Palette”按钮，打开行为库，选择“Behavior Inspector”选项卡；单击“Behavior Popup（行为弹出）”按钮，选择新行为“New Behavior…”，弹出“Name Behavior”对话框；在“Behavior Name”文本框中输入行为名“Mouse_Cursor”，如图 6.16 所示，创建了一个名为“Mouse_Cursor”的行为（用户可以自定义行为名）。

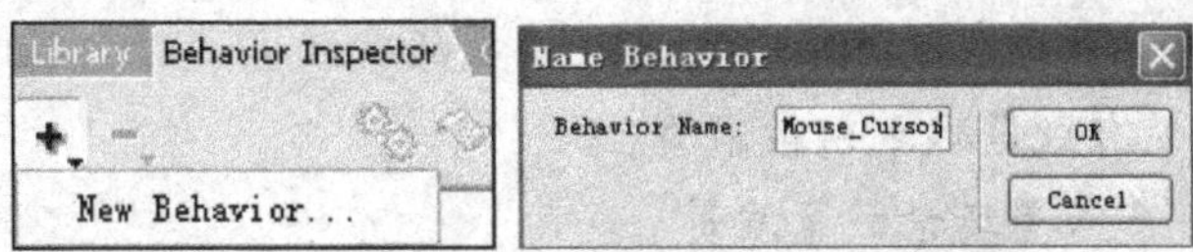


图 6.16　创建名为“Mouse_Cursor”的行为

② 为行为添加事件和动作。参考图 6.17 所示，单击“Event Popup（事件弹出）”按钮，选择“mouseWithin”项，创建了一个名为“mouseWithin”的事件。

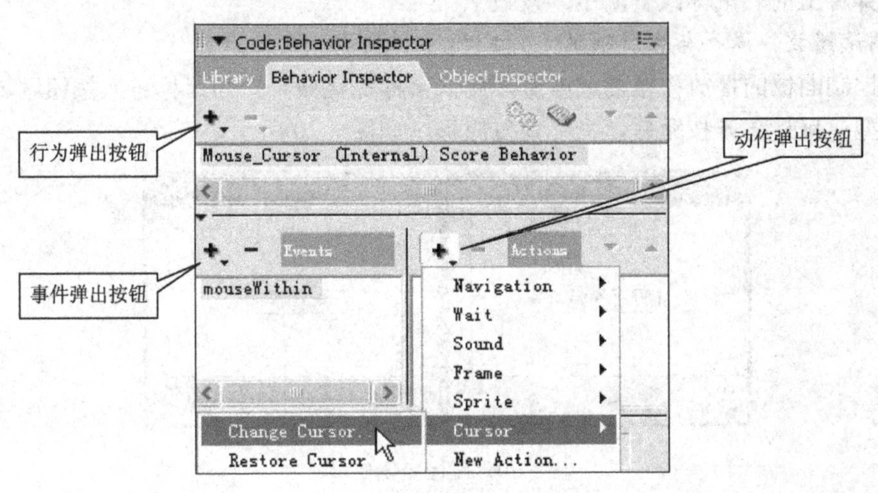


图 6.17　创建事件和动作

选中事件窗口中刚才创建的“mouseWithin”项，单击“Action Popup（动作弹出）”按钮，选择“Cursor→Cursor Change（光标→光标改变）”项。

在弹出的“Specify Cursor（光标描述）”对话框中，选择“Finger（手指）”项，如图6.18所示。

选定了手指光标后，在动作窗口显示一个名为“Change Cursor to 280”的动作，如图6.19所示。此时，“Mouse_Cursor”行为具备了鼠标经过目标时光标变为手指形状的功能。

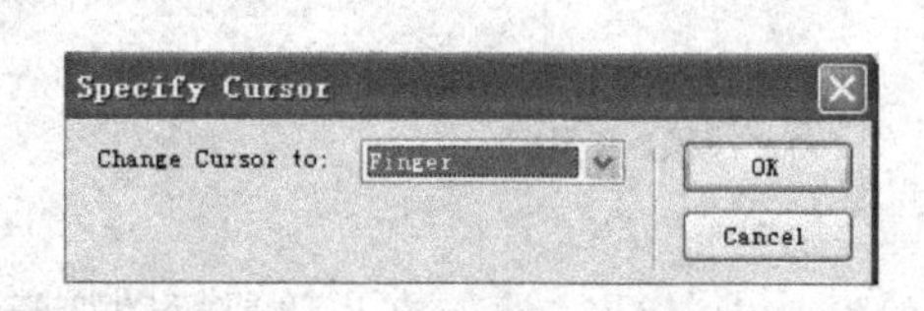


图6.18 “描述光标”对话框

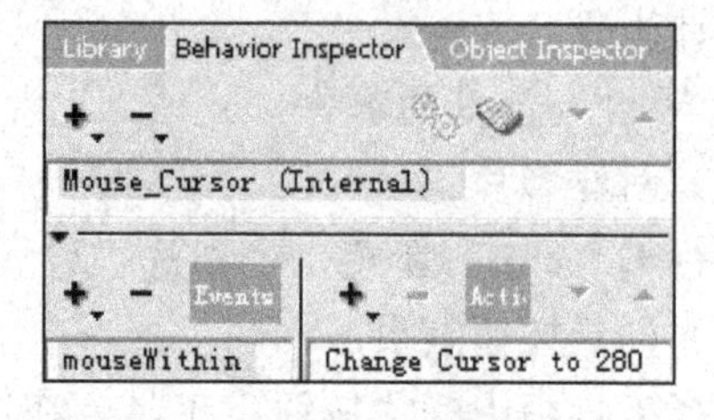


图6.19 创建手指形状光标动作

再次单击“Event Popup”按钮，选择“mouse Leave（鼠标离开时）”项，创建“mouseLeave”事件。选中事件窗口中的“mouseLeave”项，单击“Action Popup”按钮，选择“Cursor→Restore Cursor（光标→还原光标）”项，使“Mouse_Cursor”行为具备鼠标离开目标时光标恢复原来形状。

结束本操作后，在演员表窗口中增加了一个名为“Mouse_Cursor”的行为演员。

**注意**：Mouse Enter事件在鼠标第一次进入精灵的有效区域时被触发，而mouseWithin事件在鼠标进入精灵的有效区域之内被触发。

2. 使用剧本分镜窗布置场景放置演员

（1）播放头控制。双击脚本通道的第1帧，打开行为脚本窗口，输入go to the frame，使影片播放时播放头停在第1帧。

（2）为“鼠标改变演示”按钮附加“Mouse_Cursor”行为。拖曳名为“Mouse_Cursor”的演员到舞台上的“鼠标改变演示”按钮上。

3. 调试播放、保存与生成项目

单击控制面板的播放按钮播放电影，测试鼠标变化效果，当鼠标进入按钮区域内，光标变为手型；鼠标离开按钮后，光标恢复原形，如图6.20所示。

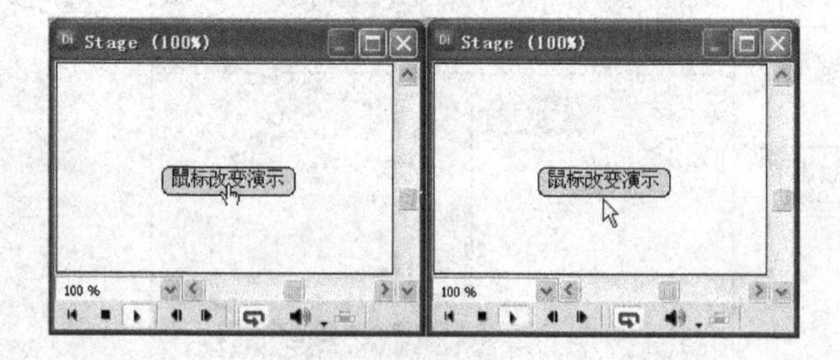


图6.20 鼠标变化效果

保存源文件为sy6_4.dir，导出影片为可执行文件sy6_4.exe。

光标变化行为在多媒体作品创作中非常有用，可以改善多媒体作品界面中鼠标的动态视觉效果。Director 预设光标如图 6.21 所示。

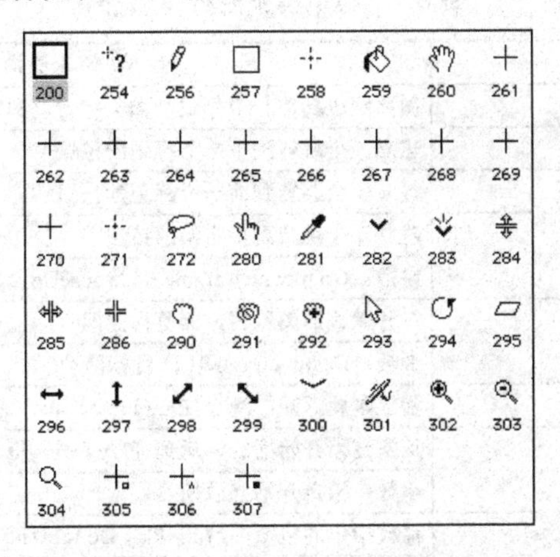


图 6.21　Director 预设光标序列号

可以直接在事件中使用脚本命令改变光标，命令格式：Cursor 内置光标序列号。例如，在 On MouseEnter Me 事件中，使用脚本命令 Cursor 280，将此事件附加给某精灵，当鼠标移动到该精灵上时，鼠标光标变成手形光标。可在 on MouseLeave Me 事件中，使用脚本命令 Cursor 0，取消光标设置还原成为默认箭头。

**注意**：Cursor 200 将鼠标隐藏。

## 6.3　常见行为应用

### 6.3.1　导航

行为库中的 Navigation 导航类行为非常有用，几乎每个使用 Director 开发的多媒体应用程序都用到导航功能。导航类提供了 11 种导航行为，如图 6.22 所示。通过按钮或其他事件控制电影片段的播放、跳跃或选择，而不是从头到尾连续播放电影。

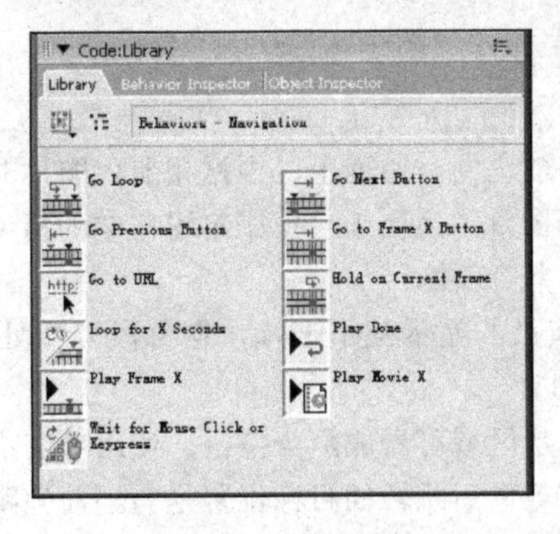


图 6.22　导航类行为

导航类常用行为功能描述如表 6.1 所示。

表 6.1　导航类常用行为功能

| 行为名 | 功能描述 |
| --- | --- |
| Go Loop（到循环） | 循环回放到前一个标记，如无标记返到第一帧 |
| Go Next Button（到下一个按钮） | 建立一个跳转到下一个标记的按钮 |
| Go Previous Button（到上一个按钮） | 建立一个跳转到前一个标记的按钮 |
| Go to Frame X Button（到指定帧的按钮） | 建立一个跳转到指定帧的按钮 |
| | 参数：Go to which frame on MouseUp，指定的目标帧 |
| Go to URL（转到 URL 网络地址） | 打开默认的浏览器，浏览指定网页 |
| | 参数：Destination URL，目标网址 |
| Play Done（播放返回） | 播放到此返回，配合 Play Frame 和 Play Movie 使用 |
| Play Frame X（播放指定帧） | 从指定帧开始播放，遇到 Play Done 返回 |
| | 参数：指定开始播放帧 |
| Play Movie X（播放指定电影） | 播放指定的电影，遇到 Play Done 返回 |
| | 参数：指定目标电影 |
| Wait for Mouse Click or Keypress（等待鼠标单击或按键） | 等待鼠标单击或按键继续 |

**【例 6.5】** 利用导航行为设计和制作“无形导航按钮电子相册”。

要求：当使用鼠标单击左侧和右侧黑色矩形区域时，实现前一张和后一张图片翻页功能，图片显示在一个镜框内，电影播放效果如图 6.23 所示。

图 6.23　图片浏览器

设计分析：

要播放的图片可按顺序放在同一通道上，根据相册内图片的数量，将该通道使用的帧划分为若干段，本例为 5 张图片，为便于总览剧本窗口中的精灵位置分布，用较少的精灵帧数，每张图片使用 5 帧，共 25 帧。

为了使每一段内图片演员的显示互不干扰，在每段开始处通过脚本命令“go to the frame”使播放头停留在该处。

图片左侧和右侧黑色矩形区域可看成两个按钮，使用导航跳转按钮实现向前或向后翻动图片。导航跳转按钮向前或向后跳转的目标位置是与当前帧距离最近的已标记的帧。

设计步骤：

### 1. 舞台与演员的准备

（1）新建影片。

运行 Director，新建一个影片，设置舞台大小为“512×288”。设置精灵默认长度为 3 帧。

（2）导入演员。

导入 pic.gif 和 pic1.jpg～pic5.jpg 等 6 张素材图片文件。

（3）创建按钮演员。

在工具箱为“Classic”模式下，选择“Rectangle”矩形工具□，在舞台左侧绘制 1 个矩形作为“前一个”无形按钮，命名为“left button”，同理在舞台右侧绘制 1 个矩形作为“下一个”无形按钮，命名为“right button”，并将按钮精灵跨度延长到第 25 帧，如图 6.24 所示。调整按钮精灵使用通道 3 和通道 4。

图 6.24　绘制无形按钮

### 2. 使用剧本分镜窗布置场景放置演员

参见图 6.25 所示剧本分镜窗。

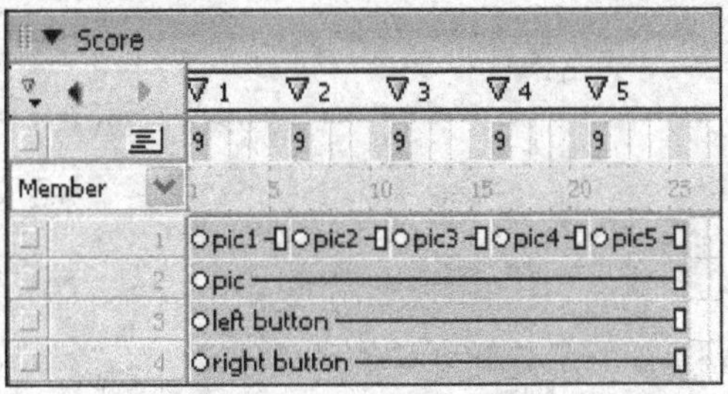

图 6.25　剧本分镜窗

（1）设置精灵跨度为 5 帧，分别拖曳演员表中的“pic1”至“pic5”等 5 个图片演员到精灵通道 1 的第 1、6、11、16 和 21 帧。

拖曳“pic”图片演员到精灵通道 2 的第 1 帧，并延长到第 25 帧，设置该精灵的 Ink 为 Background Transparent，使中部矩形框透明，可以显示通道 1 上的图片。

（2）为了使用导航跳转按钮向前或向后跳转，需要对目标帧设置标记，标记位置就是每个图片精灵的起始帧。如图 6.25 所示，在标记通道的第 1、6、11、16 和 21 帧设置帧标记，标记名可以任意指定，本例分别命名为 1、2、3、4、5。

（3）播放头停留控制。

双击脚本通道第 1 帧，打开行为脚本窗口，输入 go to the frame，创建脚本演员 9。

分别复制脚本演员 9 到脚本通道的第 6、11、16 和 21 帧。

（4）添加导航行为。

单击工具栏中的"Library Palette"按钮，打开行为库，选择"Library List→Navigation"项，拖曳导航行为库中的"Go Previous Button（到前一个标记按钮）"行为到舞台窗口左侧的"left button"精灵上；同理拖曳"Go Next Button"行为到舞台窗口右侧的"right button"精灵上。

3. 调试播放、保存与生成项目

电影播放后，单击右侧无形按钮时，显示下一张图片。同理，单击左侧无形按钮时，显示上一张图片，当显示第一张图片或最后一张图片时，单击左侧或右侧无效。

保存源文件为 sy6_5.dir，导出影片为可执行文件 sy6_5.exe。

### 6.3.2 动画

Animation 动画类行为包含了 Interactive（交互）、Sprite Transition（精灵过渡）和 Automatic（自动化）等三个子类。

Interactive（交互）

动画交互子类行为如图 6.26 所示。

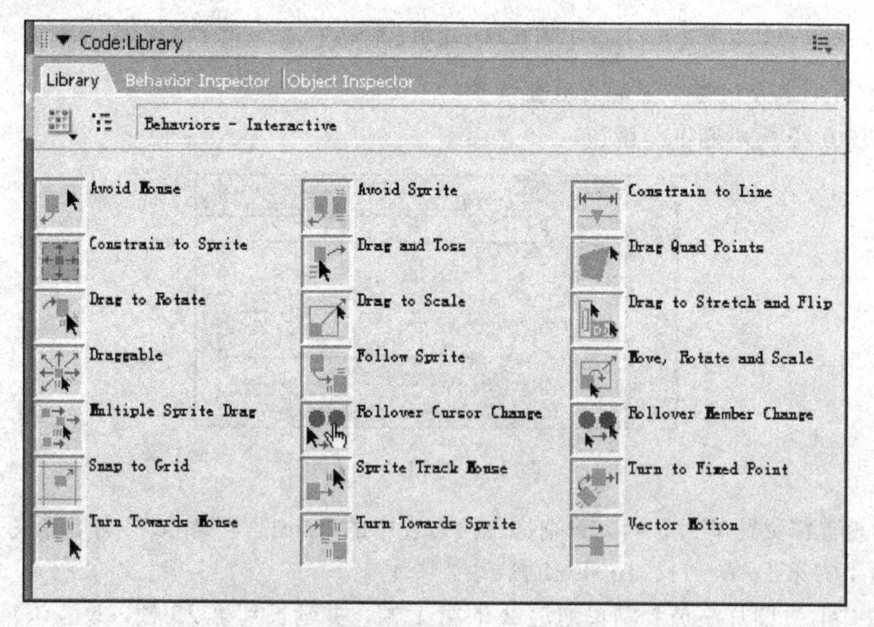


图 6.26　交互子类中的行为

交互子类中的常用行为功能描述见表 6.2。

表 6.2　交互子类常用行为功能

| 行为名 | 功能描述 |
| --- | --- |
| Avoid Mouse （避开鼠标） | 精灵移动，避开鼠标 |
|  | 参数：Distance，避开距离、speed，避开速度 |
| Drag to Rotate （拖动旋转） | 拖动鼠标使精灵旋转 |
| Drag to Scale （拖动缩放） | 拖动鼠标使精灵缩放 |
| Draggable （可拖动） | 拖动鼠标使精灵移动 |
| Move,Rotate and Scale（移动、旋转和缩放） | 拖动鼠标使精灵移动，如同时按住“Shift”键，可旋转缩放精灵；如同时按住空格键，可缩放精灵 |
| Rollover Cursor Change（掠过时光标改变） | 当鼠标位于某个对象时，光标发生变化 |
| Rollover Member Change（掠过时改变演员） | 当鼠标位于某个对象时，改变演员 |

**【例 6.6】** 利用交互行为设计和制作简单的“小狗”游戏动画。要求：当鼠标光标接近“小狗 1”时，“小狗 1”躲避鼠标光标，自动移动到舞台上另一位置；当鼠标移动到“小狗 2”上，小狗变为一只飞鸟。

设计分析：

通过使用“Avoid Mouse”避开鼠标的行为实现“小狗 1”躲避鼠标光标的功能；使用“Rollover Member Change”掠过时改变演员行为，将小狗变为一只飞鸟。

设计步骤：

1. *舞台与演员的准备*

（1）新建影片。

运行 Director，新建一个影片，设置舞台大小为“400×300”。

（2）导入演员。

导入 pic1.jpg、pic2.gif 和 pic3.gif 等 3 张素材图片文件。

2. *使用剧本分镜窗布置场景放置演员*

（1）拖曳演员表中的“pic1”到舞台作为背景，分两次拖曳“pic2”到舞台形成小狗精灵 Sprite2 和 Sprite3，设置小狗精灵的 Ink 属性为“Background Transparent”，使小狗的背景透明，调整舞台中两个小狗位置和大小合适。

（2）添加交互行为。打开行为库，单击“Library List→Animation→Active（库列表→动画→交互）”项，拖曳交互行为库中的“Avoid Mouse”避开鼠标行为到舞台中的小狗精灵 Sprite2 上，创建“Avoid Mouse”行为实例，弹出该行为参数对话框，如图 6.27 所示，设置“Distance（避开距离）”为 100、“Speed（速度）”为 500。

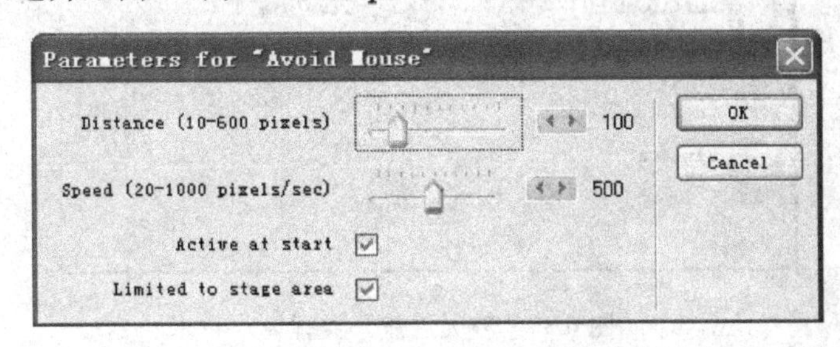


图 6.27　设置“避开鼠标”行为参数

拖曳“Rollover Member Change”行为到舞台中的小狗精灵 Sprite3 上，弹出该行为参数对话框，设置参数“Display which member on rollover”为“pic3”，如图 6.28 所示。

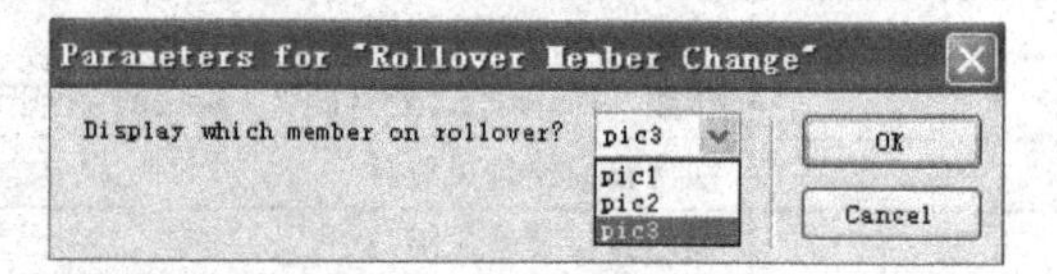


图 6.28　设置“Rollover Member Change”行为参数

3. 调试播放、保存与生成项目

单击控制面板“播放”按钮测试电影，当鼠标从各个方向靠近小狗时，小狗都会避开鼠标并保持一定的距离，效果如图 6.29（a）所示。当鼠标经过另一个小狗时，该小狗就变为一个小鸟，效果如图 6.29（b）所示。

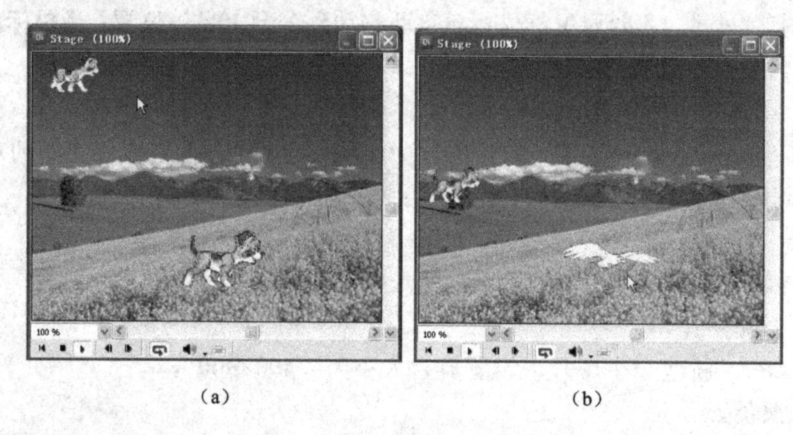


（a）　　　　（b）

图 6.29　“小狗”游戏动画效果

保存源文件为 sy6_6.dir，导出影片为可执行文件 sy6_6.exe。

Sprite Transtitions（精灵过渡）

Sprite Transitions 精灵过渡子类中的行为如图 6.30 所示。

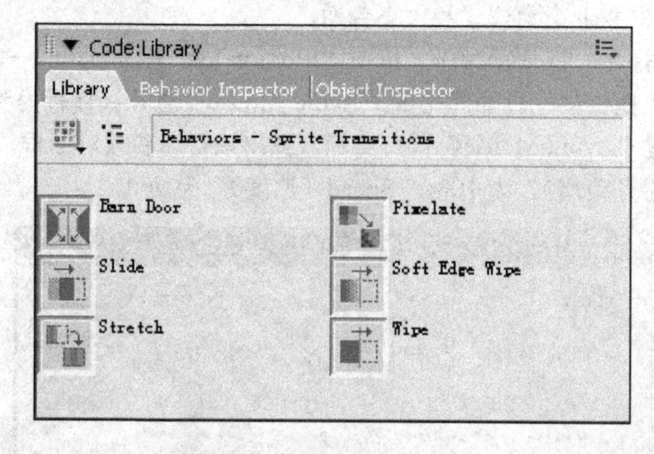


图 6.30　精灵过渡子类行为

精灵过渡子类中常用的行为功能描述如表 6.3 所示。

表 6.3　精灵过渡子类行为功能

| 行为名 | 功能描述 |
| --- | --- |
| Barn Door（开门） | 产生开门、关门的效果 |
| | 参数：Duration:持续时间、Direction: 方向（垂直或水平） |
| Pixelate（像素化） | 清晰度改变效果 |
| Slide（滑动） | 推入和推出的效果 |
| | 参数：持续时间 Duration、方向 Direction |
| Soft Edge Wiper（虚变划边） | 产生柔边展现或擦除的效果 |
| | 参数：持续时间 Duration、混合宽度 Blend Width、方向 Direction |
| Stretch（伸展） | 展开或压缩效果 |
| | 参数：持续时间 Duration、方向 Direction |
| Wiper（擦除） | 擦除效果 |
| | 参数：持续时间 Duration、方向 Direction |

**【例 6.7】** 利用精灵过渡行为设计和制作“自动图片播放器”。要求：使用表 6.3 中所列出的过渡行为切换图片。

设计步骤：

1. 舞台与演员的准备

（1）新建影片。

运行 Director，新建一个影片，设置舞台大小为“512×288”，设置精灵长度为 5 帧。

（2）导入演员。

导入素材 pic1.jpg～pic6.jpg 等 6 个图形文件。

2. 使用剧本分镜窗布置场景放置演员

（1）设置精灵默认跨度为 5 帧，依次拖曳演员表中的 pic1～pic6 到精灵通道 1，每张图片使用 5 帧，通道 1 上共使用 30 帧。

（2）播放头控制。双击脚本通道第 30 帧，打开行为脚本窗口，输入 go to frame 1，使影片可重复播放。

（3）添加过渡行为。打开行为库，单击“Library List→Animation→Sprite Transition（库列表→动画→精灵过渡）”项，分别拖曳行为库中的“Barn Door （开门）”、“Pixelate（像素化）”、“Slide（滑动）”、“Soft Edge Wiper（虚变划边）”、“Stretch（伸展）”和“Wiper（擦除）”等行为到通道 1 中的 pic1～pic6 各个精灵上，创建行为实例，在弹出的参数对话框，全部采用默认设置不变。

剧本分镜窗最终编排如图 6.31 所示。

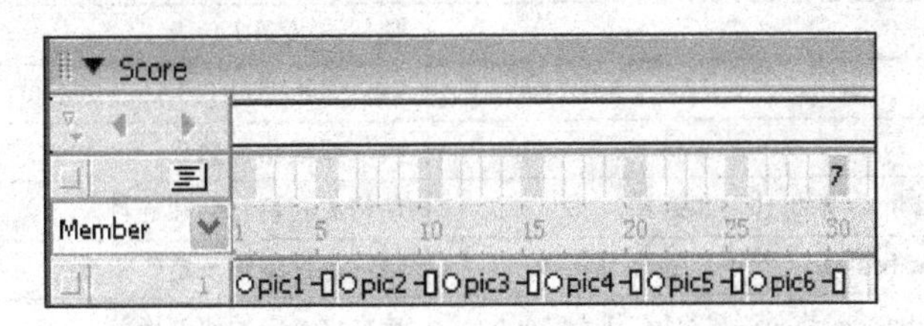


图 6.31　剧本分镜窗最终编排

为了便于对剧本分镜窗编排的理解，已用中文命名了演员表中的精灵过渡行为演员，如图 6.32 所示。

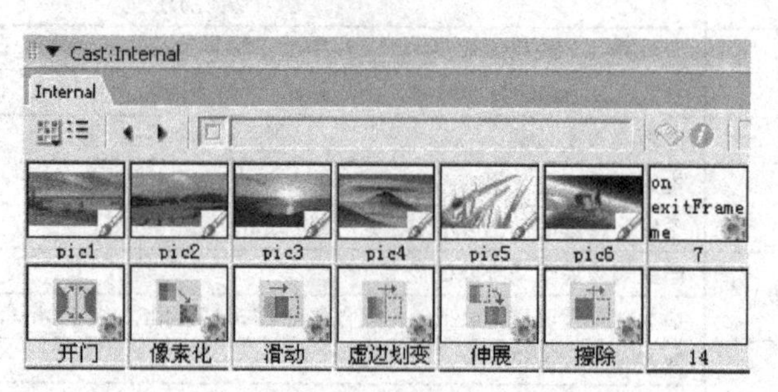


图 6.32　演员表窗口内容

3. 调试播放、保存与生成项目

打开“控制面板”，设置播放速度为 5 帧/秒。单击控制面板“播放”按钮测试电影，电影以设定的过渡方式切换图片。

保存源文件为 sy6_7.dir，导出影片为可执行文件 sy6_7.exe。

**Automatic（自动化）**

Automatic 自动化子类行为如图 6.33 所示。

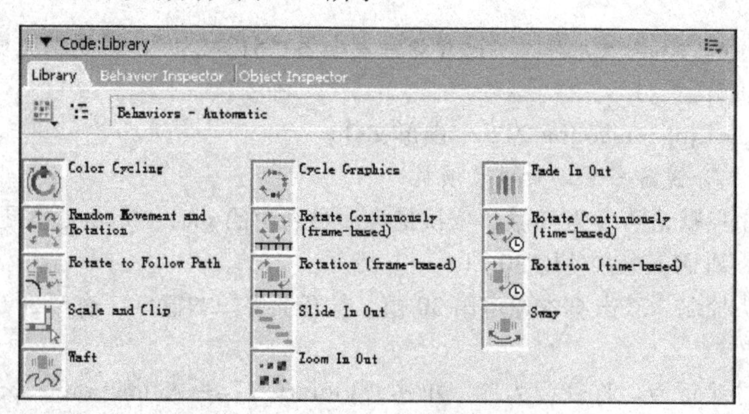


图 6.33　自动化子类行为

自动化子类中常用行为功能描述如表 6.4 所示。

**表 6.4　自动化子类常用行为功能**

| 行为名 | 功能描述 |
|---|---|
| Color Cycling（颜色循环） | 使精灵循环变色。 |
| Circle Graphics（循环图形） | 循环显示演员表中的图形演员 |
| Fade In Out（淡入、淡出） | 淡入或淡出的效果 |
| Random Movement and Rotation（随机移动和旋转） | 使精灵随机移动和旋转 |
| Rotate Continnously （frame.basiced）（连续旋转 基于帧） | 精灵每帧旋转一定的角度 |
| Rotate Continnously （time.basiced）（连续旋转 基于时间） | 精灵以一定的速度旋转 |
| Rotate （frame.basiced）（旋转 基于帧） | 精灵以设定的速度旋转一定角度 |

续表

| 行为名 | 功能描述 |
| --- | --- |
| Rotate （time.basiced）（旋转 基于时间） | 精灵以设定的时间内旋转一定角度 |
| Rotation to Dollow Path（随路径旋转） | 使精灵跟随运动轨迹旋转 |
| Sway（摆动） | 使精灵往复旋转摆动 |
| Weft（漂动） | 使精灵随机漂动 |
| Zoom In Out（变焦缩小与放大） | 变焦精灵缩小、放大 |

**【例 6.8】** 利用自动化行为实现“图片淡变”及“文字变焦”特效。

设计分析：

淡入就是使精灵的不透明度从小渐变到大，淡出则反之；变焦就是把对象拉近推远，产生放大或缩小的效果。为了能在电影中使图片产生淡入与淡出的效果，需要将同一演员在舞台上建立两个精灵。同样，文字经过变焦产生放大与缩小的效果，也要两个精灵。

设计步骤：

1. 舞台与演员的准备

（1）新建影片。

运行 Director，新建一个影片，设置舞台大小为“512×288”。

（2）导入演员。

导入素材 pic.jpg 图形文件。

（3）建立文字演员

打开文本编辑窗，输入文字“Director 渐变与变焦”。

2. 使用剧本分镜窗布置场景放置演员

（1）设置精灵默认跨度为 20 帧，拖曳演员表中的“pic”到精灵通道 1 的开始处，精灵长度为 20 帧，再拖曳“pic”到精灵通道 1 的第 21 帧，长度也为 20 帧。

（2）拖曳文本演员 2 次到精灵通道 2 的第 1 帧和第 21 帧，长度都是为 20 帧，分别设置 Ink 属性为“Background Transparent”。

（3）播放头停留控制。双击脚本通道的第 40 帧，打开脚本窗口，输入 go to the frame，使影片播放时播放头停在最后一帧。

（4）为“pic”精灵添加淡入/淡出行为。打开行为库面板，选择“Library List→Animation→Automatic（库列表→动画→自动化）”项，拖曳“Fade in Out（淡入/淡出）”行为到精灵通道 1 第 1 帧，弹出该行为参数对话框，设置“Fade in or out（淡入或淡出）”为“In”和“Minimun Fade Value（最小渐变值）”为 20，使精灵的不透明度从 20%渐变到 100%，如图 6.34 所示，创建 “淡入/淡出”行为实例。

再次拖曳“Fade in Out（淡入/淡出）”行为到精灵通道 1 第 21 帧，设置“Fade in or out”为“out”，“Minimun Fade Value”为 20，使精灵的不透明度从 100%渐变到 20%。

（5）为文本精灵添加变焦缩放行为

拖曳“Zoom in Out（变焦缩小与放大）”行为到精灵通道 2 前 20 帧，弹出行为参数对话框，设置“Zoom in or out”为“In”，使精灵从小渐变到大，其他参数采用默认设置，如图 6.35 所示。

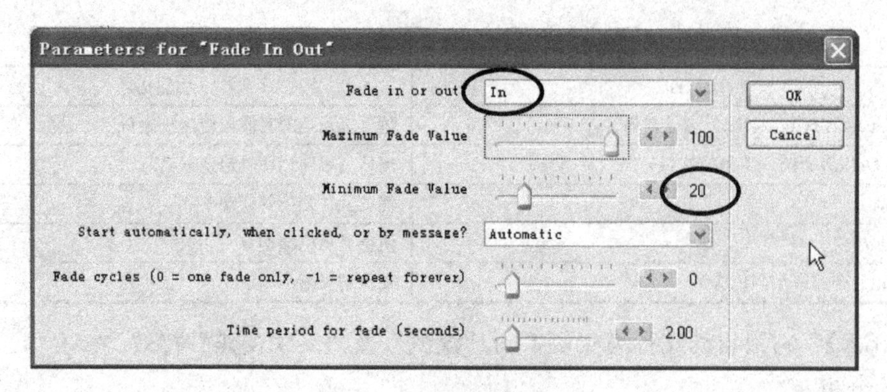


图 6.34　设置渐变参数

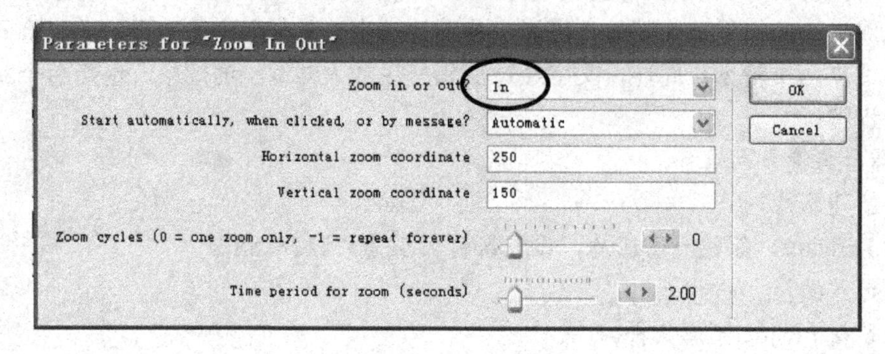


图 6.35　设置渐变参数

再次拖曳“Zoom in Out”行为图标到精灵通道 2 第 21～40 帧，设置“Zoom in or out”为“Out”，使精灵的从大渐变到小。

3. 调试播放、保存与生成项目

单击控制面板“播放”按钮测试电影，播放效果如图 6.36 所示。

图 6.36　图片渐变及文字变焦效果

保存源文件为 sy6_8.dir，导出影片为可执行文件 sy6_8.exe。

### 6.3.3　文本

Text 文本类行为如图 6.37 所示。

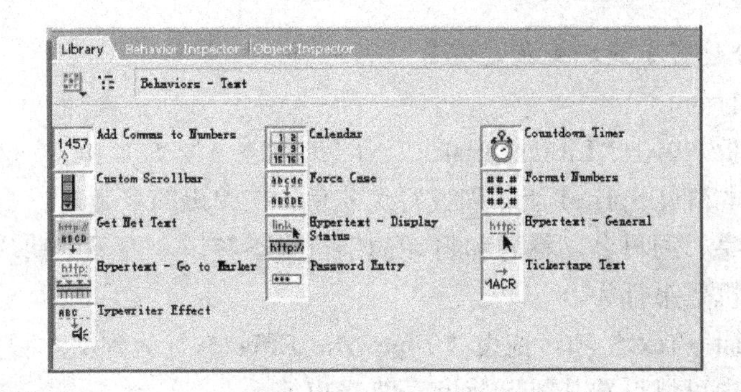


图 6.37 文本类行为

文本行为库常用行为功能描述见表 6.5。

**表 6.5 文本行为库常用行为功能**

| 行为名 | 功能描述 |
| --- | --- |
| Add Commas to Numbers（给数字中添加逗号） | 给多位数的数字中自动添加逗号 |
| Calendar（日历） | 利用文本演员中创建日历 |
| Format Numbers（强制大小写） | 把域文本框内输入的文本强制转变为大写或小写 |
| Password Entry（密码输入） | 把域文本框内输入的文本转变为密码字符 |
| Ticker tage Text（滚动文本） | 在域文本框或文本内水平方向滚动文本 |
| Typewrite Effect（打字机效果） | 在域文本框或文本内缓慢地显示文本 |

【例 6.9】 创建月历和打字机效果显示文本的动画，如图 6.38 所示。

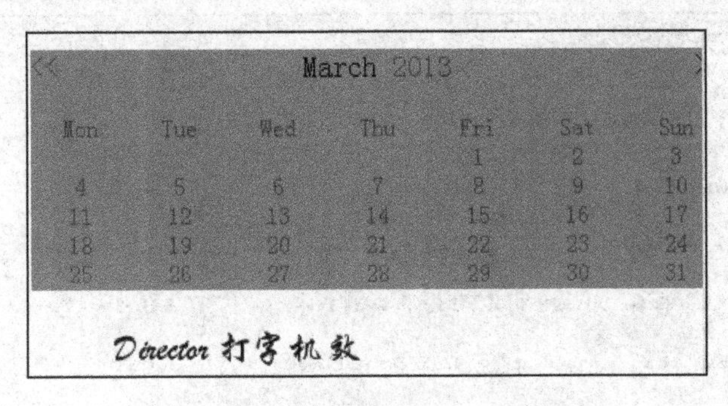


图 6.38 月历和打字机动画效果

设计分析：

月历的显示需要文本演员，打字机效果文本显示也需要文本演员。本例需要建立两个文本演员。

设计步骤：

1. 舞台与演员的准备

（1）新建影片。

运行 Director，新建一个影片，设置舞台大小为“500×250”。

（2）建立文字演员。

使用工具箱“文本”工具，在舞台上绘制 2 个文本区域，设置文本精灵 Sprite1 的背景，在第二个文本区域输入文字“Director 打字机效果”。

2．使用剧本分镜窗布置场景放置演员

（1）添加日历行为。

打开行为库面板，单击“Library List→Text（库列表→文本）”项，分别拖曳“Calendar（日历）”行为到文本精灵 Sprite1 上，创建行为实例，在弹出的参数对话框中可以设定是否显示完整的月份名字、周日名，标题和日期的字号大小等，全部采用默认设置。

（2）添加打字机效果行为。

在“Library List→Text”项，拖曳“Typewrite Effect”行为到文本精灵 Sprite2 上，在弹出的参数对话框中可以设置其显示速度、背景声等。

（3）播放头停留控制。

为了观察到文本内缓慢地显示文本效果，双击脚本通道第 1 帧，打开行为脚本窗口，输入 go to the frame，使影片播放时播放头停在第 1 帧。

3．调试播放、保存与生成项目

单击控制面板“播放”按钮测试电影，所显示的月历可通过单击“《”和“》”改变月份，文字“Director 打字机效果”按字符一个一个地出现，产生打字机效果。

保存源文件为 sy6_9.dir，导出影片为可执行文件 sy6_9.exe。

### 6.3.4 控件

Controls 控件类行为如图 6.39 所示。

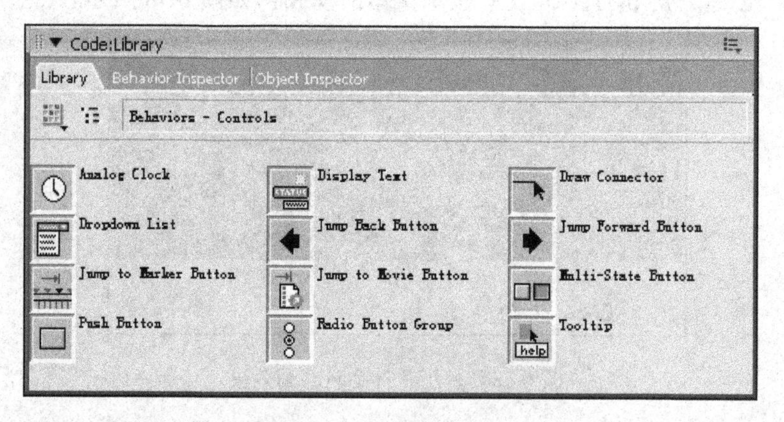


图 6.39　控件类行为

控件类常用的行为功能描述见表 6.6。

表 6.6　控件行为库常用行为功能

| 行为名 | 功能描述 |
|---|---|
| Analog Click（仿时钟） | 把一个矢量图形变成钟表的秒、分和小时指针 |
| Dropdown List（下拉列表框） | 由一个域文本框创建一个下拉菜单 |
| Radio Button Group（单选按钮组） | 把多个单选按钮组合为一组 |

“仿时钟”行为和“单选按钮组”行为应用较多，下面介绍这两个行为的应用实例。

【例 6.10】 设计一个与计算机时钟同步运行的指针式时钟，运行效果如图 6.40 所示。

设计分析：

指针式时钟有时、分、秒三根针，可用“仿时钟”行为使它们与时钟同步。

图 6.40 指针式时钟运行效果

设计步骤：

1. 舞台与演员的准备

（1）新建影片。

运行 Director，新建一个影片，设置舞台大小为“300×300”。

（2）导入演员。

导入钟盘 flash1.swf 文件和中心点图片 pic1.psd 文件。

（3）绘制指针演员

参见例 6.2，在矢量绘图窗口，使用钢笔“Pen”和光标“Arrow”工具绘制时针、分针和秒针，并填充不同颜色。使用“RegistationPoint”注册点工具设置注册点在指针底部作为旋转中心。

在演员表窗口命名时针演员为 h，分针演员为 m，秒针演员为 s。

2. 使用剧本分镜窗布置场景放置演员

（1）设置精灵跨度为 10 帧，拖曳演员表中的钟盘 flash1.swf 到通道 1，拖曳 pic.psd 到通道 5，在舞台调整精灵位置合适。

（2）拖曳 h 演员到精灵通道 2，然后拖曳 m 和 s 演员到精灵通道 3 和精灵通道 4，调整舞台上时、分、秒针精灵大小和位置，并设置该三个精灵的墨水效果为“背景透明”（Background Transparent），使指针旋转时背景透明。

（3）播放头控制。双击脚本通道第 10 帧，打开行为脚本窗口，输入 go to the frame，使影片播放时播放头停在第 10 帧。

（4）添加行为。打开行为库面板，选择“Library List→Controls（库列表→控件）”项，拖曳“Analog Click（仿时钟）”行为到舞台时针 h 上释放鼠标，弹出该行为的参数对话框，设置“Line Behaves as（线型行为）”为时针“Hour hand”，如图 6.41 所示，创建时针 h“仿时钟”行为实例。

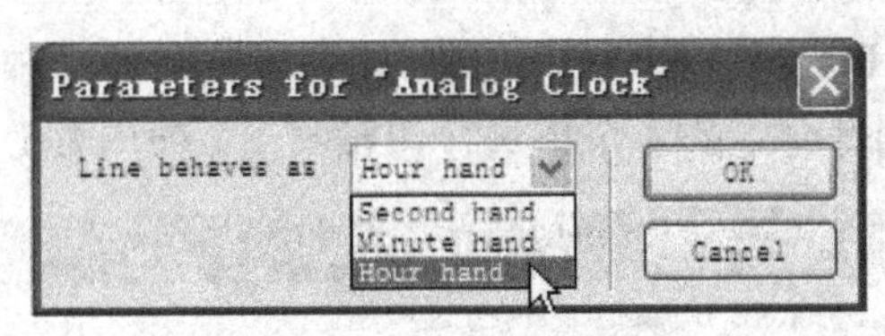

图 6.41 时针参数设置

用同样的方法创建分针 m 和秒针 s 的“仿时钟”行为实例，参数分别为“Minute hand”和“Second hand”。

3. 调试播放、保存与生成项目

单击控制面板“播放”按钮测试电影，指针式时钟程序运行后，时、分、秒三根针立即同步到当前时间的位置，并连续转动。

保存源文件为 sy6_10.dir，导出影片为可执行文件 sy6_10.exe。

**【例 6.11】** 使用单选按钮组，设计单项选择对话界面，如图 6.42 所示。

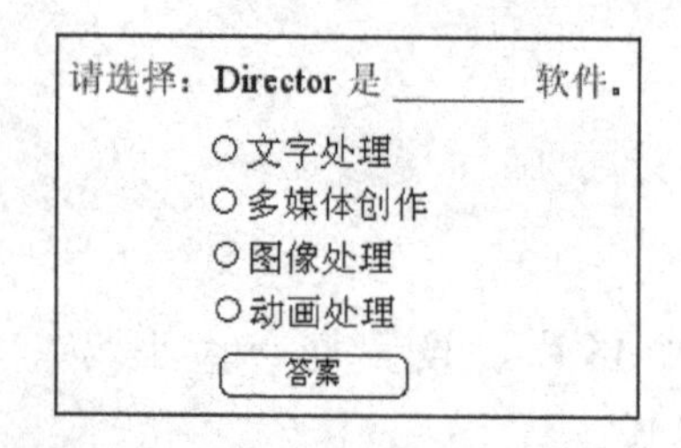


图 6.42　单项选择对话界面

设计分析：当影片播放时，要实现交互操作，选择某单选按钮，需要控制播放头停留在一个帧上。多个单选按钮只允许选中一个，需将它们关联成单选按钮组。

设计步骤：

1. 舞台与演员的准备

（1）新建影片。

运行 Director，新建一个影片，设置舞台大小为“300×200”。

（2）绘制演员

① 选择“文本”工具，在舞台绘制 1 个文本，输入文字“请选择：Director 是 ______ 软件。”。

② 使用“单选按钮”工具，在舞台绘制 4 个单选按钮，分别为单选按钮文本输入“文字处理”、“多媒体创作”、“图像处理”和“动画处理”，在演员表窗口分别命名这四个单选按钮为“answer1”、“answer2”、“answer3”和“answer4”。

③ 选择工具箱“按钮”工具，在舞台绘制 1 个按钮，输入文字“答案”。

2. 使用剧本分镜窗布置场景放置演员

（1）播放头停留控制。

双击脚本通道第 1 帧，打开行为脚本窗口，输入 go to the frame，使影片播放时播放头停在第 1 帧，当影片播放时，就可实现交互操作。

（2）添加关联单选按钮行为。

在行为库面板，选择“Library List→Controls（库列表→控件）”项，分别拖曳“Radio Button Group”单选按钮组行为到舞台上的 4 个单选按钮精灵上，弹出参数对话框，如图 6.43 所示。

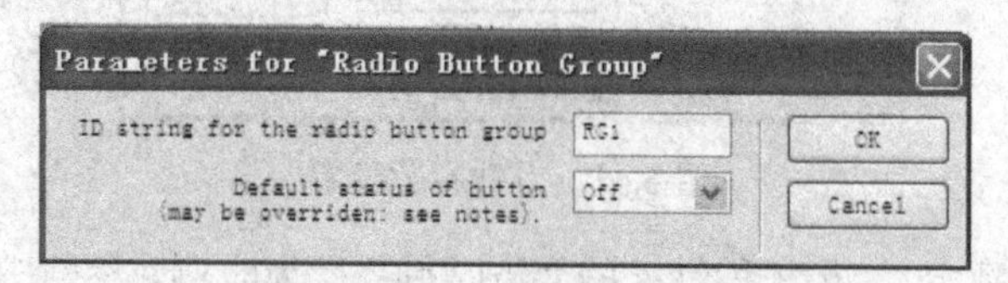


图 6.43　单选按钮组参数设置

“ID string for the radio button group”文本框用于设置单选按钮所属组的组名。只有组名相同的单选按钮相互之间才能关联，互相制约。

本例中将 4 个单选按钮所属组的组名设置为“RG1”，创建了“单选按钮组”行为实例。

3. 调试播放、保存与生成项目

单击控制面板“播放”按钮测试电影，此时 4 个单选按钮只能选中一项。如果 4 个单选按钮有多个都能被选中，显然不是在一个单选按钮组中。

保存源文件为 sy6_11.dir，导出影片为可执行文件 sy6_11.exe。

能力提高：

本例可以通过添加按钮演员脚本判断选项是否正确，如第二项是正确的，代码如下：

```
on MouseUp
  if member ("answer2") .hilite = True Then
    alert "选择正确！"
  else
    alert "选择错误！"
  end if
end
```

代码中 alert 表示弹出对话框。

当选中第 2 个单选按钮时，单击“答案”按钮，弹出“选择正确”对话框，选中其他单选按钮时，弹出“选择错误”对话框，如图 6.44 所示。

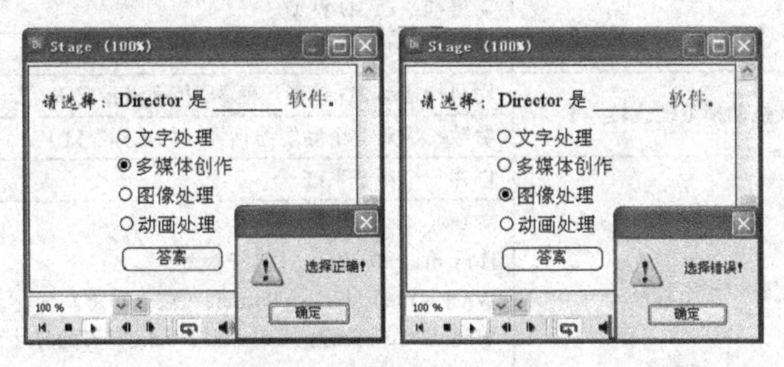


图 6.44 选择题选题效果

## 6.3.5 3D 动画

3D 三维动画类包含了 Triggers（触发器）和 Actions（动作）两个子类。触发器子类如图 6.45（a）所示，动作子类中部分行为如图 6.45（b）所示。

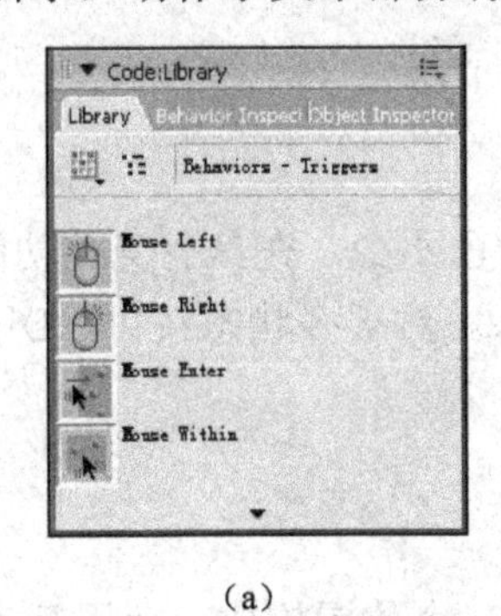


(a)

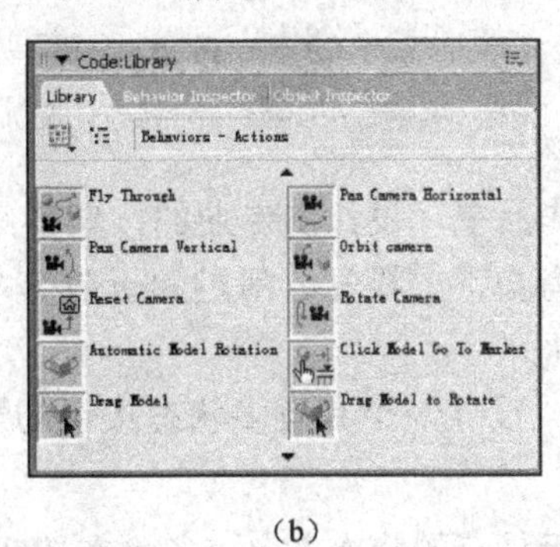


(b)

图 6.45 触发器子类和动作子类行为

触发器的功能是当某一动作（如单击鼠标左键）发生时，触发器将向系统发出信号，从而引起指定的3D动作的执行，如自动旋转所选部件。

常用3D类触发器功能描述见表6.7。

**表6.7　常用3D类触发器功能**

| 触发器名 | 功能描述 |
| --- | --- |
| Mouse Left（鼠标左键） | 鼠标左键触发一个行为 |
| | 参数：需要在一个精灵上已创建动作行为的实例 |
| Mouse Right（鼠标右键） | 鼠标右键触发一个行为 |
| | 参数：需要在一个精灵上已创建动作行为的实例 |
| Mouse Within（鼠标经过） | 鼠标左键经过精灵触发行为 |
| | 参数：需要在一个精灵上已创建动作行为的实例 |

3D动作子类常用行为功能描述见表6.8。

**表6.8　3D动作子类常用行为功能**

| 行为名 | 功能描述 |
| --- | --- |
| Automatic Model Rotation（模型自动旋转） | 模型自动旋转 |
| Drag Model（拖动模型）x | 用鼠标拖动3D模型 |
| | 参数：需要一个触发器行为（如鼠标左键） |
| Drag Model to Rotation（拖动模型使旋转） | 用鼠标拖动3D模型，使3D模型沿指定X、Y、Z轴旋转旋转 |
| | 参数：需要一个触发器行为（如鼠标左键） |
| Creat Particle System（创建粒子系统） | 创建一个粒子系统 |
| | 参数：<br>How many Particles（粒子数量）<br>What is the lifetime a Particle（粒子寿命）<br>What is the starting size of a Particles（开始尺寸）<br>What is the final size of a Particles（粒子寿终尺寸）<br>What is the angle of the emission（发射角度） |

通过使用Director中内置的3D动画行为程序，能执行许多基本3D操作。更复杂的3D操作，却需要通过使用Lingo或者JavaScript脚本语言来实现。

3D类行为只能应用在导入的扩展名为W3D演员，W3D文件由3ds Max软件创建。

## 6.4 应用实例

在多媒体作品中，设计出专业的按钮会给作品增色不少。在具有交互功能的影片中使用的按钮应具有按下、松开、滑过和无效等多种状态。对于多状态按钮，Director提供了简便的制作工具。

【例6.12】 设计一个具有多状态按钮的影片。

设计分析：

根据按钮所具有的状态数n，多状态按钮需要由n个位图构成。使用行为库中的Push Button行为创建多状态按钮。

设计步骤：

1. 舞台与演员的准备

（1）新建影片。

运行 Director，新建一个影片，设置舞台大小为“320×240”。

（2）导入演员。

导入按钮位图素材。

2. 使用剧本分镜窗布置场景放置演员

（1）拖曳按钮演员“01”到精灵通道 1，并在舞台上调整按钮精灵的大小和位置。

（2）创建多状态按钮。

在行为库面板，选择“Library List→Controls”项，拖曳“Push Button”行为到舞台上的按钮精灵上，弹出参数对话框，如图 6.46 所示。

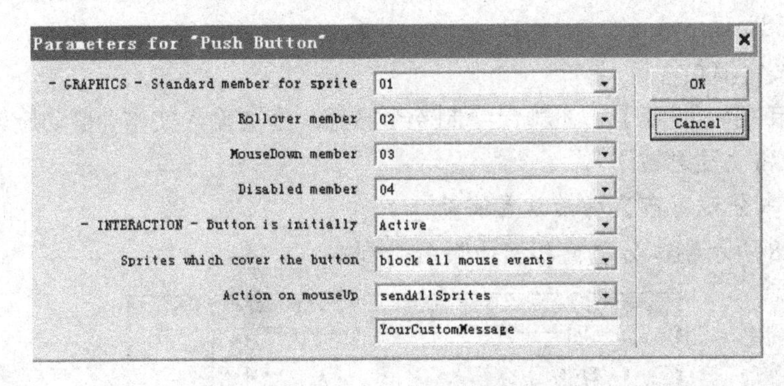


图 6.46　Push Button 参数设置对话框

参数对话框从上到下分别表示为：按钮标准状态、鼠标滑过、鼠标按下和按钮无效状态下所对应演员表中按钮位图成员；按钮的初始化状态是激活还是无效；按钮响应鼠标事件的方式和在上面产生的 MouseUp 事件的消息传递方式；最后一个文本框可以输入对按钮的说明文字。

本例的按钮图片正好按照四种状态依次排列在演员表中，因此直接取默认值即可。

3. 调试播放

运行电影文件，测试按钮效果：把鼠标移动到按钮上，或在按钮上按下鼠标左键，按钮形状在图 6.47 所示的图形进行变化。

图 6.47　多状态按钮效果

如果设置其初始化状态为无效，按钮将不响应所有鼠标事件。当然，在运行的过程中要激活它则需要编写一定的 Lingo 代码。

4. 保存与生成项目

保存源文件为 sy6_12.dir，导出影片为可执行文件 sy6_12.exe。

下面将介绍一个较精彩的 3D 行为应用实例，具有自动旋转 3D 演员、拖动 3D 演员、拖动及旋转 3D 演员和发射粒子等效果的 3D 动画。

**【例 6.13】** 使用行为控制 3D 演员动画。要求：单击相应的按钮，实现 3D 对象包括自动旋转、拖动、拖动及旋转和发射粒子的效果。

设计步骤：

1. 舞台与演员的准备

（1）新建影片。

运行 Director，新建一个影片，设置舞台大小为“512×288”、黑色背景。

（2）导入演员。

导入素材 3dsmax.w3d。

（3）绘制按钮演员

使用工具箱“按钮”工具，在舞台绘制 4 个按钮，分别输入文本“自动旋转”、“拖动”、“拖动及旋转”和“发射粒子”。

2. 使用剧本分镜窗布置场景放置演员

参见图 6.48 所示剧本分镜窗和演员表编排剧本。

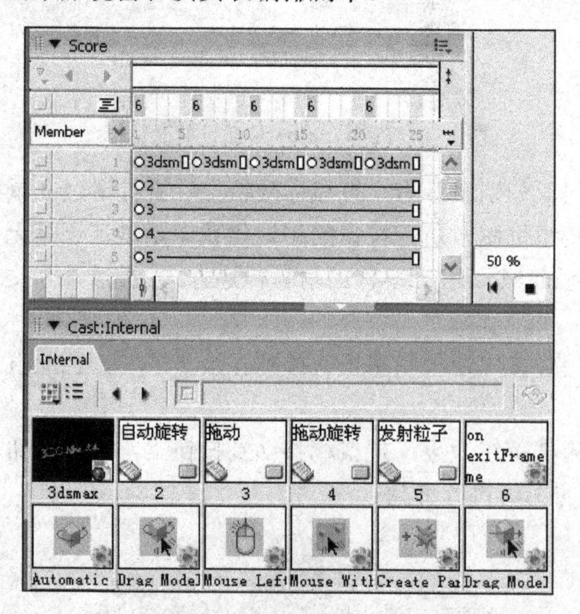


图 6.48 剧本和演员表窗口

（1）分别拖曳演员表“3dsmax”演员到精灵通道 1 的第 1、6、11、16 和 21 帧，精灵长度都是 5 帧，并分别在上述帧调整舞台上精灵的大小使其合适。

将 4 个按钮放置到通道 2 到通道 5 上，精灵跨度 25 帧。

（2）播放头控制。双击脚本通道第 1 帧，打开行为脚本窗口，输入 go to the frame，复制该行为到脚本通道的第 6、11、16、21 帧。

（3）添加跳转控制。在演员表中，分别右击“自动旋转”、“拖动”、“拖动及旋转”和“发射粒子”按钮，在“演员脚本”编辑器分别输入代码：“go frame 6”、“go frame 11”、“go frame 16”和“go frame 21”。当单击按钮时，分别跳转到第6、11、16、21帧。

（4）创建3D动作行为实例。打开行为库，单击“Library list”按钮，选择“3D→Actions”3D动作项。

① 自动模型旋转行为。

拖曳Actions行为库中的“Automatic Model Rotation（自动模型旋转）”行为到精灵通道1的第6帧精灵上释放鼠标，弹出该参数对话框，设置“Rotation speed”旋转速度为3，“Which axis to rotate about”旋转轴为“Y”，如图6.49所示，为精灵通道1的第6帧精灵创建了“自动旋转”行为实例。

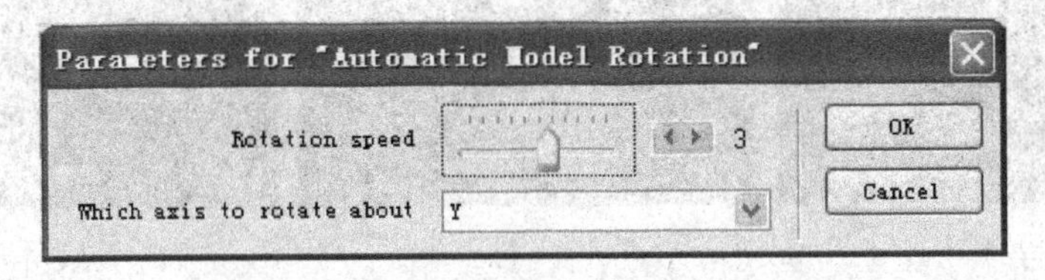


图6.49　设置旋转参数

② 拖动模型行为。

拖曳“Drag Model（拖动模型）”行为到精灵通道1的第11帧精灵上释放鼠标，弹出该参数对话框，采用默认设置。

③ 拖动模型使旋转行为。

拖曳“Drag Model to Rotation（拖动模型使旋转）”行为到精灵通道1的第16帧精灵上释放鼠标，弹出该行为参数对话框，采用默认设置。

④ 粒子系统行为。

拖曳“Creat Particle System（创建粒子系统）”行为到精灵通道1的第21帧精灵上释放鼠标，弹出该行为参数对话框，设置“How many particles（粒子数）”为300、“What is the lifetime a particle（粒子寿命）”为5、“What is the starting size of a particles（开始粒子尺寸）”为3、“What is the final size of a particles（粒子寿终尺寸）”为3，如图6.50所示。

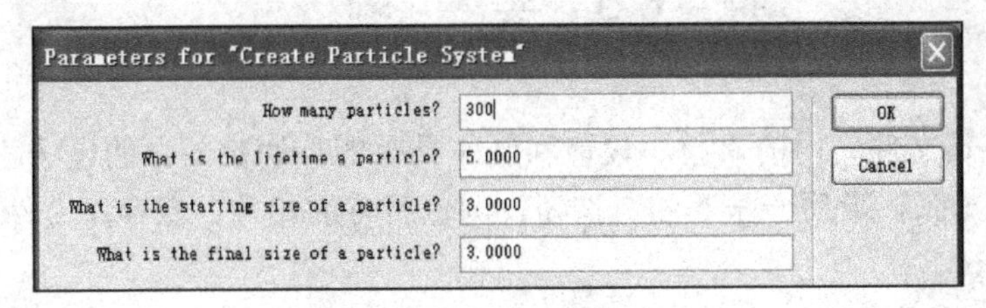


图6.50　设置粒子发射参数

（5）创建Triggers触发行为实例。单击“Library List”按钮，选择“3D→Triggers”动画触发器项。

① 创建鼠标左键触发行为的事件。

分别拖曳Triggers触发器中的“Mouse Left”鼠标左键行为到精灵通道1的第11帧和

16帧精灵上，参数对话框采用默认设置，为“拖动模型”和“拖动使模型旋转”行为实例添加使用鼠标左键触发行为的事件。

② 创建鼠标经过触发行为的事件。

拖曳“Mouse Within”行为到精灵通道1的第21帧精灵上，参数对话框采用默认设置，为“粒子系统”行为实例添加鼠标经过触发行为的事件。

3. 调试播放

运行电影文件，效果如图6.51所示。

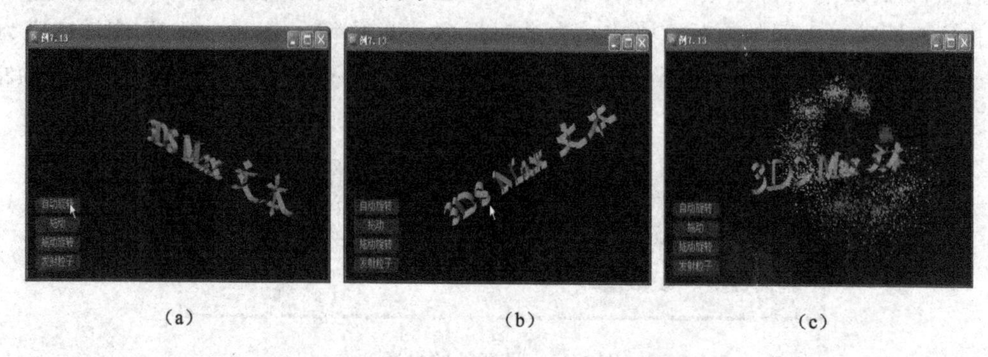

（a）　　（b）　　（c）

图6.51 “自动旋转”、“拖动及旋转”和“发射粒子”效果

当单击“自动旋转”按钮时，播放头跳转到第6帧，3D文字便自动旋转；单击“拖动”按钮，播放头跳转到第11帧，此时用鼠标可上下左右拖曳3D文字；单击“拖动及旋转”按钮时，播放头跳转到第16帧，用鼠标拖曳可任意旋转3D文字；单击“发射粒子”按钮，播放头跳转到第21帧，鼠标进入3D文字区，可产生粒子发射。

4. 保存与生成项目

保存源文件为sy6_13.dir，导出影片为可执行文件sy6_13.exe。

**注意：**如果用户只给3D文字精灵添加了“自动旋转”、“拖动”、“拖动及旋转”和“发射粒子”的行为实例，而没有创建触发行为的事件，只能看到“自动旋转”的效果，其他3项功能无响应。“自动旋转”功能效果默认自动触发。

## 6.5 实　验

1. 使用 t6-1 文件夹内的素材，设计和制作具有图片切换效果的电子相册，通过前一张、下一张、第一张、最后一张等四个按钮，浏览所有的相片，保存源文件为t6_1.dir，并发布电影t6_1.exe。

2. 使用t6-2文件夹中的素材，应用动画类自动化行为“Circle Graphics（循环图形）”，制作一个“海底世界”的电影，保存源文件为t6_2.dir，并发布电影t6_2.exe。

3. 使用 t6-3 文件夹内的素材，制作设计一个七巧板智力游戏，窗体上方为两个跳转按钮和七巧板拼图图案，使用跳转按钮可以改变拼图图案；用鼠标拖曳、旋转七块板原形图，在窗体下方拼成制定图形，如图6.52所示。保存源文件为t6_3.dir，并发布电影t6_3.exe。

提示：

① 拼图图案跳转使用导航类行为中的“Go Previous Button（到前一个标记按钮）”和“Go Next Button（到下一个标记按钮）”。

② 七块板原形图移动、旋转可以使用动画类交互行为 Draggable （可拖动）和 Drag to Rotate（拖动旋转）两个行为或 Move,Rotate and Scale（移动、旋转与缩放）行为。

③ 如果要用鼠标右键控制，可将 MouseDown me 事件改为 rightMouseDownme 事件。

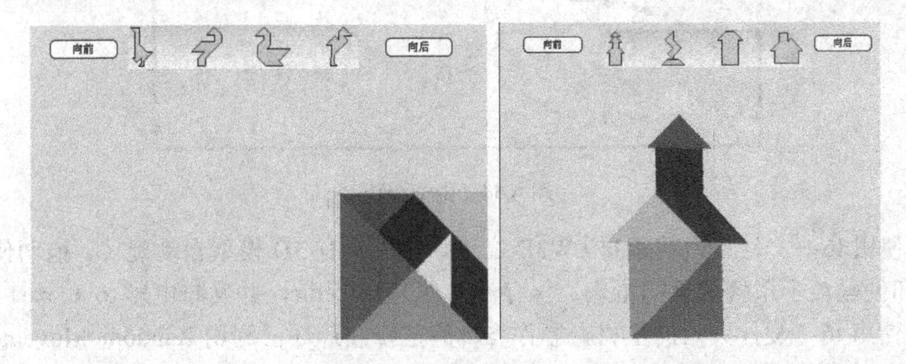


图 6.52　七巧板智力游戏图

4．使用 t6-4 文件夹内的素材，制作一个用鼠标控制卡通人物移动的影片，如图 6.53 所示。效果要求：鼠标单击左移按钮，卡通人物向左移动、鼠标单击向右按钮，卡通人物向右移动，同时改变鼠标光标形状，鼠标离开按钮后，鼠标光标形状还原。保存源文件为 t6_4.dir，并发布电影 t6_4.exe。

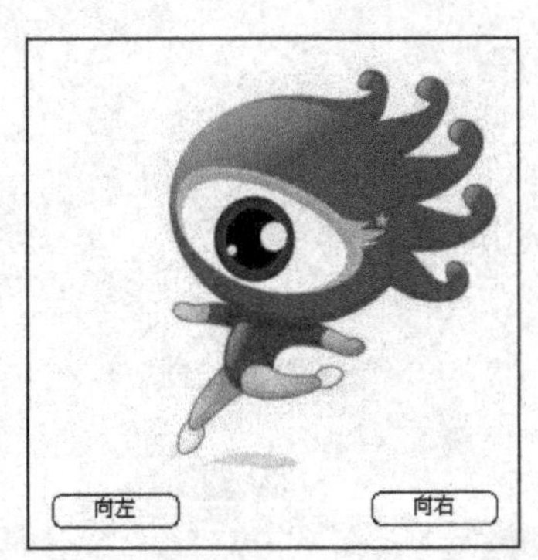


图 6.53　控制卡通人物移动

提示：

精灵在舞台上的水平位置由属性 locH 指定。当 locH 值减小时，精灵向舞台左边移动，增大时，向舞台右边移动。只要 MouseDown 事件内，使用脚本 Sprite（1）.locH= Sprite（1）.locH-5，就可以使位于精灵通道 1 上的精灵向左移动 5 个单位。

类似地，属性 locV 可设置垂直位置。

5．使用 t6-5 文件夹内的素材，应用控件和文本类行为，设计一个与计算机时钟同步运行的指针式时钟和日历组合于一体的电子台历，如图 6.54 所示，保存源文件为 t6_5.dir，并发布电影 t6_5.exe。

图 6.54　电子台历

6．使用 t6-6 文件夹内的素材 t.W3D 文件，完成具有 3D 模型自动旋转、拖动使 3D 模型旋转和创建粒子系统效果的电影，保存源文件为 t6_6.dir，并发布电影 t6_6.exe。

7．使用 t6-7 文件夹内的素材，制作飞舞的蜜蜂胶片环，利用 Random Movement and Rotation 行为模拟蜜蜂随机飞舞。保存源文件为 t6_7.dir，并发布电影 t6_7.exe。

提示：

设置 Sprite 在舞台上的活动范围、运动速度以及是否旋转等。

# 第 7 章

# 媒体使用

一个生动的多媒体作品离不开音频、视频媒体。在展现文本、图形图像时，音频、视频媒体的加入可以渲染气氛、吸引注意力、强化效果。

Director 不但支持多种音频、视频文件的播放，而且可以实现其他多媒体开发软件不能实现的特殊效果。普通的多媒体开发软件无法实现多个声音通道同时播放，唯有 Director 可以同时播放 8 个声音通道，通过 Lingo 或 JavaScript 脚本的方式，不但可以实现多个声音文件的循环播放，还可以调节音量。

由于音频、视频文件通常比较大以及需要占用较多的计算机系统资源，在载入的过程中往往会花费较长的时间，甚至会破坏多媒体作品的播放效果。因此，在选择音频、视频文件时必须考虑这些因素。

**本章要点：**

◇ 掌握音频文件的使用
◇ 掌握视频文件的使用
◇ 掌握 Flash 动画的使用

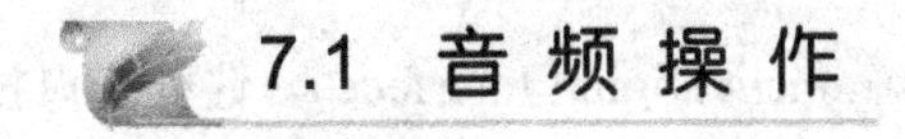

## 7.1 音频操作

### 7.1.1 音频使用基础

#### 1. Director 音频使用基础

用一个声音轨道、一个画外音、环境噪音、或者其他声音，能为电影提供更多的吸引力。Director 能控制什么时候开始和停止声音，它们持续多长时间，它们的品质和音量，以及几种其他的效果。可以将 Windows Media Audio （WMA）融合进 Director 电影中。

使用 Director 的媒体同步功能，可以使电影中的事件与嵌入的声音精确地同步。

脚本为 Director 提供了对播放声音更强的控制能力。使用 Lingo 或者 JavaScript 语法，能实现以下各项功能：

① 打开或者关闭声音；

② 控制声音音量；

③ 相对于一个 QuickTime VR 电影的镜头摇动，控制一个声音的平衡；

④ 控制一个 Windows Media Audio 文件中的声音；

⑤ 将声音预载入内存，使多个声音排队等待，以及定义精确的循环；

⑥ 将声音和动画同步。

使用声音将对计算机的处理能力提出了更高的要求，因而需要谨慎地处理声音，以确信它们不会对电影的性能产生负面的影响。

**2. 音频文件类型**

Director 本身不是专业音频处理软件，它不能创建和编辑音频文件。但是，Director 能够兼容支持多种格式的音频文件，主要包括 WAV、MP3、MIDI、AIFF、SWA、QuickTime、Real Audio、Digital Video Sound、MPEG、CD Audio、Video for Windows 和 AIFC 等。常用的音频文件有以下几种。

（1）WAV 文件。

Windows 支持的声音文件标准格式，称为波形文件格式（Wave File Format)，是计算机系统中应用最为广泛的一种音频文件类型，其格式扩展名为.wav。由于没有采用任何压缩算法，因此声音保真度高，音质佳。但是 WAV 文件所需的存储容量相当可观，这是它的主要缺点。

（2）MP3 文件。

MPEG（MPEG Audio Layer 3)，是目前非常流行的音频文件格式，实际上是一种压缩方式。它是按照 MPEG 标准进行音频压缩技术制作的数字音频文件，将原始声音文件可以按 1:10 或更高的压缩比，压缩成容量较小的文件，而且音质没有太多的损失。因此，MP3 文件得到了广泛用户的认可，其格式扩展名有.mp3、.m3u。

（3）MIDI 文件。

乐器数字接口（Musical Instrument Digital Interface)，这种接口技术的作用就是使电子乐器与电子乐器；电子乐器与计算机之间通过一种通用的通讯协议进行通讯。它不像波形文件需要采样、编码、量化等数字化过程，它记录的是声音所描述的信息，如要演奏的音符、长度等。特点是文件小、音质好，其格式扩展名有.mid、.midi、.rmi。

（4）AIFF 文件。

音频交换文件格式（Audio Interchange File Format)，在多媒体中广泛采用的声音文件格式标准，音质接近 CD，其格式扩展名有.aif、.aifc、.aiff。其特点在于通用性好，能够广泛适用于多种工作平台，如 Windows 和 MAC 等，它不支持压缩。

（5）WMA 文件。

Microsoft 公司推出的一种音频格式。WMA 在压缩比和音质方面都超过了 MP3，即使在较低的采样频率下也能产生较好的音质，其格式扩展名有.wma、.wax。

（6）SWA 文件。

SWA（Shockwave Wave Audio)，流行于 Internet 上的声音文件格式。其特点是能够以高比率压缩声音文件，从而创建出比其他音频文件格式更小的音频文件。

### 7.1.2 音频演员

#### 1. 音频演员的类型

按照音频文件在 Director 中的不同调用方法，可以将音频演员分为内部音频演员和外部音频演员两大类。每种类型的音频有它们适用于不同情形的各自优势。

内部音频演员所有的声音数据存储在 Director 电影内。在播放之前，将声音全部载入内存，当一个内部的声音被载入之后，它可以非常快地播放。提示音、按钮音效等在影片中需要经常重复使用的、较短的声音，非常适合于以内部音频演员的方式导入。

外部音频演员采用链接方式，Director 电影中不存储外部链接的音频演员中的声音数据，而只保存有关这个声音文件位置的引用，每次开始播放声音时，才导入该声音数据。

对外部音频，Director 采用边播放边加载的流式传输方式，使得导入的声音占用较少的内存。在声音开始播放之后，它利用计算机 CPU 的闲暇时间，继续从它的源文件处（不管在本地磁盘上或者在 Internet 上）载入声音。这可以非常显著地改善巨大声音的下载性能。外部音频演员比较适合大容量的声音，例如画外音或者非重复性的长段音乐。

为了在 Director 中使导入声音达到最好的效果，应该使用 8 bit 或者 16bit 位，采样频率为 44.1 kHz、22.050 kHz、11.025 kHz 的声音。

#### 2. 音频演员导入

在影片设计时，要导入一个声音：

（1）执行“File→Import”命令，打开“Import Files into ‘Internal’”对话框，选择要导入的声音文件。

（2）指定文件的导入方式。在“Import Files into ‘Internal’”导入文件对话框的 Media 选项中，指定文件的导入方式，设置导入音频演员类型，如图 7.1 所示。

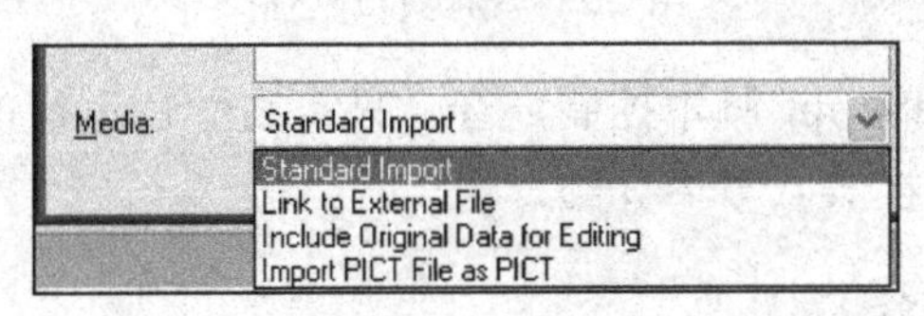


图 7.1 选择导入音频演员类型

Media 各选项的作用如下：

① Standard Import：标准导入是 Director 默认的导入方式，它使所有被选择的音频文件成为内部演员，并与原始文件脱离关系。

② Link to External File：链接到外部文件导入方式，使所有被选择的音频文件成为外部链接的演员。外部文件的修改会随时影响电影的实际内容，这种导入方式可以减小 Director 文件的体积。

③ Include Original Data for Editing：含有所导入音频文件的原始数据，可在 Director 中启动外部编辑器来编辑原始音频文件。

④ Import PICT File as PICT：防止 Director 将 PICT 图像错误地转换成位图。

当音频文件被导入后，无论是内部音频演员，还是外部音频演员，都用相同的标记出现在演员表中。

3. **音频播放控制**

Director 对音频的控制，是通过声音通道来实现的。Director 提供有 8 条声音通道，可以同时播放 8 个声音。剧本分镜窗的特效通道中，可视的声音通道只有 2 个，其余的 6 个声音通道只能通过 Lingo 或 JavaScript 脚本的方式访问。

在剧本分镜窗中控制声音与精灵的控制非常相同，是所见即所得的方式。将音频演员拖放到剧本分镜窗两个声音通道之一中，然后调节该声音的起始帧、终止帧位置，以及在剧本分镜窗中所占据的时间长度。默认情况下，播放头一进入包含声音的帧，就会自动播放该声音，到声音的结尾处就会停止播放。

如果要重复地播放的一个声音，可在该音频演员的属性检查器对话框中的“Sound”和“Member”选项卡中，选择 Loop 选项，设置声音为循环播放，如图 7.2 所示。在该对话框中可以显示声音的持续时间、采样频率、采样位深，音频文件大小等。

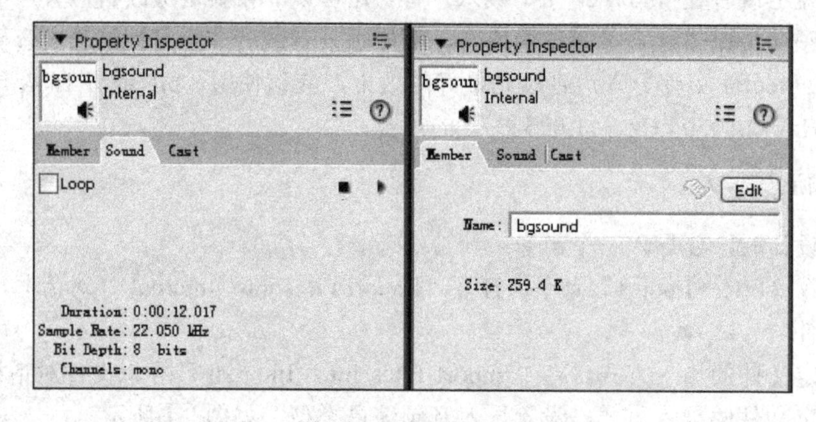


图 7.2　音频演员属性

若使用 Lingo 或 JavaScript 脚本控制声音，只有在影片运行的时候才能观测到控制效果，使用脚本控制声音将在第八章中介绍。

## 7.1.3　音频的压缩转换

Shockwave 音频具有高压缩比的强大优势，能够创建出比其他声音文件更小的声音文件。优点在于可以有效地给文件瘦身，缺点在于经压缩后的 Shockwave 声音文件会降低声音的音质。

下面通过一个实例说明使用 Xtras 技术将较大的 WAV 格式的音频文件压缩转换成 SWA 格式的 Shockwave 音频文件的过程。

所谓 Xtras，就是为了扩充 Director 功能，提升对周边相关软硬件的支持，弥补 Director 的不足之处，而提供的开放接口。

**【例 7.1】** 将 WAV 格式的音频文件转换为 Shockwave 音频文件。

设计步骤：

（1）启动 Director，新建一个影片。

（2）执行“Xtras→Convert WAV to SWA”菜单命令，打开“Convert .WAV Files to .SWA Files”对话框，如图 7.3 所示。

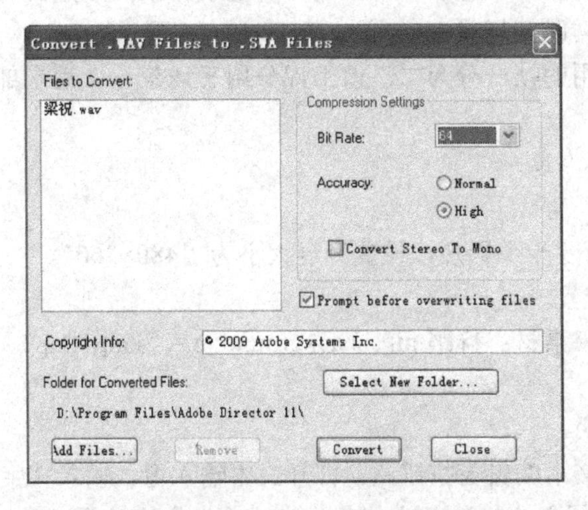


图 7.3 “Convert .WAV Files to .SWA Files”对话框

通过“Add Files”按钮，选择需要转换的 WAV 声音文件到列表框内。

（3）单击“Select New Folder…”按钮，指定转换后的 Shockwave 声音文件的存放位置。

（4）单击“Convert”按钮，完成声音格式的转换。

转换后 WAV 文件与 SWA 文件大小的对比如图 7.4 所示。

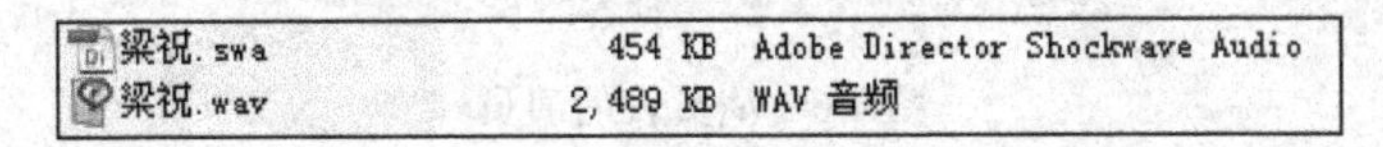


图 7.4 WAV 文件与 SWA 文件大小的对比

### 7.1.4 音频应用实例

**【例 7.2】** 制作一个舞蹈动画，舞者在音乐伴奏下翩翩起舞，可以用鼠标单击场景上的文字，改变伴奏的乐曲，效果如图 7.5 所示。

图 7.5 舞蹈动画场景

设计分析：

假设伴奏的乐曲有两支，根据舞蹈动画场景中出场的演员，可将其分为两部分，场景一是在背景下舞者在乐曲 1 伴奏下舞蹈；场景二是在背景下舞者在乐曲 2 伴奏下舞蹈。由于背景和舞者在场景的两部分都出现，因而可将它们构成一个胶片环。文字 1 控制转跳到场景一，文字 2 控制转跳到场景二。

可将全部动画使用的帧一分为二，前半部分用于场景一，后半部分用于场景二。

设计步骤：

1. **舞台与演员的准备**

（1）新建影片。

启动 Director，新建一个影片。设置舞台大小为“480×360”。

（2）导入演员。

通过导入对话框将素材：舞蹈.gif、background.jpg、song1.mp3、song2.mp3 导入到演员表。

（3）输入文字演员。

单击工具栏上的文本编辑窗按钮 A，打开文本输入窗，输入文字“乐曲 1”；设置字号 24；打开 Font 面板，设置文字颜色为红色，生成一个文字演员。

类似地创建“乐曲 2”文字演员。演员表的内容如图 7.6 所示。

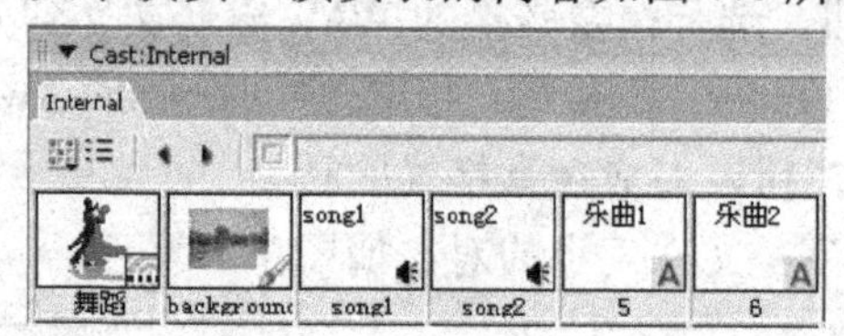


图 7.6 演员表的演员

（4）制作胶片环演员。

① 拖动背景演员 background 到通道 1 上的 1～40 帧（精灵跨度可自定），大小为“480×360”；

② 拖动舞者演员到通道 2 的第一帧，设置精灵大小为 100×120，ink 属性为 Transparent。

③ 将控制面板中播放速度设置为 5，执行“Control→RealTime Recording”菜单命令，进入实时录制状态，按自己设想好的路径在舞台上拖动舞者精灵，录制舞者舞蹈动画，至 40 帧结束（如果结束位置与通道 1 有差异，调整通道 1 上精灵结束位置），如图 7.7 所示。

图 7.7 录制舞者舞蹈动画

④ 选择通道 1 背景精灵和通道 2 舞蹈序列，执行“Insert→Film Loop”菜单命令，在演员表中建立胶片环演员。

胶片环演员制作完成后，清除通道 1 和通道 2 上的所有精灵。

2. 使用剧本分镜窗布置场景放置演员

参见图 7.8 的编排设置剧本分镜窗。

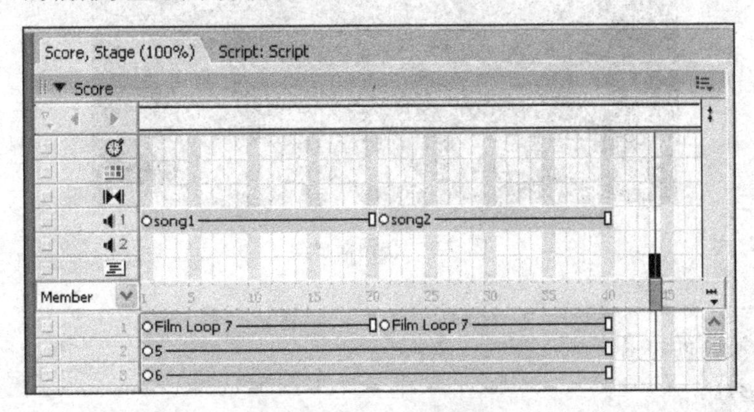


图 7.8 编排剧本分镜窗

（1）拖动胶片环演员到通道 1，位于 1～20 帧；拖动胶片环演员到通道 1 的 21～40 帧。

（2）分别拖动文字演员到通道 2 和通道 3 的 1～40 帧上。调整位置及大小，设置文字演员所对应精灵的墨水效果为“background transparent”。

（3）分别将演员“song1”，“song2”放置在声音通道 1 的 1～20 帧，21～40 帧。

（4）乐曲播放控制。右键单击通道 2 中文字精灵“乐曲 1”，在弹出的快捷菜单中选择 Script 命令，打开脚本编辑窗，在 on MouseUp me 事件内输入脚本命令“go to frame 1”，使其跳转到第 1 帧，播放乐曲 song1.mp3。

类似地，为通道 3 中文字精灵“乐曲 2”设置脚本命令。由于乐曲 song2.mp3 在通道 3 中的起始位置为 21 帧，需要使用脚本命令“go to frame 21”，跳转到场景 2，播放乐曲。

（5）场景控制。分别双击脚本通道第 20 帧和第 40 帧，打开脚本编辑窗，在 on exitFrame me 事件内输入脚本命令“go to the frame”，使其停留在所指定的场景中。

3. 播放与调试

使用 ▸ 播放按钮进行调试。

4. 保存与生成项目

源文件保存为 sy7_2.dir，导出影片为可执行文件 sy7_2.exe。

**【例 7.3】** 设计和制作具有停止、播放、暂停、音量调整和左右声道平衡调整功能的“音频播放器”，效果如图 7.9 所示。

设计分析：

音频播放器需要有音量控制、进度控制、播放控制、系统控制等多个功能模块。Director 行为库的 Media 媒体类行为提供了 Flash、QuickTime、RealMedia 和 Sound 等四个子类。其中 Sound 声音子类包括声音的播放、暂停、停止、音量滑块和左右声道平衡滑块等的控制，通过使用声音通道和行为可以实现简单的声音控制。

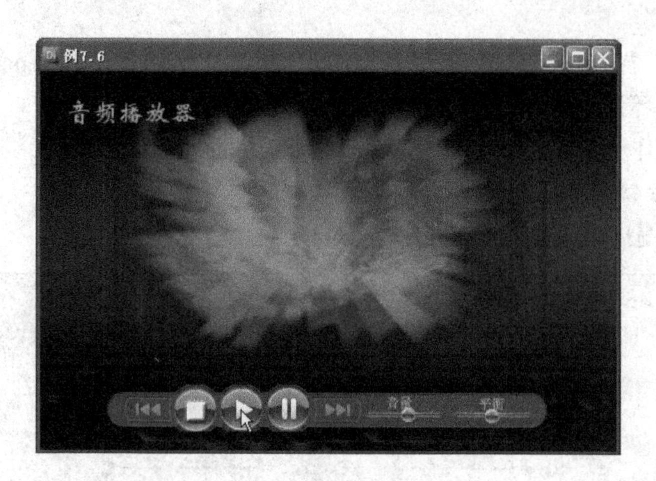


图 7.9　音频播放器

设计步骤：

1. 舞台与演员的准备

（1）新建影片。

运行 Director，新建一个影片，设置舞台大小为“530×340”。

（2）导入演员。

导入素材“pic1.jpg、pic2.jpg、b1.psd～b4.psd”等图形文件以及 music.mp3 音乐文件，其中 b1.psd～b4.psd 是 4 个按钮图形。

（3）建立文本演员。

使用文本编辑窗，输入文字“音频播放器”，建立一个文本演员。

演员表窗口如图 7.10 所示。

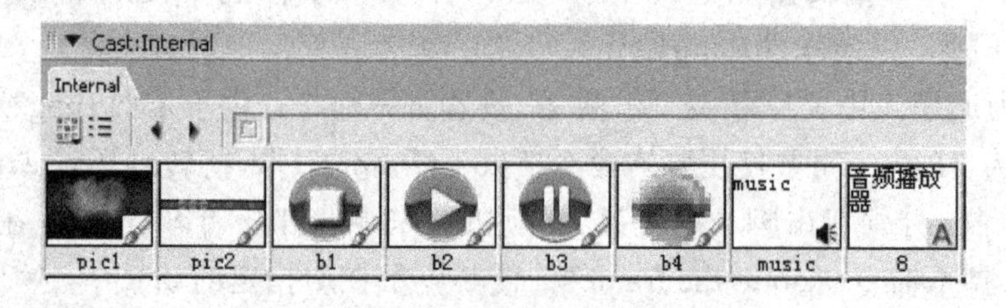


图 7.10　演员表窗口

2. 使用剧本分镜窗布置场景放置演员

（1）设置精灵跨度为 10 帧，分别拖曳演员表窗口中前 5 个位图演员到精灵通道 1 至精灵通道 5。

（2）音量、左右声道平衡控制滑块。将滑块演员 b4 拖曳 2 次，放于精灵通道 7 和精灵通道 9，精灵 7 作为音量控制滑块，精灵 9 作为左右声道平衡控制滑块。

为了限制音量控制滑块的拖动范围，用工具箱中的矩形工具在舞台绘制一个矩形，放置在精灵通道 6 上，调整大小使其成为音量控制滑块水平滑动的范围，如图 7.11 所示。

使用同样方法，再将矩形演员放置在精灵通道 8，限制声道音量平衡控制滑块的拖动范围。

图 7.11　使用矩形限制左右滑动范围

（3）在通道 10 放置文本演员“音频播放器”。

（4）播放头停留控制。双击行为通道第 1 帧，打开行为脚本窗口，输入 go to the frame，使影片播放时播放头停在第一帧。

（5）添加控制行为。单击工具栏中的“Library Pallet”按钮，打开行为库，选择“Library List→Media→Sound（库列表→媒体→声音）”项。

① 声音播放控制。拖曳媒体行为库中的“Play Sound（播放声音）”行为到舞台窗口的“播放”按钮精灵上，创建播放声音行为实例，弹出参数对话框，如图 7.12 所示。

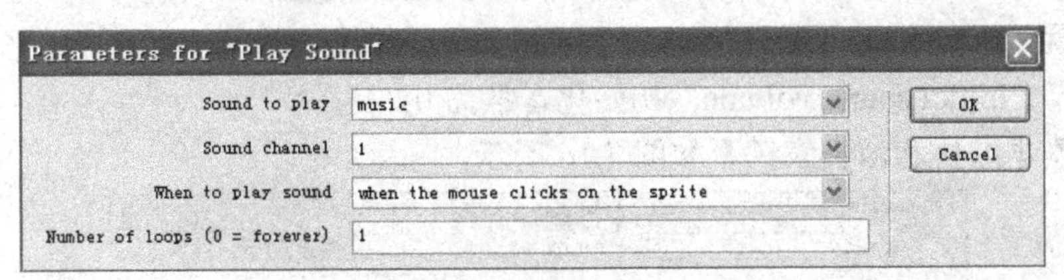


图 7.12　设置“播放声音”参数

在“Sound to play”下拉列表中选择声音演员，在“Sound channel”下拉列表中选择声音通道，“When to play sound”下拉列表中设置播放声音的方法，“Number of loops”文本框中指定声音播放循环次数。

② 声音停止控制。拖曳“Stop Sound（停止声音）”行为到舞台窗口的“停止”按钮精灵上，弹出图 7.13 所示参数对话框，“Sound channel”下拉列表选择声音通道，“When to stop sound”下拉列表中设置停止声音的方法。

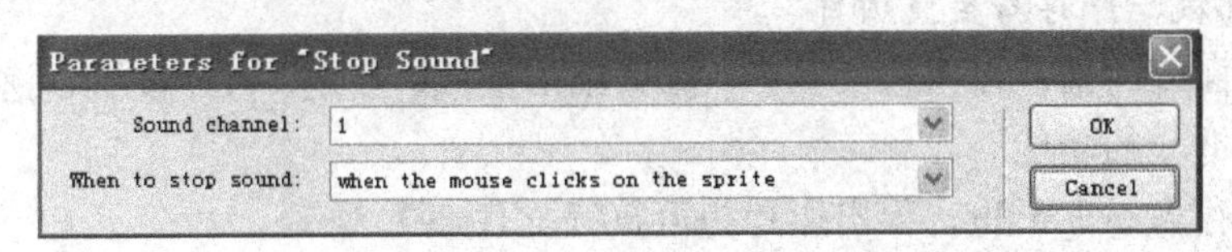


图 7.13　设置“停止声音”参数

③ 声音暂停控制。拖曳“Pause Sound（暂停声音）”行为到舞台窗口的“暂停”按钮精灵上，弹出参数对话框，设置在声音通道 1 暂停播放，如图 7.14 所示。

图 7.14　设置“暂停声音”参数

④ 音量调整控制。拖曳“Channel Value Slider（声音通道音量滑块）”行为到舞台窗口的“音量”按钮精灵 Sprite7 上，弹出该行为参数对话框，如图 7.15 所示。

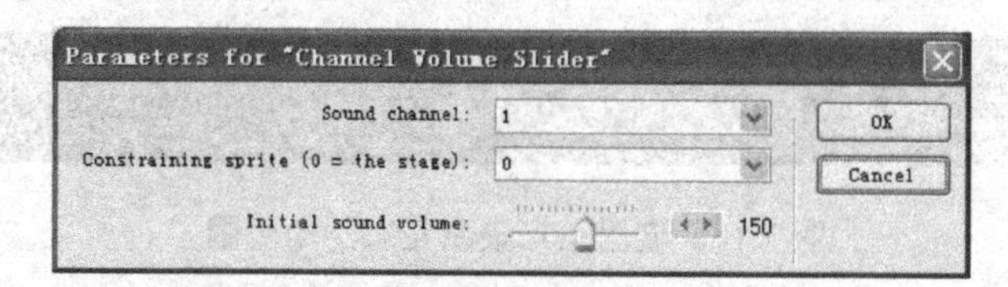


图 7.15　设置“声音通道音量滑块”参数

在“Sound channel”下拉列表指定需要控制的声音通道；在“Constraining sprite”下拉列表选择限制音量范围的精灵，本例用于限制音量大小的矩形区域放在通道 6（所对应的演员为演员表中的 9），因此，需要选择 6，即表示由精灵 6 的宽度控制音量调整的范围，如果设置为 0，表示用舞台的宽度控制音量；“Initial sound volume”为初始化音量大小，本例设置为 150。

⑤ 音量平衡控制。拖曳“Channel Pan Slider（声音通道音量平衡滑块）”行为到舞台窗口的“平衡”按钮精灵 Sprite9 上，其行为参数对话框与图 7.15 类似。

本例设置“Sound channel”为 1，“Constraining sprite”为 8（控制音量平衡的矩形区域在通道 8），“Initial sound volume”初始化音量为 0。

最终的剧本编排和演员表关系如图 7.16 所示。

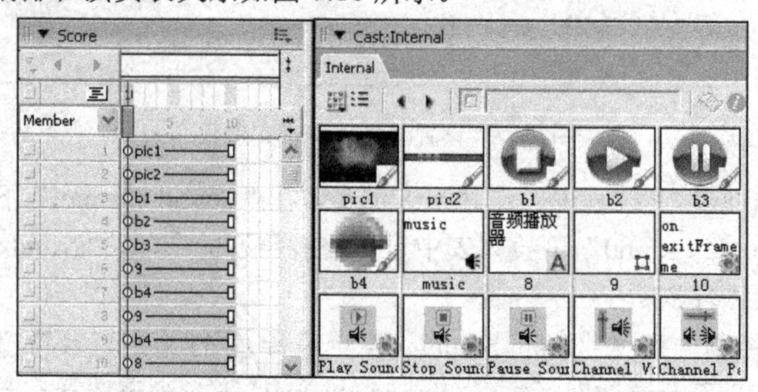


图 7.16　剧本编排和演员表

3. 调试播放、保存与生成项目

单击控制面板的播放按钮播放电影，测试单击播放、停止、暂停按钮和拖曳音量滑块、左右声道平衡滑块的功能。

源文件保存为 sy7_3.dir，导出影片为可执行文件 sy7_3.exe。

## 7.2 视 频 操 作

### 7.2.1　视频使用基础

#### 1. 视频基本概念

视频（Video）泛指将一系列静态影像以电信号方式加以捕捉、记录、处理、储存、传送，与重现的各种技术。连续的图像变化每秒超过 24 帧以上时，根据视觉暂留原理，人眼无法辨别单幅的静态画面；看上去是平滑连续的视觉效果，这样连续的画面叫做视频。

在视频中，一幅幅单独的图像称为帧（Frame），而每秒钟连续播放的帧数称为帧频，单位是 fps（帧/秒）。常见的帧频有 24fps、25fps 和 30fps。

计算机伴随着其运算器速度的提高，存储容量的增大和宽带的普及，通用的计算机都具备了采集、存储、编辑和发送电视、视频文件的能力。通过计算机视频采集设备捕捉下来的录像、电视等视频源的数字化信息，称之为数字视频信息。

在多媒体应用中使用视频，可增加真实感和现场感，与文字、图片等表现形式相比有着它自身的一些优势。

#### 2. 视频文件类型

Director 支持的视频类型有：QuickTime、RealMedia、Windows Media、AVI Video、MPEG、DVD 等。常用的视频类型：

（1）QuickTime。

QuickTime 是 Apple 公司开发的一种音频、视频文件格式，用于保存音频和视频信息。它支持 25 位彩色，支持 RLE、JPEG 等压缩技术，提供 150 多种视频效果，能够通过 Internet 提供实时的数字化信息流、工作流与文件回放功能。此外，QuickTime 还采用了一种称为 QuickTime VR 的虚拟现实技术，用户通过鼠标或键盘的交互式控制，可以观察某一地点周围 360 度的景象，或者从空间任何角度观察某一物体。

QuickTime 跨平台特性、较小的存储空间要求、技术细节的独立性以及系统的高度开放性，已成为数字媒体软件技术领域事实上的工业标准。常见的文件扩展名有.mov、.qt。

（2）RealMedia。

RealMedia 是 RealNetworks 公司制定的一种流式音频视频压缩规范，主要用来在 Internet 上进行影像数据的实时传送和播放。主要包括三类文件：RealAudio、Real Video 和 Real Flash，常见的文件扩展名有.ra、.rm、.rmvb。

（3）Windows Media。

Windows Media 是 Microsoft 公司制定的一种网络流媒体技术，本质上跟 RealMedia 相同。其主要优点包括：本地或网络回放、可扩充的媒体类型、部件下载，以及扩展性等。常见的文件扩展名有.asf、.wmv、.wvx。

（4）AVI Video。

AVI，全称为 Audio Video Interleaved，它是由 Microsoft 公司提出的一种数字音频视频格式。AVI 格式允许视频和音频交错在一起同步播放，支持 256 色和 RLE 压缩，但 AVI 文件并未限定压缩标准。

AVI 格式调用方便、图像质量好，但缺点是文件体积过于庞大。AVI 文件目前主要应用在多媒体光盘上，用来保存电影、电视等各种影像信息，有时也出现在 Internet 上，供用户下载、欣赏新影片的精彩片断。

各类视频文件要在计算机上正常播放，该计算机必须安装相关视频解码器。

### 7.2.2 视频演员

#### 1. 视频文件导入

由于视频文件一般都很大，因此，在引用视频素材文件时就应该考虑将来制作完成的电影容量。如果用到的视频片断不多，而且每一个视频片断都不大，就可以把它们作为内部文件导入到演员表中；如果用到的视频片断文件很大，就应该把它们作为外部文件引用。当视频文件作为 Director 电影中的外部文件的引用后，必须保证它的存放目录与设计引用时的存放目录一致，如果移动了外部视频文件存放目录，在打开 Director 影片文件时，Director 将找不到外部视频文件。

通过导入对话框选择视频文件素材，若导入的视频文件类型为 AVI、FLC、FLI 等时，当单击“Import”按钮后，会弹出“Select Format”对话框中，如图 7.17 所示。该对话框询问是否需要把导入的 AVI 视频文件转换为另一种视频格式。例如，选择 QuickTime 格式导入到演员表。

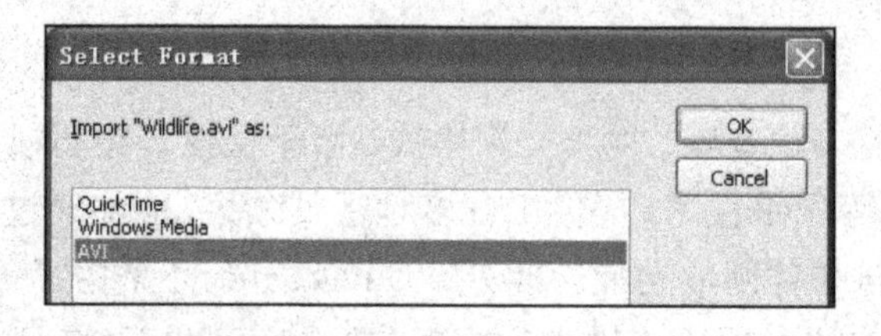


图 7.17 “Select Format”对话框

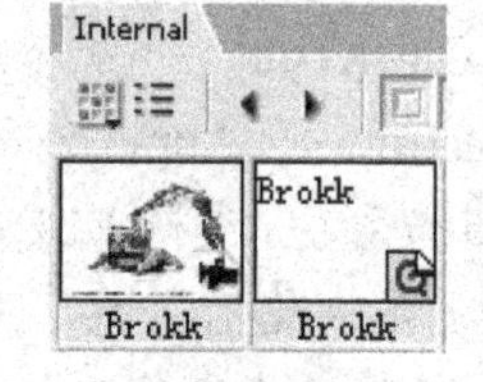


图 7.18 视频文件导入对比

需要指出的是，视频文件导入可能失败。当选择了另一种视频格式后，也不能保证转换一定能够成功。如果导入成功，能够从演员表看到包含视频内容的演员图标，如果导入不成功的话，只能看到一个没有内容的图标，如图 7.18 所示。原始视频文件为 Brokk.avi，演员窗格 1 中 Brokk 为 avi 格式，窗格 2 中演员 Brokk 未成功转换成 QuickTime 格式。产生的原因是系统中没有合适的解码器。

**注意**：可以通过视频格式转换工具事先将一种类型的视频转换成另一种类型的视频，常用的视频格式转换软件是“格式工厂”。

### 2. 视频演员属性设置

当把所用到的视频文件导入到演员表后，就可以在适当的位置播放它们。最简单的播放方法就是把它们从演员表中拖到分镜窗口的通道中，并设置一定的帧跨度。对视频精灵基本控制，可在属性检查器的视频格式的具体分类选项卡中进行设置，图 7.19 所示为 3 种常用的视频格式属性选项卡。

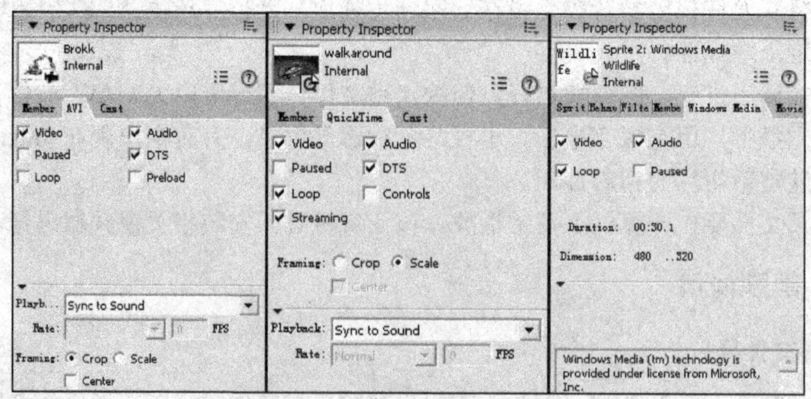


图 7.19 常用视频格式属性选项卡

视频选项卡的属性参数功能见表 7.1 所示。

**表 7.1　视频选项卡属性参数功能**

| 参数选项名 | 功能描述 |
| --- | --- |
| Video | 显示数字视频的视频部分，取消选择视频部分不能播放 |
| Audio | 播放数字视频的音频部分，取消选择音频部分不能播放 |
| Paused | 以暂停的状态出现在舞台上，如果不选，则以播放视频的状态出现 |
| DTS（Diretc to Stage） | 不载入内存就直接在舞台上播放（可提高播放速度，但占系统资源） |
| Preload | 预先载入内存 |
| Loop | 从开始到结束循环播放数字视频 |
| Streaming | 在载入部分视频后就开始播放，并从它的源文件处继续载入 |
| Playback | 如何回放视频。Sync to Sound 选项将视频与音频同步；Play Every Frame（No Sound） 选项不播放其音频 |
| Rate | 设置视频播放的速率。Normal 选项以正常速率播放每一帧；Maximum 选项为快速播放；Fixed 选项使用指定速率播放视频 |

**注意：**选中 DTS 选项后，对于所导入的媒体文件提供最好的播放质量，不管该视频放在哪一个精灵通道上，忽略它本身所在通道的限制，出现在所有其他精灵的最上面，也就是直接写屏。

### 3. 视频裁剪

裁剪一个数字视频就是修剪视频图像的边缘，所裁剪的部分，只是隐藏它们。要裁剪一个数字视频，选择舞台上的视频精灵，在属性检查器的视频格式的具体分类选项卡，例如 AVI 选项卡中，勾选 Crop 单选按钮，调整舞台上视频精灵矩形范围的大小，视频的下边缘或者右侧边将被裁剪，如图 7.19 所示。

图 7.19　视频的下边缘和右侧边被裁剪

在 Crop 单选按钮被选择时，再勾选 Center 复选按钮，将对四边缘对称裁剪，使电影居中对齐，如图 7.20 所示。

**注意：**RealMedia 视频不允许裁剪。

### 4. 视频缩放

视频缩放就是使视频图像符合由矩形选区所定义的区域。如果希望按比例缩放视频，可在视频格式的具体分类选项卡上选择 Scale 单选按钮，而不是 Crop 按钮。

图 7.20　视频居中裁剪

将图 7.20 所示的视频精灵的 Crop 单选按钮改为 Scale 单选按钮后，效果如图 7.21 所示。

图 7.21　视频缩放

### 7.2.3　视频应用实例

**【例 7.4】** 制作一个汽车产品介绍广告片段，要求有 3 个场景。场景 1 为汽车产品静态图，场景 2 为汽车轮胎在地面上下跳跃的动画，场景 3 为汽车产品视频。各场景通过鼠标单击导航按钮进行转跳，效果如图 7.22 所示。

图 7.22　汽车产品介绍广告片段

设计分析：

将所使用的帧划分为 3 部分，与 3 个场景一一对应，例如 1～5 帧为场景 1；6～15 帧为场景 2；16～30 帧为场景 3。各个场景都要出现导航按钮，则在剧本分镜窗将导航按钮延长至全部场景，使用 1～30 帧。汽车轮胎上下跳跃的动画需要有 3 个关键帧来完成。视频演员勾选 Video、Audio、Loop 参数项。

设计步骤：

1. 舞台与演员的准备

（1）新建影片。

新建一个影片，设置舞台大小为“445×380”。

（2）导入演员。

导入图片文件 background.jpg、Car.jpg、tyre.bmp 和视频素材文件“汽车.wmv”。

（3）创建导航按钮。

在工具箱的下拉列表内选择“classic”经典模式，单击“Push Button”工具，在舞台下方绘制按钮，并输入按钮上的提示文字，创建“图片”、“动画”、“视频”3 个按钮演员。

2. 使用剧本分镜窗布置场景放置演员

参考图 7.23 所示在所对应的场景放置演员，调整在舞台上的位置及大小。

（1）将 3 个按钮精灵移动到精灵通道 4、5、6 的 1～30 帧上。在精灵通道 1 的 1～5 帧放置演员 Car，6～15 帧放置演员 background。

（2）在精灵通道 2 的 6～15 帧放置演员 tyre，在 11、15 帧处插入关键帧，并移动位置形成上下跳跃的运动；在精灵通道 3 的 16～30 帧放置视频演员，并调整在舞台上的位置、大小，勾选视频演员的 Video、Audio、Loop 参数项。

（3）等待控制。双击脚本通道第 5 帧，打开脚本编辑窗，在 on exitFrame me 事件内输入脚本命令“go to the frame”，演员表中产生脚本演员 8，使影片停留在场景 1。将脚本演员 8 重用在视频的结束帧上，使影片能停留在场景 3。

双击脚本通道第 15 帧，在 on exitFrame me 事件内输入脚本命令“go to 6”，当播放头在到达 15 帧时回到第 6 帧，使汽车轮胎上下跳跃的动画能重复播放。

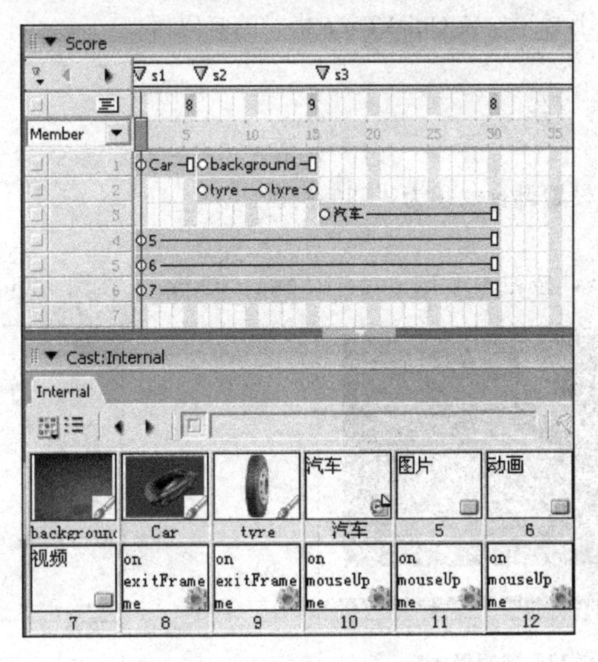


图 7.23　演员表与剧本分镜窗

（4）导航按钮控制。除了使用脚本命令“go to 帧号”进行场景的转跳外，为了提高脚本的灵活性，可在剧本分镜窗为帧标记一个名称，使用脚本“go 标记名”转跳到该场景。当改变帧标记位置后，不需要修改脚本。

单击标记条的第1帧，出现 New Marker 文本框，“New Marker”为缺省标记名。在文本框中输入s1，并按下回车键，为第1帧设置标记s1。类似地为第6、16帧设置标记s2、s3。

右键单击通道5中图片按钮精灵，在弹出的快捷菜单中选择Script命令，打开脚本编辑窗，在on MouseUp me事件内输入脚本命令“go "s1"”，使控制转跳到场景1。

类似地设置“动画”、“视频”按钮精灵的脚本命令分别为“go "s2"”、“go "s3"”，用于场景2和场景3的转跳控制。

3. 播放与调试

使用 ▶ 播放按钮进行调试。首先在屏幕上出现场景1，播放头不能移动到别的场景，当单击“动画”或“视频”按钮，播放头移动到动画场景或视频场景。

4. 保存与生成项目

源文件保存为sy7_4.dir，导出影片为可执行文件sy7_4.exe。

**【例7.5】** 制作一个QuickTime视频播放器，其窗口上有播放、暂停按钮和播放进度游标，使用内置行为实现对视频播放、暂停等的控制，播放器画面如图7.24所示。

设计分析：

本例用于控制一个指定的QuickTime视频文件的播放，电影启动后，首先需要使QuickTime视频处于暂停状态，在电影设计时，通过设置QuickTime视频的属性达到这一目标。视频的播放和暂停控制可通过“QuickTime Control Button”行为实现，播放进度游标的滑动需要通过“QuickTime Control Slider”和“Constrain to Line”两个行为配合完成。

所使用的计算机上必须安装QuickTime格式的解码器。

设计步骤：

1. 舞台与演员的准备

（1）新建影片。

新建一个影片。设置舞台大小为“480×360”。

（2）导入演员。

导入视频car.mov，按钮图形b1.png、b2.png、b3.png。按图7.25所示设置视频属性。

图7.24　视频播放器

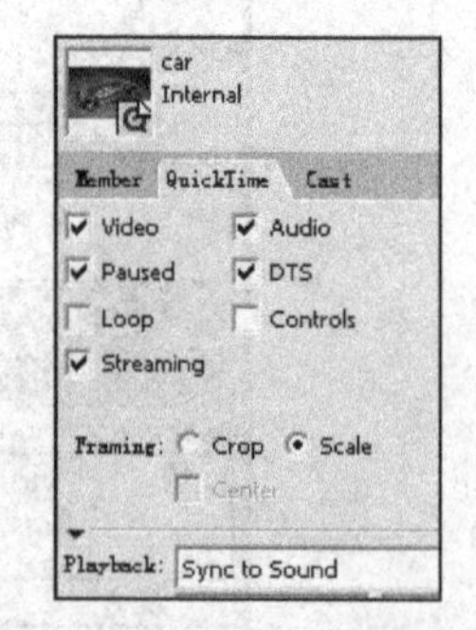


图7.25　视频属性设置

## 2. 使用剧本分镜窗布置场景放置演员

参考图 7.26 所示放置演员，调整其在舞台上的位置及大小。

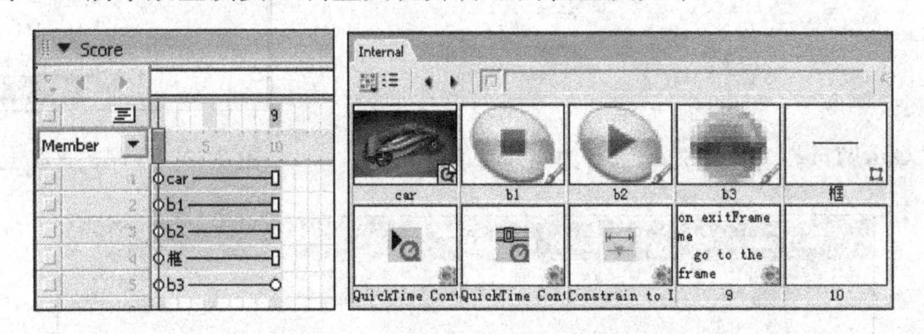


图 7.26 演员表与剧本分镜窗

（1）在精灵通道 1 的 1～10 帧放置视频演员，并调整在舞台上的位置、大小。在舞台左下方放置按钮演员 b1、b2，使用精灵通道 2、3 的 1～10 帧上。

（2）用工具箱中的矩形工具在舞台下方绘制一个矩形，放置在精灵通道 4 上，调整大小使其成为播放进度游标水平移动的范围。将游标演员 b3 拖放到矩形框上，使用精灵通道 5 的 1～10 帧。

（3）播放与停止控制。单击工具栏中的“Library Pallet”按钮，打开行为库，选择图 7.27 所示“QuickTime Control Button”行为，实现播放与停止。

QuickTime Control Button 参数对话框，如图 7.28 所示。

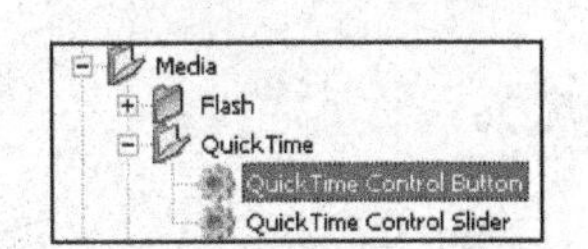


图 7.27 “QuickTime”行为

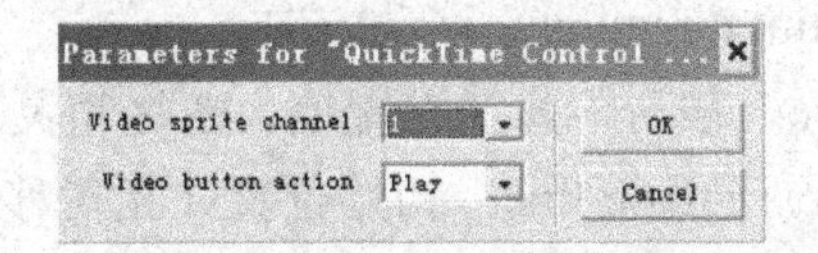


图 7.28 “QuickTime Control Button”行为参数对话框

其中：

Video sprite channel：指定 QuickTime 视频精灵所在的通道。

Video button action：指定按钮完成的动作（包括：回绕、停止、播放、到末端、快退、快进等 6 种动作）。

本例中，分别将该行为拖曳到播放按钮和停止按钮，对播放按钮选择“play”，对停止按钮选择“stop”。

（4）播放进度游标控制。首先要使 QuickTime 视频精灵具备游标控制能力，将“QuickTime Control Slider”行为拖曳到舞台窗口的视频精灵上，弹出参数对话框，如图 7.29 所示。

在该对话框中指定作为游标的精灵，本例选择精灵通道 5 的 b3，这样，就构建了一个 QuickTime 游标杆。

为了使游标精灵 b3 能够随视频的播放自动移动，需要加载“Constrain to Line”行为，该行为可使精灵沿着指定方向移动。

在行为库中选择图 7.30 所示“Constrain to Line”行为，拖曳该行为到舞台窗口的游标 b3 上，弹出参数对话框，如图 7.31 所示。

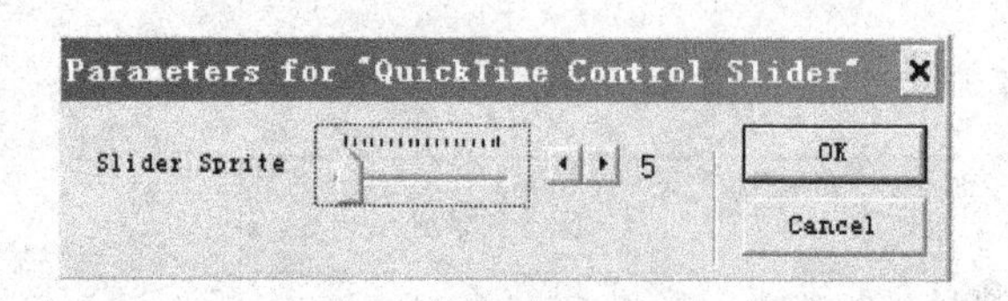


图 7.29 “QuickTime Control Slider”行为参数对话框

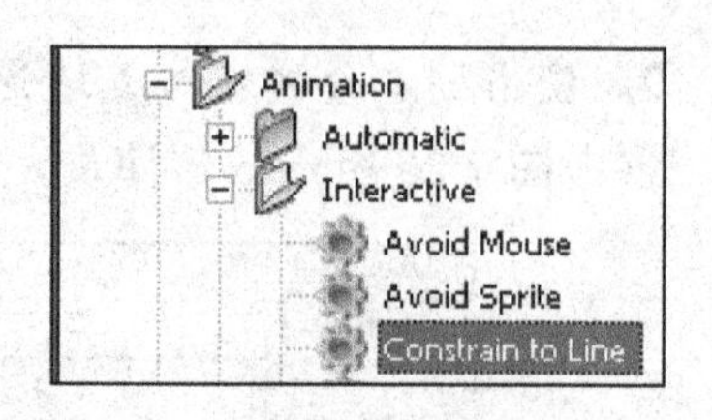


图 7.30 限制在直线上的行为

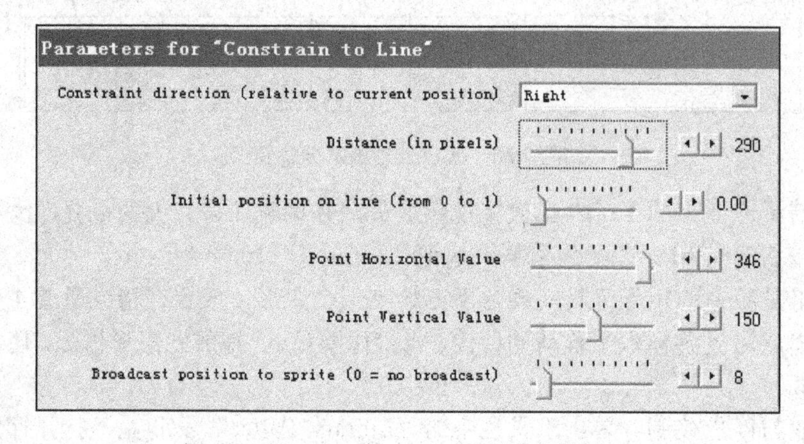


图 7.31 “Constrain to Line”行为参数设置

其中：

Constraint direction：移动方向。

Distance：移动距离（设置值为游标精灵下方矩形框的宽度）。

Inital position on line：初始位置（相对移动距离）。

（5）播放头停留控制。双击行为通道第 10 帧，打开行为脚本窗口，输入 go to the frame，使影片播放时播放头停在第 10 帧。

3. 播放与调试

使用 播放按钮进行调试。当单击播放按钮后，视频开始播放，游标随播放进度向右滑动；单击暂停按钮，视频停止播放，游标暂停移动。

4. 保存与生成项目

源文件保存为 sy7_5.dir，导出影片为可执行文件 sy7_5.exe。

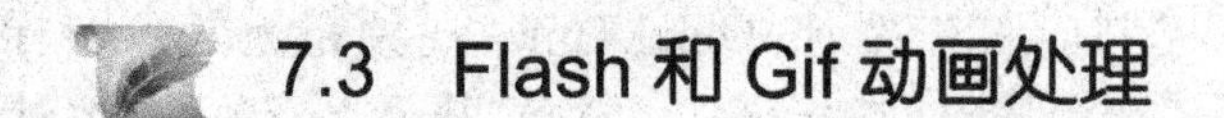

## 7.3 Flash 和 Gif 动画处理

### 7.3.1 Flash 动画使用

随着网络动画的流行，越来越多的 Flash 动画被应用于各种场合。Flash 有非常突出的优点：文件小，画面质量高，可以随意缩放而不失真，支持交互的设计等等，以上特点使得 Flash 成为一种事实上的网络媒体标准。

Flash 和 Director 之间可以有机地整合，在 Director 中，可以使用 Flash 制作交互式多媒体素材，不仅如此，Director 还提供了一套丰富多彩的 Flash 组件，如 Flash 按钮、Flash 单选按钮、Flash 复选框和 Flash 滚动面板等。

在 Director 中处理 Flash 制作的二维动画，首先要导入 Flash 文件，通常可在导入对话框选择所需的 swf 文件，如果 swf 文件需要经常更新的话，可采用外部连接式。

如果使用"Insert→Media Element→Flash movies"菜单命令导入 Flash 文件，该方法可在导入时直接通过选项来设置 Flash 文件，如图 7.32 所示。

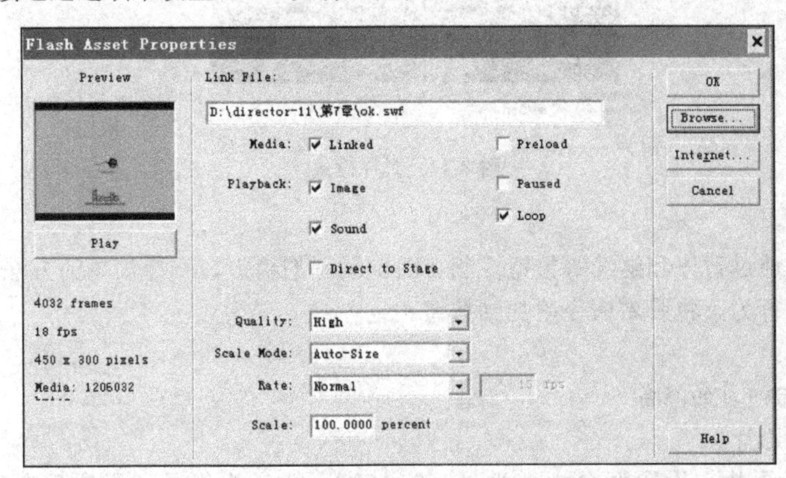


图 7.32 "Flash Asset Properties"设置对话框

其中：

Media 中的"Linked"选项，决定导入的方式，勾选外部连接时，可以进一步勾选"Preload"选项。Playback 为回放设置。

Flash 文件是由 Xtra 来处理的，在 Director 的 Xtra 文件夹里有两个和 Flash 相关的 Xtra 文件，Flash Asset Options.x32 和 Flash Asset.x32。前者用于设计过程的编辑状态，后者用于运行支持。当影片使用了 Flash 文件，在保存与发布前需要通过"Modify→Movie→Xtras"菜单命令，添加 Flash Asset.x32 扩展插件，以保证发布的可执行文件能调用 Flash 文件。

在 Director 中对 Flash、RealMedia、Windows Media、SWA 等媒体的控制命令如表 7.2 所示，它们必须与一个 Sprite 关联在一起。

**表 7.2 媒体播放控制命令**

| 脚本命令 | 控制功能 |
|---|---|
| Sprite（精灵号）.play() | 播放指定精灵号的动画媒体，例如：Sprite（1）.play() |
| Sprite（精灵号）.pause() | 暂停指定精灵号的动画媒体，例如：Sprite（1）.pause() |
| Sprite（精灵号）.stop() | 停止指定精灵号的动画媒体，例如：Sprite（1）. stop() |
| Sprite（精灵号）.frame=x | 快速滚动动画媒体，到 x 帧，例如：Sprite（1）.frame=1 |
| Sprite（精灵号）.rewind() | 回绕（回到动画媒体，开头，即第 1 帧） |

**【例 7.6】** 制作一个 Flash 动画播放器，其窗口上有播放、快进、快退、停止 4 个按钮，通过按钮实现对动画的播放、停止、快进、快退控制，播放器画面如图 7.33 所示，

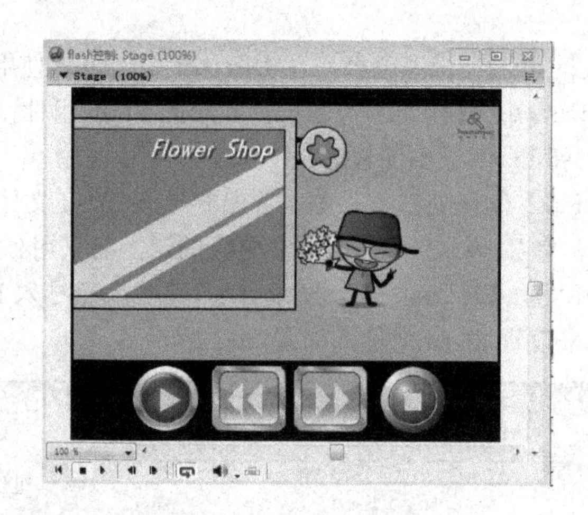


图 7.33　影片效果

设计分析：

在影片中通过暂停和继续等按钮控制 Flash 动画的播放，一个简单的方法就是为控制按钮建立一个行为，将脚本命令附加到按钮。

设计步骤：

1. 舞台与演员的准备

（1）新建影片。

新建一个影片。设置舞台大小为“450×360”，背景为黑色。设置精灵默认帧长为 15 帧。

（2）导入演员。

通过导入对话框选择设计中使用的 4 个按钮图片以及 Flash 的 swf 动画文件，将素材导入到演员表中，如图 7.34 所示。

2. 使用剧本分镜窗布置场景放置演员

（1）拖动 Flash 演员及 4 个按钮图像演员到舞台，调整到相应的大小和位置，可固定 4 个按钮的大小为“45×45”。剧本分镜窗的编排如图 7.35 所示。

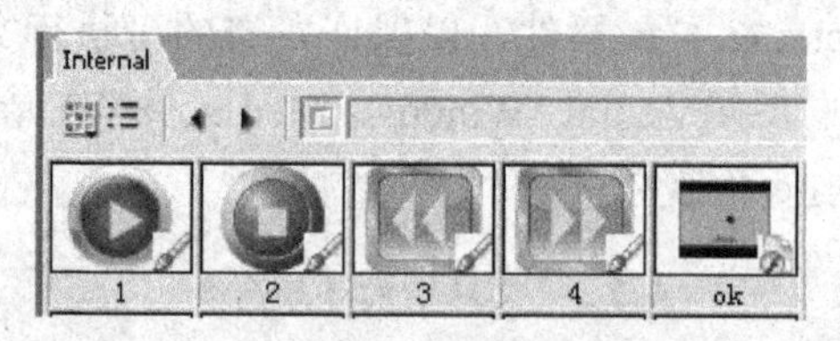


图 7.34　演员表中的演员

（2）设置 Flash 精灵属性。

在属性检查器的“Flash”选项卡中，设置通道 1 的 Flash 动画演员的基本属性，如图 7.36 所示。

（3）播放头控制。

双击脚本通道第 1 帧，在 on exitFrame me 事件内输入脚本命令“go to the frame”，使播放头停留在第 1 帧，等待用户操作。

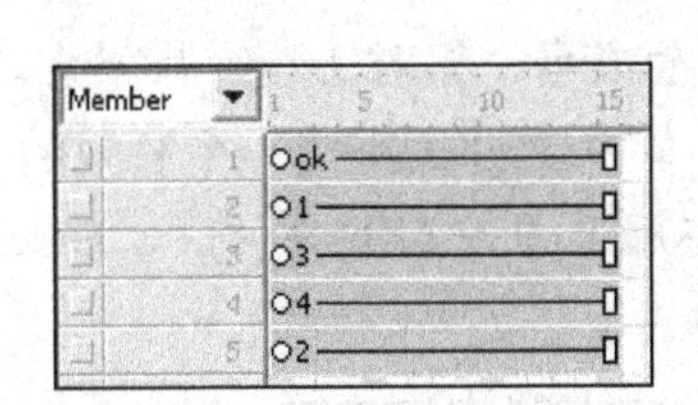


图 7.35　剧本分镜窗设置

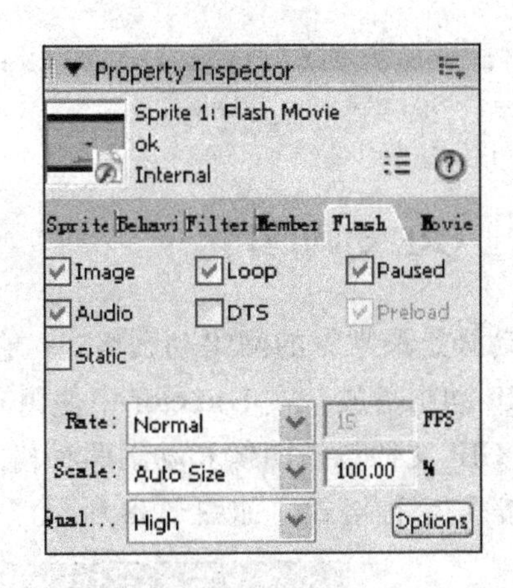


图 7.36　设置 Flash 精灵属性

（4）为按钮添加控制功能。

本例中 Flash 动画演员被放置在通道 1 上，对应的精灵是 Sprite1，对该精灵的播放控制命令为 Sprite（1）.play()，需要将它赋予“播放”按钮。右键单击通道 2 中“播放”精灵，在弹出的快捷菜单中选择 Script 命令，打开脚本编辑窗，输入脚本“Sprite（1）.play()”，赋予按钮播放动画的功能，如图 7.37 所示。

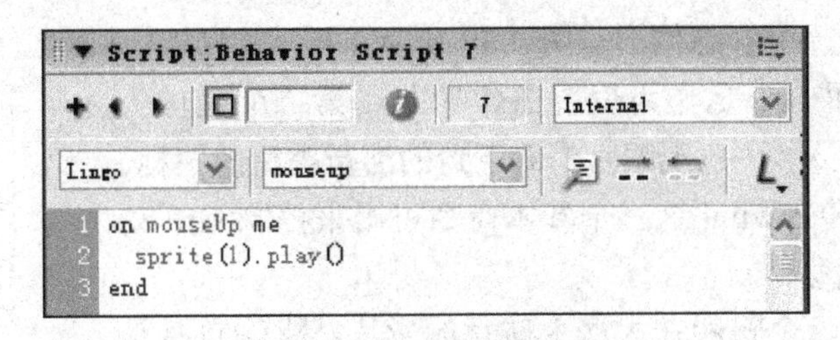


图 7.37　播放动画脚本设置

类似地，右键单击通道 3 中的“快退”精灵，选择快捷菜单中 Script 命令，打开脚本编辑窗，输入脚本“Sprite(1).frame=Sprite(1).frame - 1”，赋予按钮后退 1 帧的功能（可自行决定后退的帧数）。

右键单击通道 4 中的“快进”精灵，在弹出的快捷菜单中选择 Script 命令，打开脚本编辑窗，输入脚本“Sprite(1).frame=Sprite(1).frame +10”，赋予按钮前进 10 帧的功能。

同样单击通道 5 中的“停止”精灵，输入脚本命令“Sprite(1).stop()”，赋予按钮停止动画播放的功能。

3. 播放与调试

使用 ▸ 播放按钮进行调试。当单击了“播放”、“快进”、“快退”或“停止”按钮后，Flash 动画会按指定的动作进行操作。

4. 保存与生成项目

源文件保存为 sy7_6.dir，导出影片为可执行文件 sy7_6.exe。

**注意：**可以通过 Sprite(1).playing 检测 Flash 精灵是否正在播放，然后再决定是否执行命令。例如，若 Flash 未播放，则启动这个动画，否则维持原状况，可使用如下代码:

```
if not Sprite(1).playing then
    Sprite(1).play()
end if
```

### 7.3.2 GIF 动画使用

GIF 动画是最常见的网络动画格式，它们的文件量很小，相对比较容易建立。Director 能支持 GIF 动画播放，在 Director 中使用 GIF 是减小影片文件大小的一个有效的方法。

由于 GIF 文件包括图像和动画两种格式，所以在每次导入 GIF 文件时，Director 都会询问导入的是哪种格式，如图 7.38 所示。

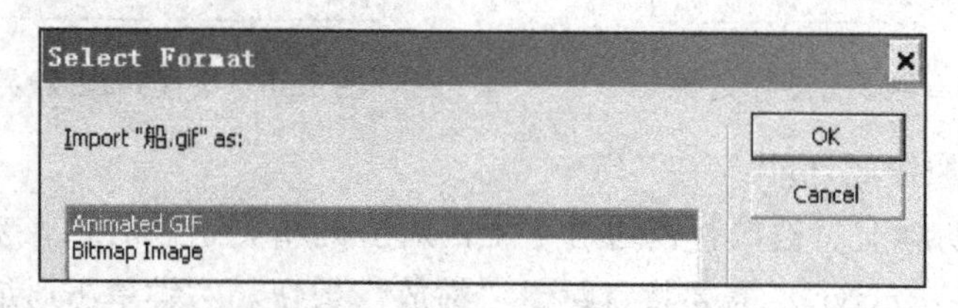


图 7.38 导入 GIF 文件

对于一个 GIF 动画，如果选择了位图图像 Bitmap Image 项，Director 只将动画的第一帧导入到演员表，构成一个静态位图。图 7.39 所示是同一个 GIF 动画文件选择不同的导入方式得到的结果，前面一个是作为位图图像导入，第二个是作为 Animated GIF 动画导入，注意观察它们右下角的演员类型的图标。

图 7.39 位图与动画

pause、resume 和 rewind 这三个基本命令可用来控制 GIF 动画的暂停，继续和重复。

【例 7.7】 制作一个帆船在大海上航行的影片，帆船自身是一段 GIF 动画。通过鼠标控制影片及 GIF 动画的播放和暂停，当鼠标光标移动到帆船上，帆船停止航行，并暂停帆船自身的 GIF 动画；当鼠标光标移出帆船后，帆船继续航行，并恢复帆船自身的 GIF 动画。

设计分析：

为控制影片及 GIF 动画，可为帆船精灵建立一个行为。根据操作要求，该行为涉及 3 个事件：鼠标光标移入与移出帆船精灵可使用 on MouseEnter 和 on MouseLeave 事件；影片暂停实质上是使播放头停留在某帧，可在 on exitFrame 事件内，由命令“go to the frame”实现。为了关联 Mouse 事件与 exitFrame 事件，可用一个标志变量 flag 来指示鼠标光标所处的位置，当鼠标光标进入帆船精灵的区域，设置 flag=0，离开该区域，设置 flag=1。当 flag=0 时，允许执行命令“go to the frame”，使影片暂停。

GIF 动画的暂停与继续可用 pause 和 resume 命令来控制，处理方法与 Flash 处理类似。

设计步骤：

1. 舞台与演员的准备

（1）新建影片。

新建一个影片。设置舞台大小为“512×342”，设置精灵默认帧长为 15 帧。

（2）导入演员。

导入对素材“船.gif”和“大海.jpg”。

2．使用剧本分镜窗布置场景放置演员

（1）拖动“大海.jpg”和“船.gif”演员到舞台，在通道 2 的第 15 帧插入关键帧，并调整其相应的大小和位置，使帆船产生在海上航行的效果，剧本分镜窗的编排如图 7.40 所示。

（2）为船精灵添加控制行为。

本例中 GIF 动画演员被放置在通道 2 上，对应的精灵是 Sprite2，右键单击通道 2 中“船”精灵，在弹出的快捷菜单中选择 Script 命令，打开脚本编辑窗口，按图 7.41 所示建立行为。

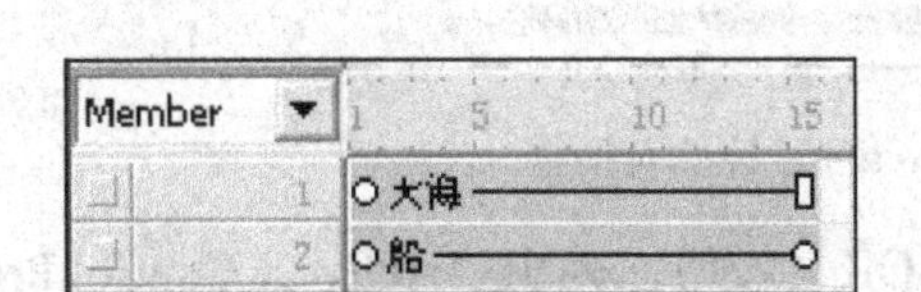


图 7.40　剧本分镜窗设置

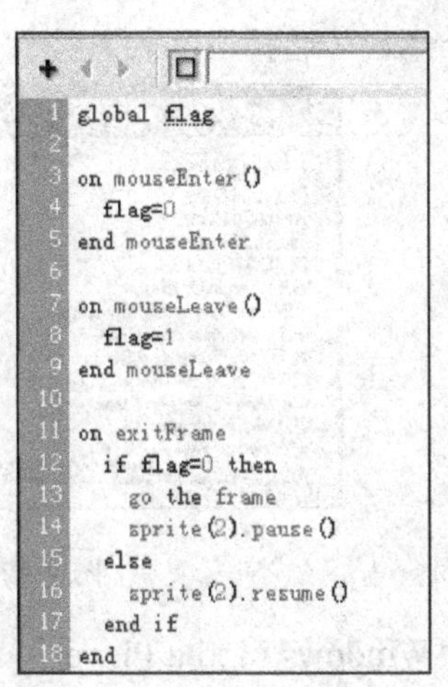


图 7.41　为船精灵添加控制行为代码

这个行为的开始设置公用变量 flag，当鼠标光标进入帆船精灵的区域，发生 on MouseEnter 事件，设置 flag=0，若鼠标光标离开帆船精灵的区域，发生 on MouseLeave 事件，设置 flag=1（这两个事件互斥，不会同时发生）。当播放头离开当前帧，产生 on exitFrame 事件，如果 flag=0，暂停帆船的移动和 Sprite2 的 GIF 动画的播放，否则播放头移到下一帧，继续 GIF 动画的运行。

3．播放与调试

使用 ▸ 播放按钮进行调试。影片播放后，帆船在大海上航行，当鼠标光标移动到帆船上，帆船立即停止所有的动作；当鼠标光标移出帆船后，帆船继续航行，并恢复帆船自身的 GIF 动画。

4．保存与生成项目

源文件保存为 sy7_7.dir，导出影片为可执行文件 sy7_7.exe。

## 7.4　应用实例

本章前面的例子所设计的音、视频播放器的界面都需要用户来建立。读者也可以利用 Windows Media Player ActiveX 媒体播放控件，设计媒体播放器。

Windows Media Player 是 Microsoft 公司开发的一款音、视频播放器，简称为WMP。它可以播放 mid、mp3、wma，wav 等音频文件，也可以播放avi，mpeg-1 等视频文件。在安装解码器后可以播放 rm、mpeg-2，DVD。在计算机上安装了 Windows Media Player 后，Windows Media Player ActiveX 控件也同时被安装到系统并完成注册。

在 Director 中应用 ActiveX 技术，通过 Windows Media Player ActiveX 控件，能够比较轻松地实现对 Windows Media Player 的二次开发。Director 中添加 Windows Media Player Active X 方法如下：

执行“Insert→Control→ActiveX...（插入→控件→ActiveX...）”菜单命令，弹出“Select ActiveX Control（选择 ActiveX 控件）”对话框，如图 7.42 所示。

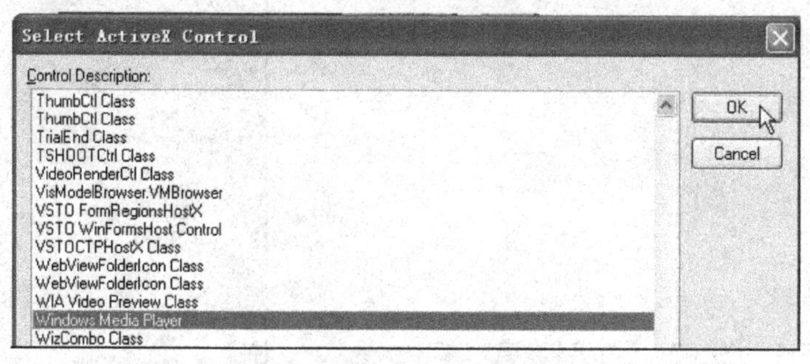


图 7.42　选择 ActiveX 控件对话框

选择“Windows Media Player”，单击“OK”按钮，弹出“ActiveX Control Properties - Windows Media Player”对话框，如图 7.43 所示。

图 7.43　ActiveX Control Properties 对话框

播放器属性对话框中的主要属性含义如表 7-3 所示。

**表 7-3　Windows Media Player 控件主要属性**

| 属性名 | 说明 |
| --- | --- |
| enableContextMenu | 启用/禁用右键菜单 |
| fullScreen | 是否全屏显示 |
| playState | 播放状态 1=停止，2=暂停，3=播放，6=正在缓冲 |
| URL | 指定所播放的媒体文件完整路径 |
| uiMode: | 播放器界面模式，可为 Full，Mini，None，Invisible |

对属性进行设置后，可建立一个播放器控件演员。它可以用来播放媒体文件，同时还可以实现对媒体文件播放的“播放”、“停止”、“暂停”、“调节音量”，以及“进度条”拖曳等控制。

可以通过脚本调用播放器控件所具备的属性和方法，其格式为：

```
Sprite （播放器控件所在通道）.属性
```

例如：Sprite (1).URL="c:\ok.swf"，播放 c:\ok.swf 的 Flash 动画。

**【例 7.8】** 利用 Windows Media Player 控件创建媒体播放器。要求：通过单击相应的按钮，播放不同格式的媒体文件，并可实现对媒体文件的播放控制，效果如图 7.44 所示。

图 7.44　利用控件创建媒体播放器

设计分析：

能播放的媒体文件格式与计算机上已安装的解码器有关，Windows Media Player 控件至少可播放 mid、mp3、wma，wav、avi，mpeg-1 等音视频文件。将需要播放不同格式的媒体文件放在电影文件 dir 和发布文件 exe 文件同一目录内，可直接设置 URL 属性为指定的文件名，否则需使用全路径。

设计步骤：

1. 舞台与演员的准备

（1）新建影片。

运行 Director，新建一个影片，设置舞台大小为“512×342”。

（2）插入 ActiveX 控件演员。

执行“Insert→Control→ActiveX…”菜单命令，弹出“Select ActiveX Control”对话框，选择“Windows Media Player”，单击“OK”按钮，弹出“ActiveX Control Properties.Windows Media Player”对话框，单击“Custom”按钮，打开“Windows Media Player 属性”对话框，如图 7.45 所示。

在文件名栏指定播放的媒体文件，对应“URL”属性项；控件布局下拉列表用于设置“UiMode”属性项，定播放器的界面模式，默认为 Full，显示所有播放控制栏，选择“None”，表示不显示播放控制栏。

（3）构建按钮演员。

选中工具箱“Button”工具，在舞台绘制 4 个按钮，分别输入文字“音乐”、“mpg 视频”、“AVI 视频”和“wmv 视频”，放置在精灵通道 2～5。

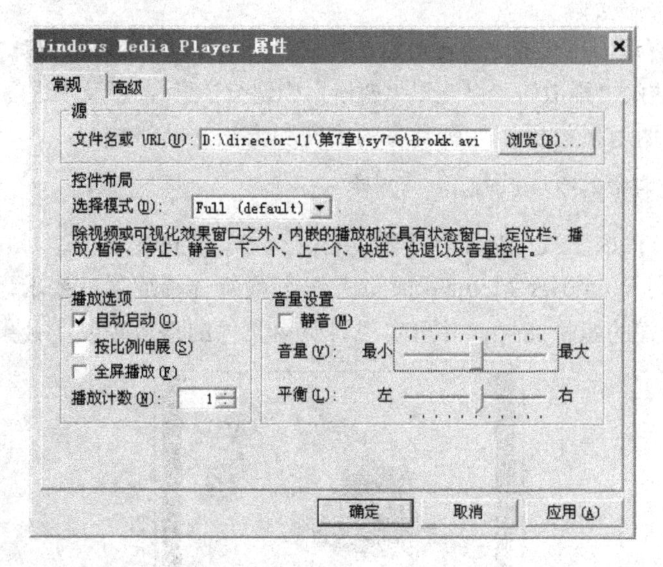


图 7.45 “Windows Media Player 属性”对话框

2. 使用剧本分镜布置场景放置演员

（1）将播放器演员放置在精灵通道 1。

（2）播放控制。为各个按钮精灵添加行为脚本，对应 on MouseUp me 事件，代码如表 7-4 所示。

表 7-4 各个按钮 on MouseUp me 事件

| 按钮 | 行为代码 |
|---|---|
| “音乐” | Sprite（1）.url= "music.mp3" |
| “mpg 视频” | Sprite（1）.url= "hwy.mpg" |
| “AVI 视频” | Sprite（1）.url= "Brokk.avi" |
| “wmv 视频” | Sprite（1）.url= "Wildlife.wmv" |

3. 播放与调试

影片播放后，播放器自动播放默认加载的媒体文件，当单击“音乐”、“Flash”、“AVI 视频”或“wmv 视频”中的一个按钮后，停止前一种媒体的播放，启动所指定的媒体对象，并可使用播放器内嵌的按钮进行“播放”、“停止”、“调节音量”，以及“进度条”拖曳等控制。

4. 保存与生成项目

源文件保存为 sy7_8.dir，导出影片为可执行文件 sy7_8.exe。

## 7.5 实 验

1. 使用文件夹 t7-1 中的素材，制作一个音频播放器，界面如图 7.46 所示。利用声音行为为按钮添加声音播放、暂停等控制功能，使滑块能改变音量大小。保存源文件为 t7_1.dir，并发布电影 t7_1.exe。

图 7.46 音频播放器

2．使用文件夹 t7-2 中的素材制作一个 avi 视频播放器，所播放的视频出现在一个播放影幕框中，可用按钮控制视频的播放，暂停与停止等。保存源文件为 t7_2.dir，并发布电影 t7_2.exe。

提示：如果想使所播放的电影出现在一个播放影幕框中，让影幕框分镜的长度和电影分镜的长度相等；二是要让电影分镜放在影幕框分镜之后。

3．使用文件夹 t7-3 中的素材制作一个 Flash 播放器，可用按钮控制动画的播放，暂停与停止等，保存源文件为 t7_3.dir，并发布电影 t7_3.exe。

4．使用文件夹 t7-4 中的素材，参考【例 7.7】制作一个帆船在大海上航行的影片，帆船自身是一段 GIF 动画。通过键盘控制影片及 GIF 动画的播放和暂停，当按下字母键“S”，帆船停止航行，并暂停帆船自身的 GIF 动画；当按下字母键“C”后，帆船继续航行，并恢复帆船自身的 GIF 动画。

提示：

当键盘中的某键被按下或释放时，会产生 keyDown 或 keyUp 事件，关键字 key 返回被按键的字符值。例如，If the key="A"then，判断按下的键是否为“A”键。

**注意：** *程序运行时必须将舞台窗切换成当前窗，按键才会响应。*

5．利用 Windows Media Player 控件创建媒体播放器，有一个主控界面，上面有文字“多媒体的控制与播放”和三种媒体选择按钮。通过单击主控界面上的按钮进入某一种媒体的播放画面，可实现对媒体的播放、停止、快进、快退控制，主控界面如图 7.47 所示。

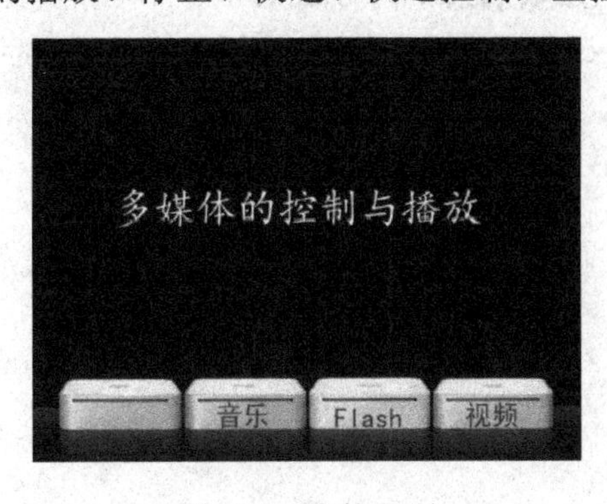


图 7.47 主控界面

6．使用文件夹 t7-6 中的素材，利用视频蒙板（遮罩）功能构建视频播放器，在一个非矩形区域中播放 QuickTime 视频。

蒙板是黑白二色 1bit 的位图，在蒙板的黑色像素区域中可以显示媒体内容，如图 7.48 所示。

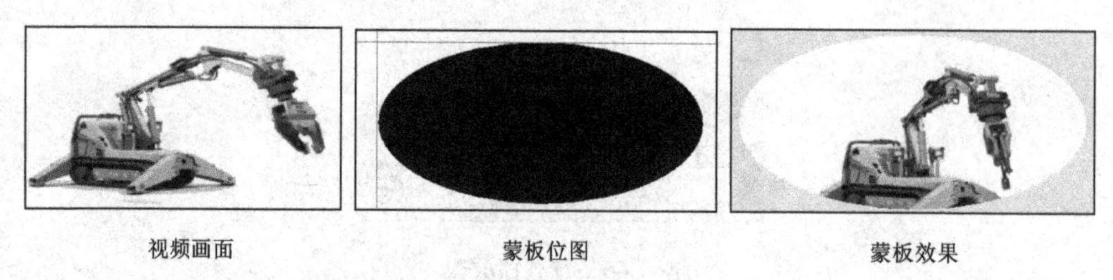


图 7.48　视频蒙板

提示：

① 蒙板效果是一个高级功能，它能用于 QuickTime 数字视频，并且需要勾选 QuickTime 精灵的 DTC 属性。

② 蒙板的建立。用绘图工具画一个黑白二色的非矩形区域，单击“Color Depth”按钮，打开“Transform Bitmap”对话框，指定 Color Depth 为 1Bit，如图 7.49 所示，建立一个 1bit 的位图。

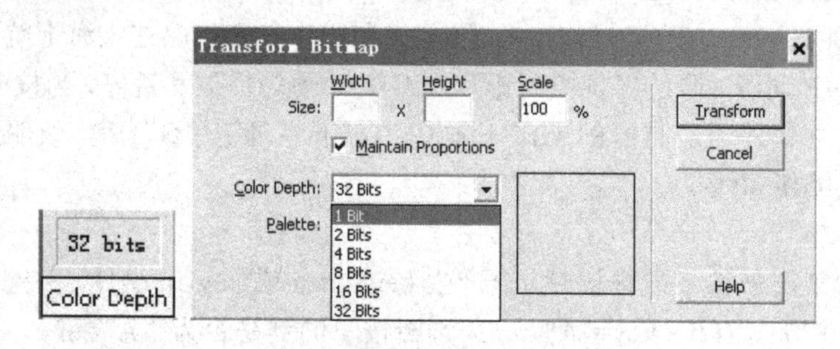


图 7.49　将位图转换为 1bit 的位图

③ Director 始终将蒙板演员的注册点与视频精灵的左上角对齐。因此，需要重新设置 1bit 的位图的注册点在左上角（其默认为中心），参见图 7.48 中的蒙板位图。

④ 使用 mask 属性产生蒙板效果。在 QuickTime 视频精灵出现在舞台上之前，设置该精灵的 mask 属性。通常在 on prepareFrame 事件中添加处理程序：

```
Sprite（视频精灵）.member.mask = member（"蒙板演员名"）
```

# 第 8 章

# Director 脚本

Director 提供了 Lingo 和 JavaScript 两种类型的脚本语言，Lingo 语言是 Director 传统的脚本语言，JavaScript 是 Director 新增的脚本语言，除两种脚本语言的语法有所不同，其程序控制方法和程序编写步骤基本相同，故本章将详细介绍 Lingo 脚本的基础知识及其应用。

**本章要点：**

◇ 了解和认识 Lingo 语言

◇ 掌握 Lingo 语言中的变量、数据类型、流程控制、函数、事件、脚本等

◇ 掌握常见 Lingo 语言脚本的应用

## 8.1 初识脚本

### 8.1.1 引例

**【例 8.1】** 利用 Lingo 脚本制作媒体音乐点播器。通过文件打开对话框选择音频文件，实现可随意点播音乐，改进第 7 章例 7.3 只能播放一首音乐的缺点，影片效果如图 8.1 所示。

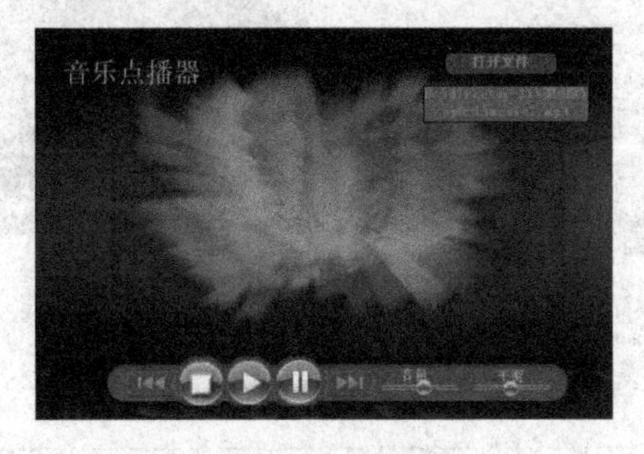


图 8.1 音乐点播器

设计分析：

播放外部音频文件，需要使用脚本命令 sound（声音通道）.playFile（"音频文件名"）。例如，sound(1).playFile（"c:\music.mp3"），在声音频道 1 中播放 c:\下名为 music.mp3 的外部文件。sound(1).pause()可暂停声音；sound(1).stop()停止声音播放。

通过 fileIO.x32 扩展插件可以调用 Windows 系统的文件打开对话框，从文件对话框返回文件的完整路径名。将所获得的外部音频文件名提交给播放命令 playFile，就可实现随意点播音乐的功能。

在使用 fileIO 之前，需要创建一个 fileIO 实例对象，使用 displayOpen 函数显示文件打开对话框。要限定文件打开对话框中所显示的文件类型，可使用 setFilterMask 函数来过滤文件，采用"描述,文件扩展名"格式设置打开对话框的“文件类型”列表框中的文件过滤列表。例如，setFilterMask（"mp3,*.mp3,wave, *.wav,所有文件,*.*"），在文件类型列表框中显示效果如图 8.2 所示。

文件类型(T): mp3
mp3
wave
所有文件

图 8.2　设置文件类型列表框

设计步骤：

**1. 舞台与演员的准备**

（1）新建影片。

运行 Director，新建一个影片，设置舞台大小为“530×340”。

（2）导入演员。

导入素材 pic1.jpg、pic2.jpg、b1.psd～b4.psd 等图形文件，可以导入一个音乐文件作为默认文件。

（3）建立文本演员。

使用文本编辑窗，输入文字“音乐点播器”，建立一个文本演员。

（4）建立按钮演员，用于调用文件打开对话框。

（5）建立域文本演员，命名演员名为“text”，用于显示所打开的外部音频文件名。

（6）建立控制滑块水平滑动范围的矩形演员。

**2. 使用剧本分镜窗布置场景放置演员**

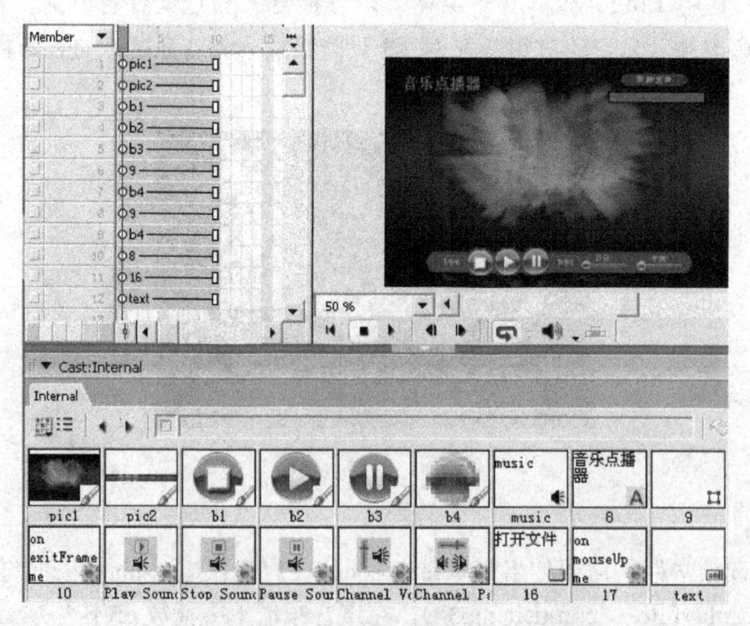


图 8.3　演员表、剧本分镜窗和舞台

（1）参见图 8.3 所示剧本分镜窗和演员表编排剧本，在舞台放置精灵。

（2）播放头停留控制。

双击行为通道第 1 帧，打开行为脚本窗口，输入 go to the frame，使影片播放时播放头停在第一帧。

（3）为打开文件按钮添加行为。

右键单击打开文件按钮，在快捷菜单中选择“Script”命令，打开脚本编辑窗口，在 on MouseUp 事件中输入脚本，如图 8.4 所示。

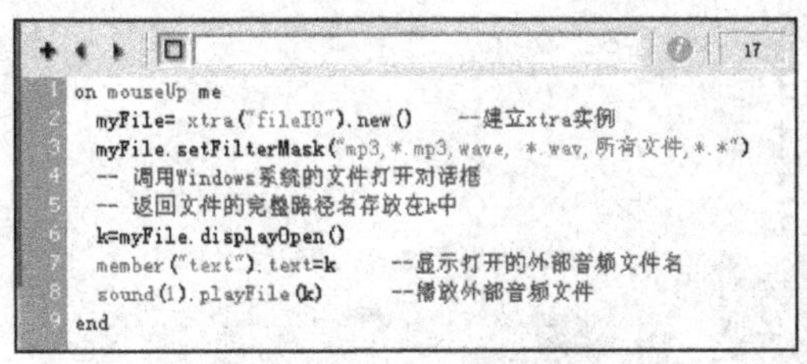


图 8.4　打开文件行为脚本

（4）添加控制行为。

打开行为库，选择“Library List→Media→Sound”项。

① 声音播放控制。

拖曳“Play Sound”播放声音行为到舞台窗口的“播放”按钮精灵上。或为“播放”按钮精灵添加脚本：

```
Global k              -- 将存放外部音频文件名的变量声明为全局变量
sound(1).playFile(k)
```

② 声音停止控制。

拖曳“Stop Sound”停止声音行为到舞台窗口的“停止”按钮精灵上。或为“停止”按钮精灵添加脚本：sound(1).stop()。

③ 声音暂停控制。

拖曳“Pause Sound”暂停声音行为到舞台窗口的“暂停”按钮精灵上。或为“暂停”按钮精灵添加脚本：sound(1).pause()。

④ 音量调整控制。

拖曳“Channel Value Slider”声音通道音量滑块行为到舞台窗口的“音量”按钮精灵上。

⑤ 音量平衡控制。

拖曳“Channel Pan Slider”声音通道音量平衡滑块行为到舞台窗口的“平衡”按钮精灵上。

**3. 播放与调试**

单击控制面板的播放按钮，当单击打开文件按钮后，弹出打开对话框，如图 8.5 所示。选择音频文件，域文本将显示所选定的文件并开始播放。

**4. 保存与生成项目**

在保存与发布前需要通过“Modify→Movie→Xtras”菜单命令，添加 fileIO.x32 扩展插件，以保证发布的可执行文件能正确调用 Windows 系统的文件打开对话框。

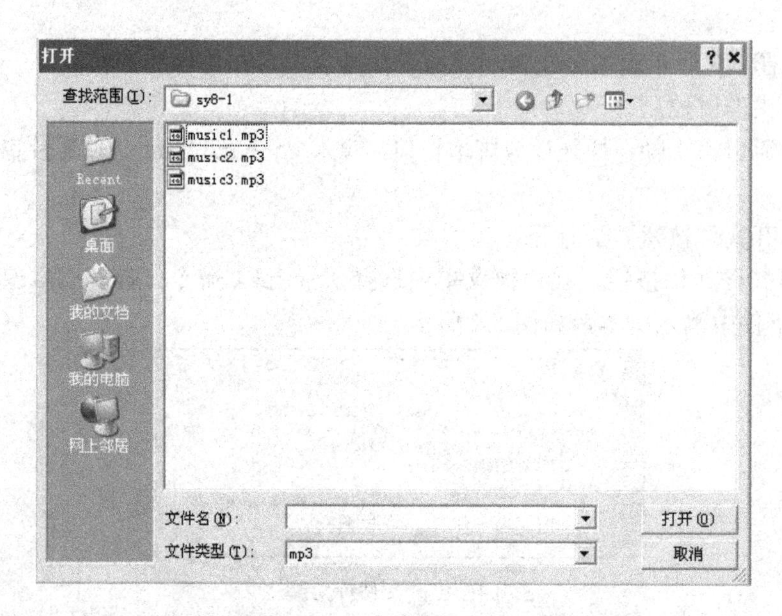


图 8.5　调用 Windows 系统的文件打开对话框

源文件保存为 sy8_1.dir，导出影片为可执行文件 sy8_1.exe。

**注意：** 本例中未对文件打开对话框中的“取消”按钮进行控制。如果用户在对话框中选择“取消”按钮，则返回 void，可以用 If 语句检测 myFile.displayOpen()的返回值，根据返回值，决定程序转向。

## 8.1.2　脚本的概念

Director 内置行为实质上是预先编写好的 Lingo 脚本功能模块，在以前的章节，似乎使用行为很简单，但功能单一，语句复杂，不易修改。从 sy8_1 可见，使用 Lingo 脚本语句更为简单，交互能力强，功能更强大，应用更灵活。

Lingo 语言的功能非常强大，可以轻松帮助用户开发出交互性强、内容复杂、性能要求高、界面美观的多媒体作品。

Lingo 语言是面向对象的编程语言，它具有自己的脚本菜单命令、函数和语句。

Lingo 脚本代码通过控制舞台窗口、剧本窗口、演员表成员、精灵、计算机系统及硬件和网络等，使 Director 开发的多媒体应用程序按照用户的要求进行操作，实现人机交互功能。

Lingo 是基于 C 语言的基础而形成的一种特殊的编程语言，在 Director 中，Lingo 语言编写的脚本通常以演员表成员的形式独立存在于演员表中（除演员脚本外）。

脚本编辑器是创建 Lingo 代码的窗口，可在其中进行 Lingo 代码的编辑和修改。利用消息窗口可以很好地测试和跟踪使用 Lingo 语言编写的程序运行情况。

和其他程序设计语言一样，Lingo 也使用“.”点语法对一个对象引用，如：

Member（"TiTle"）.Text="Director 多媒体作品开发

给程序注释是非常有好处的，它不仅可以给程序代码加上解释，而且能注销暂时不用的代码。Lingo 语言注释方法是在需要被注释的语句前加上连字号“--”，如下面的一行代码，在程序中被注释，运行时将不被执行。

```
-- Go To The Frame
```

如果需要注释的部分包括多行，则在每一行之前都要加上连字号“--”，如：

```
--Sound(1).Pause()      暂停声音通道 1 的播放
--Sound(1).Stop()       停止声音通道 1 的播放
```

### 8.1.3 脚本的基本功能

在 Director 中使用 Lingo 语言脚本能实现的基本功能如下：

（1）可以对文本进行控制。
（2）可以对声音进行控制。
（3）可以对数字视频进行控制。
（4）可以对按钮的行为进行控制。
（5）可以对演员进行控制。
（6）可以对电影中画面的切换进行控制。
（7）可以扩充 Director 的功能。
（8）可以对 3D 动画语言进行控制。
（9）支持对网络的访问。
（10）可以开发具有交互功能的多媒体作品。
上述功能将在本章得到充分验证。

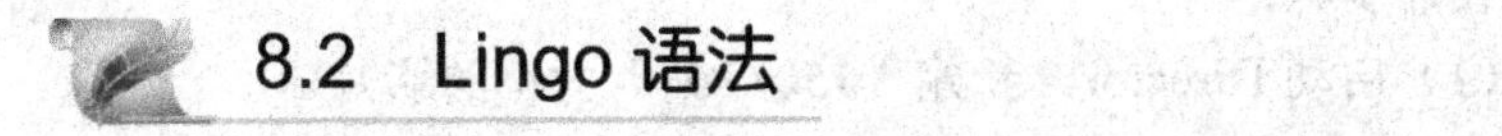

## 8.2 Lingo 语法

### 8.2.1 变量

#### 1. 定义变量

顾名思义，变量就是在程序运行中其存储的值是可以改变的量。定义变量的目的是为了在计算机内存中分配地址。在程序运行过程中，可以对变量进行赋值、访问、引用和更新等操作。

与其他编程语言一样，在 Director 中，对变量的命名也有一定的规则和限制，这些规则与限制如下：

① 变量名必须以字母开头，在变量名中，字母、数字、下划线可以混合使用，如 MyName、StrXM、Int_No，t1 等。

② 不能使用 Lingo 语言中的关键字或保留字作为变量名。例如，EnterFrame、On、alert、property 等均不能作为变量名。

③ Lingo 语言是不区分大小写的，因此，名称为 MyFile 和 myfile 的两个变量实际上表示的是同一个变量。

### 2. 变量赋值

定义一个变量后它的值为空，直到将不同数据类型的值赋给变量。可在程序启动时或程序运行时赋值，也可为已赋值的变量更新数值，变量赋值可通过操作符中的赋值运算符“=”来初始化，格式如下：

```
变量名=变量值
```

例如，定义一个名为“StrTitle”的字符串变量，赋值为“Director 多媒体”的代码：

```
StrTitle= "Director 多媒体"
```

Lingo 语言中定义变量不需要事先定义其类型，变量的类型由变量值的内容而定，可以将整型、字符串型、布尔型或列表等类型的数据内容直接赋值给变量，也能将运算结果直接为变量赋值，例如：

```
IntSum=7*8
strNoName="20120318" & "张平"
```

### 3. 测试变量中间值

一般通过对话框 Alert 或文本来测试变量的中间值较容易，测试完后删除该语句或在该语句前添加注释“--”，以便再次测试时使用。

【例 8.2】 测试变量 x 赋值为 10、100 和变量 y 赋值为“Director 多媒体课程”，通过对话框输出测试结果。

设计步骤：

（1）启动 Director，新建“150×100”大小的影片。

（2）创建按钮演员：选中工具箱中的按钮工具，在舞台绘制一个按钮，输入文字“测试变量值”。

（3）使用剧本分镜窗布置场景放置演员。

右键单击舞台上的按钮，执行快捷菜单中的“Script”命令，打开该按钮的行为脚本窗口，在鼠标释放事件处理过程中输入代码如下：

```
on MouseUp me
    x = 10              --赋值语句，将数值 10 赋予变量 x
    Alert String (x)    --Alert 是弹出对话框
    x = 100
    Alert String (x)
    y = "Director 多媒体课程"
    Alert y
end
```

（4）调试播放。

单击播放按钮运行电影，单击“测试变量值”按钮，弹出对话框显示变量 x 第一次赋值为 10 的结果，单击“确定”按钮，弹出对话框显示变量 x 第二次赋值为 100 的结果，单击“确定”按钮，弹出对话框显示变量 y 赋值的结果。测试变量值如图 8.6 所示。

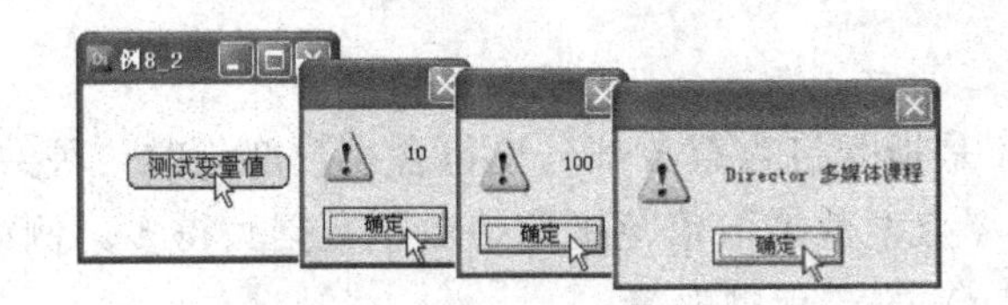


图 8.6　测试变量值

（5）保存与生成项目：源文件保存为 sy8_2.dir，导出影片可执行文件为 sy8_2.exe。

**4. 局部变量和全局变量**

在 Lingo 语言中，根据变量作用范围的不同可分为局部变量和全局变量。

（1）局部变量。

局部变量只在定义它的事件过程中有效，当这个事件过程执行完后，变量就会被释放。当再次执行该事件过程时，Director 仍然会先定义和初始化这个变量，在事件过程执行完成后，会被再次撤销。因此，在不同的事件过程中可以使用相同的局部变量名。

（2）全局变量。

在 Director 运行的过程中，一旦定义了全局变量，就会一直存在，直到 Director 发出 ClearGlobals()命令或退出电影为止。全局变量可以在各个事件过程中被引用、访问和更新，一旦全局变量的值被改变，所有使用了该全局变量的过程中的值都会随着改变。

在 Lingo 中，所使用变量默认为局部变量，它可以不声明直接引用。如果要声明全局变量，必须在变量前添加关键字 Global。例如，下面的代码声明了一个名为 MusicNo 的全局变量：

```
Global MusicNo
```

如果要同时声明多个全局变量，可以将声明的全局变量放在同一行语句中，变量之间用逗号“,”分隔，或将声明的全局变量放在不同行，例如：

```
Global MusicNo, MusicName
```

等价于

```
Global MusicNo
Global MusicName
```

### 8.2.2　数据类型

数据类型是指一组符合预定义的数据形式。

**1. 常用数据类型**

在 Lingo 中，常用变量的数据类型主要包括整数型、浮点型、字符串型和逻辑型。

（1）整数型。

整数型数据是有范围的，它可以包括–2147483648～+21474483647 之间的任意整数，超过这个范围，该数据就不是一个整数型。例如，代码 IntX=999999 定义了一个名称为 IntX 的整数型变量。

（2）浮点型。

所谓浮点型数据，是指既包含整数部分也包含小数部分的一种数据类型，浮点型数据默认保留 4 位小数，浮点型数据取值范围比整数型数据大得多。例如，代码 FloatX=8.05 定义了一个名称为 FloatX 的浮点型变量。

（3）字符串型。

字符中一组字符的集合，字符串型数据就是用双引号括起来的一串字符。例如，代码 StrTitle="Director 多媒体开发"定义了一个名称为 StrTitle 的字符串型变量。

（4）逻辑型。

逻辑型是由 True 和 False 或 0 和 1 组成的一种简单的数据类型，常用于判断一个结果对与错、真与假。

**2. 数据类型转换**

不同类型的数据之间可以通过 Lingo 提供的内置方法进行转换。常用转换方法如下。

（1）Integer(n)。

将括号中的数据 n 转换为整数型数据。

例如，要在名为“Ts”的域文本中显示字符串变量 strX="100"和 strY="200"的和，则需要先转换两个字符串变量值为整数型数据，求和后再将整数型数据转换为字符串，最后赋值给域文本框的文本属性，代码如下：

```
strX="100"
strY="200"
Member("Ts").Text=string(Integer(strX)+Integer(strY))
```

（2）float(n)。

将括号中的数据 n 转换为浮点型数据，默认保留 4 位小数。

例如，float(100)将整形数 100 转换为带有 4 位小数的浮点型数。

（3）string(n)。

将括号中的数据 n 转换为字符串型数据。

### 8.2.3 运算符与表达式

Director 中的运算符可分为算术运算符、比较运算符、逻辑运算符和字符串运算符 4 类。

**1. 算术运算符**

算术运算符是数学中最常用的运算符，常见的算术运算符及其功能见表 8.1。

**表 8.1 常见的算术运算符及其功能**

| 运算符 | 含义 | 实例 | 结果 |
|---|---|---|---|
| + | 加 | 3 + 5 | 8 |
| – | 减 | 3 – 5 | –2 |
| * | 乘 | 3 * 9 | 27 |
| / | 除 | 5 / 2 | 2.5 |
| Mod | 取模 | 5 Mod 2 | 1 |

### 2. 比较运算符

比较运算符用于比较两个操作数的大小，关系成立，则返回 True，否则返回 False，常见的比较运算符及其功能见表 8.2。

**表 8.2 常见的比较运算符及其功能**

| 运算符 | 含义 | 实例 | 结果 |
| --- | --- | --- | --- |
| = | 等于 | "ABCDE" = "ABR" | False |
| > | 大于 | "ABCDE " > "ABR" | False |
| >= | 大于等于 | "bc" >= "大小" | False |
| < | 小于 | 23 < 3 | False |
| <= | 小于等于 | "23" < " 3 " | True |
| <> | 不等于 | "abc" <> "abcde" | True |

### 3. 逻辑运算符

逻辑运算符用于对两个操作数进行逻辑运算，结果是逻辑值 True 或 False，常见的逻辑运算符及其功能见表 8.3。

**表 8.3 常见的逻辑运算符及其功能**

| 运算符 | 含义 | 实例 | 结果 | 说明 |
| --- | --- | --- | --- | --- |
| And | 与 | （2 >= 1） And （"c" > "a"） | True | 两个表达式均为真时结果为真 |
| Or | 或 | （7 < 3） Or （8 >= 8） | True | 两个表达式一个为真时结果为真 |
| Not | 取反 | Not （5 > 3） | False | 结果与操作数的值相反 |

### 4. 字符串运算符

常用的字符串运算符有两个：

（1）定义一个字符串。

用双引号“""”括起来的一串字符。例如，"Director 多媒体课程"。

（2）字符串连接符。

符号“&”用于连接两个字符串。例如，"Director" & "多媒体课程"。

### 5. 表达式

由各种变量、常量、运算符、函数和圆括号按一定的规则连接起来的并有一定意义的式子称为表达式。例如，IntX+IntY+IntZ*100、"Dieector" & "多媒体课程"、IntSum+10 等都是表达式。

## 8.2.4 流程控制

在编程过程中，掌握各种流程控制，不仅可以使程序的功能更加强大，而且能极大地提高程序的执行效率。在 Lingo 语言中，常用的流程控制有顺序结构、条件结构和循环结构。

### 1. 顺序结构

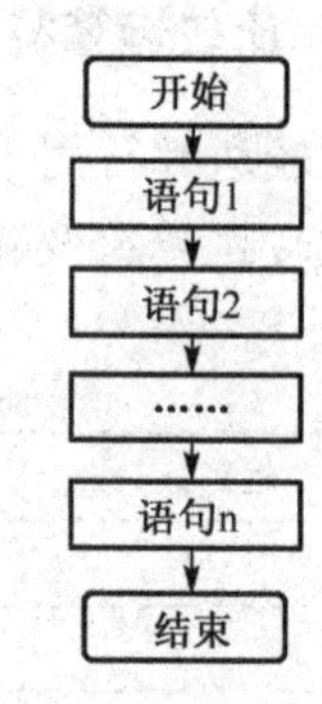

图 8.7 顺序结构流程图

顺序结构是流程控制中最基本、最常用的控制结构。在顺序结构中，各个语句按出现的先后顺序依次执行，即执行完第一条语句后，继续执行第二条语句，依次继续执行一条语句，直到执行完最后一条。顺序结构的执行流程图如图 8.7 所示。

【例 8.3】 已知语文为 100 分、数学为 90 分、英语为 80 分，利用顺序结构计算这三门课程的平均成绩，并通过对话框输出结果。

设计步骤：

（1）启动 Director，新建“150×100”的影片。

（2）双击第 1 帧行为通道，打开行为脚本窗口，输入 go to the frame，使影片播放时播放头停在第一帧。

（3）选中工具箱中的按钮工具，在窗口绘制一个按钮，输入文字“平均成绩”，右击该按钮，在弹出的快捷菜单中选择“脚本...”，打开行为脚本窗口，在鼠标释放事件处理过程中输入代码如下：

```
on MouseUp me
    scoreA = 100                              --赋值语句,将数值 100 赋予变量 scoreA
    scoreB = 90
    scoreC = 80
    savg = (scoreA+scoreB+scoreC) / 3   --用表达式计算平均成绩
    Alert "平均成绩为 " & savg                --用对话框输出结果
end
```

（4）播放电影，单击“平均成绩”按钮，弹出对话框显示结果，如图 8.8 所示。

（5）保存与生成项目：源文件保存为 sy8_3.dir，导出影片可执行文件为 sy8_3.exe。

### 2. 条件结构

条件结构用于判断，根据判断条件产生的结果，选择执行不同的分支。Director 语言中的条件结构语句有 If ... Then 和 Case ... Of 语句，本章将介绍 If ... Then 语句。

If ... Then 语句包括单分支、双分支和多分支等多种结构形式。

● 单分支结构 If ... Then 语句

语句格式：

```
If 表达式 Then
    语句块
End If
```

其中：表达式提供判断条件，它可以是关系表达式、比较表达式、逻辑表达式；语句块部分可以是一条或多条 Lingo 语句。

该语句的作用是当表达式的值为 True 或非零时，执行 Then 后面的语句块，否则，跳过 If 语句，执行条件结构后的其他语句（End If 后面的一条语句），执行流程如图 8.9 所示。

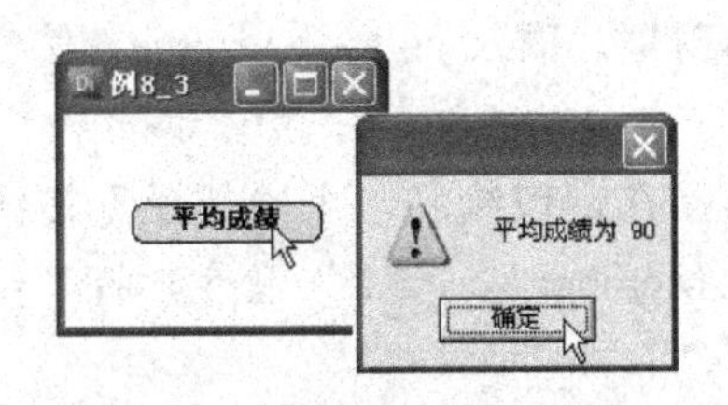


图 8.8　对话框显示平均成绩

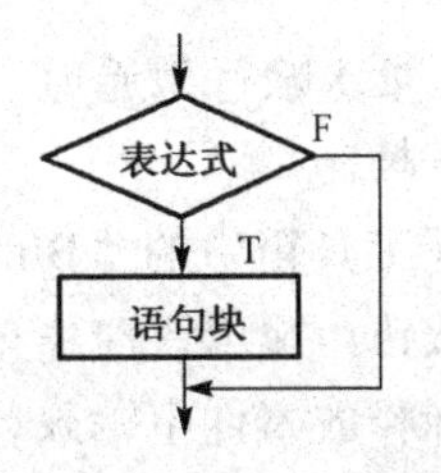


图 8.9　单分支结构流程

当单分支结构中的语句块部分只有一条语句时，可将 If 语句简化成单行形式：

```
If 表达式 Then 语句
```

**【例 8.4】** 设计一个用户登录程序。

要求：分别在域文本框中输入用户名和密码，根据输入值判断密码是否正确，如果输入密码为“password”，显示文字“欢迎用户 xxx 登录”，否则不显示欢迎文字，如图 8.10 所示。

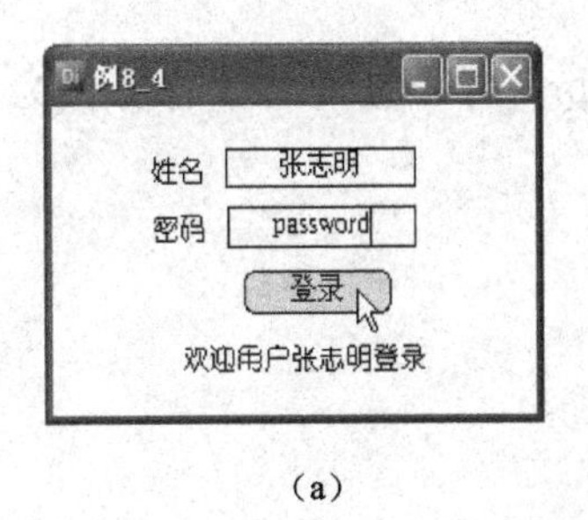


(a)

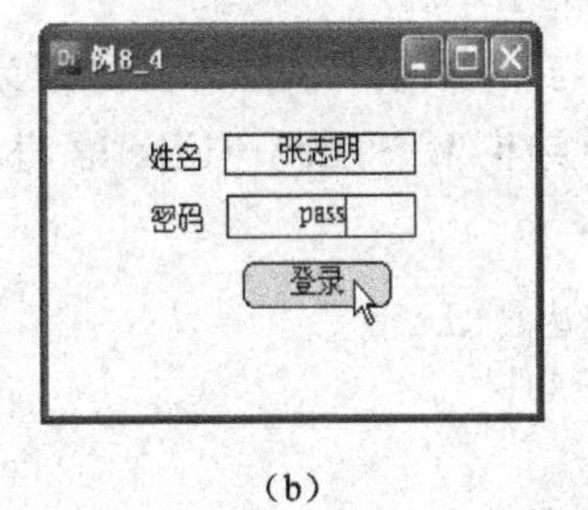


(b)

图 8.10　用户登录程序

设计步骤：

（1）启动 Director，新建“250×200”的影片。

（2）参考图 8.10，使用工具箱中的“Text”工具，在舞台绘制 3 个文本，前 2 个文本分别对应“姓名”、“密码”，第三个文本用于显示欢迎文字，初始值为空白，在演员表窗口命名该文本为“TMsg”。

（3）选择工具箱“Field”工具，在舞台绘制 2 个域文本，在演员表窗口分别命名域文本名为“TName”和“TPass”。在属性检查器的 Field 选项卡中，设置域文本“TName”和“TPass”，可编辑，有边框等属性，如图 8.11 所示。

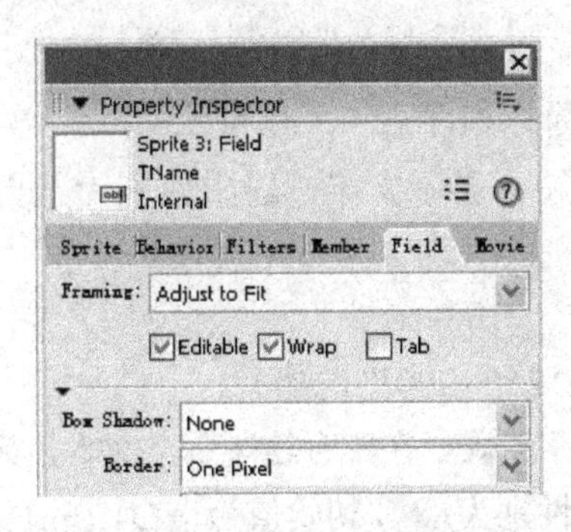


图 8.11　设置域文本属性

（4）双击第 1 帧行为通道，打开行为脚本窗口，输入 go to the frame，使影片播放时播放头停在第一帧。

（5）选择工具箱中的“Button”按钮工具，在窗口绘制一个“登录”按钮。在演员表窗口右击该按钮，弹出快捷菜单，选择“Cast Member Script...”命令，打开演员脚本编辑窗口，在鼠标释放事件中输入代码：

```
on MouseUp
   Member("TMsg").Text=""                  --清除文本演员 TMsg 上的信息
   If Member("TPass").Text="password" Then    --判断输入的密码是否正确
      Member("TMsg").Text="欢迎用户" & Member("TName").Text & "登录"
   End If
end
```

（6）播放电影，在用户名域文本框输入任意文字，例如“张志明”、密码域文本框输入“password”，单击“登录”按钮后，窗体下方显示“欢迎用户张志明登录”，如密码输错，则不显示欢迎文字。

（7）保存与生成项目：源文件保存为 sy8_4.dir，导出影片可执行文件为 sy8_4.exe。

- 双分支结构 If…Then…Else 语句

语句格式：

```
If 表达式 Then
   语句块 1
Else
   语句块 2
End If
```

该语句的作用是当表达式的值为 True 或非零时，执行语句块 1，否则，执行语句块 2，执行流程如图 8.12 所示。

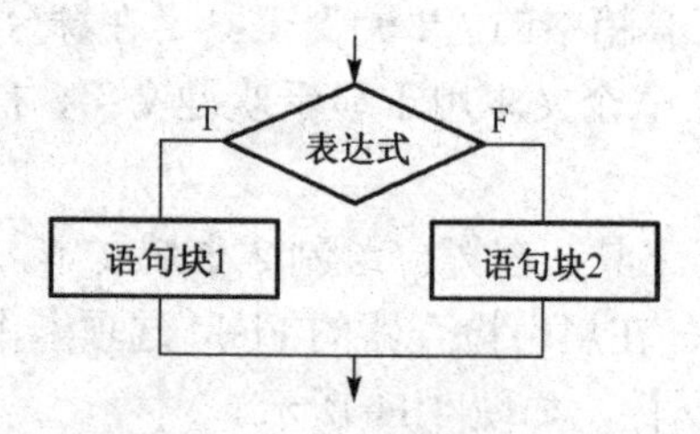


图 8.12　双分支结构流程

**【例 8.5】** 设计一个性别选择程序。

要求：根据选择的性别按钮，显示文字“选中性别为：男”或“选中性别为：女”。影片效果如图 8.13 所示。

设计步骤：

（1）启动 Director，新建“250×200”的影片。

（2）选择工具箱中的“Text”工具，在舞台绘制 2 个文本，其中一个文本输入文字“性别”，另一个文本用于显示文字“选中性别为：x”，初始值为空白，在演员表窗口命名该文本为“TSex”。

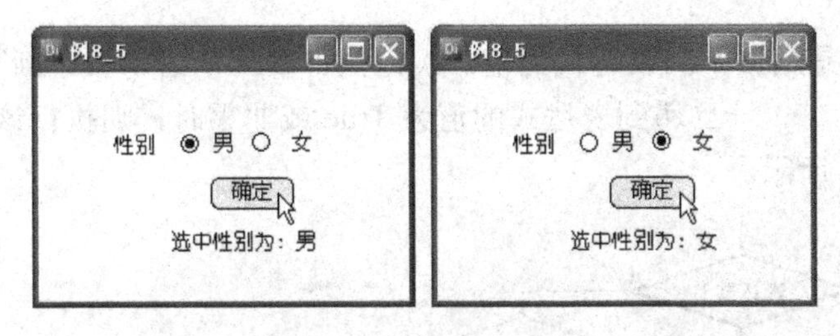


图 8.13　性别选择

（3）选择工具箱中的“Radio Button”单选按钮工具，在舞台绘制 2 个单选按钮，分别输入单选按钮文本“男”和“女”，在演员表窗口分别命名单选按钮为“TSex1”和“TSex2”。

（4）利用“控件”类行为创建单选按钮组。

打开 Library 行为库，单击“Library List→Controls”项，打开控件行为面板，拖曳“Radio Button Group”单选按钮组行为到舞台窗口的“男”单选按钮精灵上，弹出参数对话框，设置按钮组名为“RGroup1”。用同样的方法，为“女”单选按钮精灵创建行为实例。

**注意**：两个单选按钮所属的组名必须相同，才能成为一个按钮组。

（5）双击第 1 帧行为通道，打开行为脚本窗口，输入 go to the frame，使影片播放时播放头停在第一帧。

（6）选择工具箱中的“Button”按钮工具，在窗口绘制一个“确定”按钮，在演员表窗口右击该按钮，弹出快捷菜单，选择“Cast Member Script…”命令，打开演员脚本编辑窗口，在鼠标释放事件中输入代码：

```
on MouseUp
  Member("TSex").Text= ""
  If Member("Sex1").hilite = True Then   -- hilite = True 选中该单选按钮
     Member("TSex").Text= "选中性别为：男"
  Else
     Member("TSex").Text= "选中性别为：女"
  End If
end
```

（7）播放电影，选中单选按钮“男”或“女”，单击“确定”按钮，显示相应的性别选择结果。

（8）保存与生成项目：源文件保存为 sy8_5.dir，导出影片可执行文件为 sy8_5.exe。

● 多分支结构 If…Then…Else 语句

语句格式：

```
If 表达式 1 Then
   语句块 1
Else If 表达式 2 Then
   语句块 2
……
[Else
   语句块 n+1]
End If
```

该语句的作用是根据不同表达式的值，确定执行哪一个语句块，判断条件的顺序为表达式 1、表达式 2、…，一旦遇到表达式的值为 True 或非零时，则执行该条件下的语句块，执行流程如图 8.14 所示。

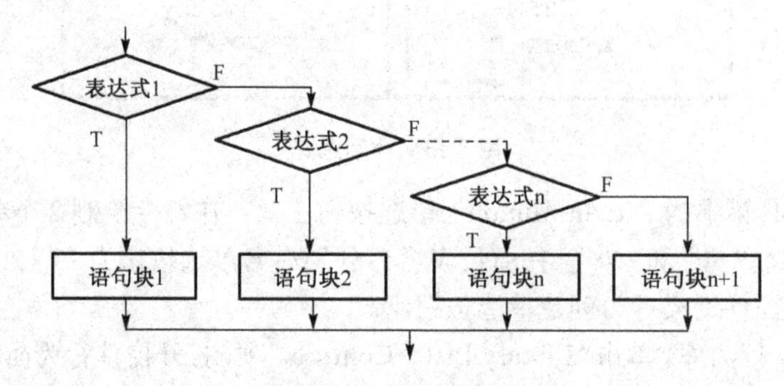


图 8.14　多分支结构流程

多分支结构是双分支结构的扩展，当多分支结构判断条件只有表达式 1 时，就是双分支结构；进一步，若 Else 部分也不存在，就退化为单分支结构。

**【例 8.6】** 设计一个成绩等级判断程序。

要求：通过域文本框 1 输入百分制成绩 n，根据输入值判断成绩等级：n≥90 分为优、80≤n＜90 分为良、70≤n＜80 分为中、60≤n＜70 分为及格、60 分以下为不及格，成绩等级通过域文本框输出，效果如图 8.15 所示。

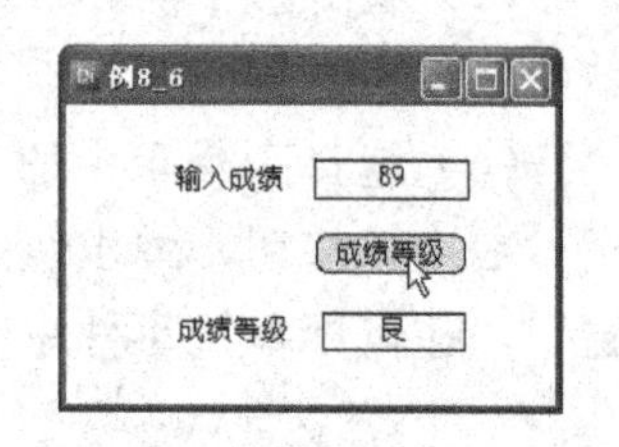


图 8.15　多分支结构流程

设计步骤：

（1）启动 Director，新建“250×150”的影片。

（2）选择工具箱中的“Text”工具，在舞台绘制 2 个文本，分别输入文本“输入成绩”和“成绩等级”。

（3）选择工具箱中的“Field”工具，在舞台绘制 2 个域文本。在演员表窗口分别命名域文本名为“Tscore”和“TResult”。在属性检查器的 Field 选项卡中，设置域文本“Tscore”和“TResult”，可编辑，有 1 像素边框。

（4）双击第 1 帧行为通道，打开行为脚本窗口，输入 go to the frame，使影片播放时播放头停在第一帧。

（5）使用“Button”按钮工具，在舞台绘制一个“成绩等级”按钮。右键单击演员表中的“按钮”演员，弹出快捷菜单，执行“Cast Member Script…”命令，打开演员脚本编辑窗口，在鼠标释放事件中输入以下代码：

```
on MouseUp me
    If Member("Tscore").Text>=90 Then
      Member("TResult").Text="优"
    Else If Member("Tscore").Text>=80 Then
      Member("TResult").Text="良"
    Else If Member("Tscore").Text>=70 Then
      Member("TResult").Text="中"
    Else If Member("Tscore").Text>=60 Then
```

```
    Member("TResult").Text="及格"
  Else
    Member("TResult").Text="不及格"
  End If
end
```

（6）播放电影，在域文本框“Tscore”中输入 100 及以下任意数字，如 80，单击“成绩等级”按钮，显示结果“良”。

（7）保存与生成项目：源文件保存为 sy8_6.dir，导出影片可执行文件为 sy8_6.exe。

### 3. 循环结构

在解决实际问题的过程中，经常会遇到在特定条件下进行具有规律性的重复运算，在程序中称作为重复执行某一组语句。一组被重复执行的语句称为循环体语句，每重复执行一次循环体语句，都必须进行是否终止循环的判断，决定是否终止循环的条件称为循环终止条件。故循环语句是由循环体语句和循环终止条件两部分组成的。

Lingo 语言提供了 Repeat …With 语句来实现循环，语句格式如下：

```
Repeat With  循环变量=初值 to 终值
语句块
End Repeat
```

该语句的作用是判断循环条件是否满足，满足条件，循环结构重复执行。循环条件一旦不满足，将终止循环，跳出循环体，其执行流程如图 8.16 所示。

**【例 8.7】** 通过域文本框输入一个数字 n，计算 1 至 n 的和，结果通过对话框输出。

设计步骤：

（1）启动 Director，新建“150×100”的影片。

（2）双击第 1 帧行为通道，打开行为脚本窗口，输入 go to the frame，使影片播放时播放头停在第一帧。

（3）选择工具箱中的“Text”工具，在舞台绘制 1 个文本，输入文字“输入”。选择工具箱中的“Field”工具，在舞台绘制 1 个矩形，在演员表窗口命名域文本名为“Tin”，然后选中“Tin”，选择“Property Inspector→Field（属性检查器→域文本）”选项卡，选勾“Editable（可编辑）”和 “Wrap（外框）”选项，设置“Border（边框）”为“One Pixel（1 像素）”。

选择工具箱中的“Button（按钮）”工具，在舞台绘制一个按钮，输入文字“求和”，右击演员表窗口中的“按钮”演员，在弹出的快捷菜单中选择“Cast Member Script（演员脚本…）”，打开演员脚本编辑窗口，在鼠标释放事件处理过程中输入代码如下：

```
on MouseUp
  Repeat With i=1 to Member("Tin").Text
    S=S+i
  End Repeat
  Alert "1至" & Member("Tin").Text & "的和为 " & S
End
```

（4）播放电影，在域文本框中输入任意数字，如 100，单击“求和”按钮，弹出对话框显示结果如图 8.17 所示。

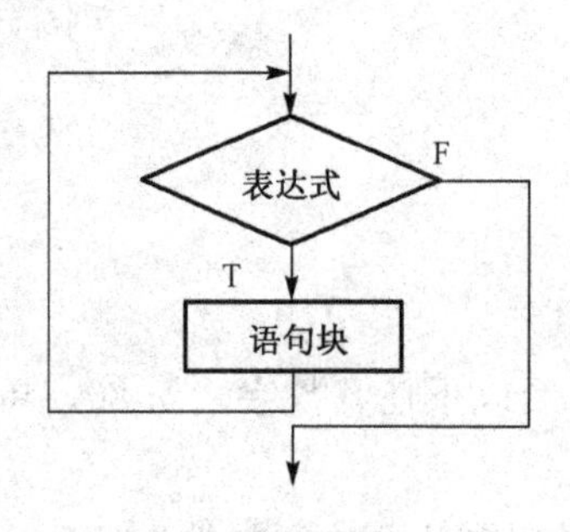


图 8.16　循环结构流程

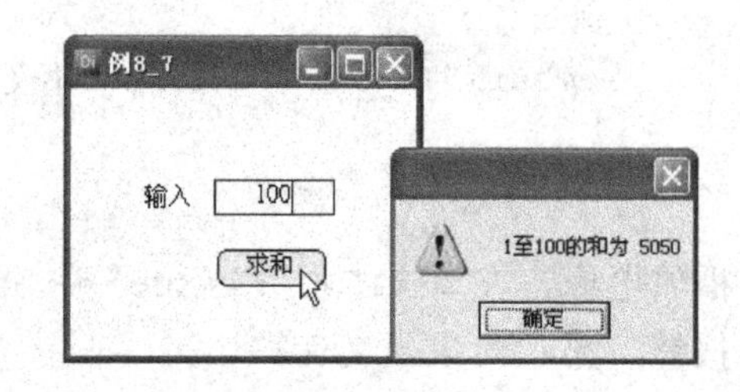


图 8.17　对话框显示求和结果

（5）保存与生成项目：源文件保存为 sy8_7.dir，导出影片可执行文件为 sy8_7.exe。

### 8.2.5　列表

列表类似于其他编程语言中的数组概念，是一种一次可保存多个数值的变量。Director 提供了两种类型的列表，分别为线性列表和属性列表。

#### 1. 线性列表

线性列表中的元素都是由单个数值组成的，可以用方括号“[ ]”或 list()函数声明。线性列表中的元素都要用逗号“,”分隔开来，各元素的数据类型可以不同，列表中元素的索引从 1 开始。

例如，下面的代码都定义线性列表 Score 对象。

```
score=[]                                  --不包含任何元素的空线性列表
score=list()
score=[100,80,90,70,60]                   --包含 5 个同类型元素的列表
score =["12033101","张明","计算机","男",21] --包含 5 个不同类型元素的列表
score=list("张明","李建国","王平","薛英")      --list()函数定义包含 4 个元素的
                                              列表
```

#### 2. 属性列表

属性列表中的每个元素由成对出现的“#属性名称:属性值”两部分组成。同创建线性列表一样，可以用操作符“[:]”或 proplist()函数声明。

例如，下面的代码定义了一个名为 studentList 的属性列表。

```
studentList=[#学号:"12033101",#姓名:"张明",#专业:"计算机",#性别:"男",#年龄:21]
```

#### 3. 为列表中的元素赋值

（1）为线性列表中的元素赋值，格式为：

```
列表名[Index] = 元素值
```

例如，下面的代码定义了一个名为 studentList 的线性列表，并为元素赋值。

```
studentList=[]                    --定义空列表
studentlist[1]="12033101"         --为列表元素 1 赋值 12033101
```

```
studentlist[2]="张明"
studentlist[3]="计算机"
studentlist[4]="21"
```

（2）属性列表中的元素赋值，格式为：

```
列表名[#元素属性名] = 元素属性值
```

### 4. 读取列表中的元素值

（1）通过索引读取线性列表和属性列表中的元素值，格式为：

```
列表名[Index]
```

例如，有 5 个元素线性列表 Score，读取列表中索引为 3 的元素并显示。

```
score=[100,80,90,70,60]
x= score[3]
Alert string(x)          --对话框显示 90
```

例如，有属性列表 StudentList，读取列表中索引为 3 的元素并显示。

```
studentList=[#学号:"12033101",#姓名:"张明",#专业:"计算机",#性别:"男",#年龄:21]
y= studentList[3]
Alert string(y)                --对话框显示“计算机”
```

（2）通过属性名读取属性列表中的元素值，格式：

```
列表名[#元素属性名]
```

例如，读取属性列表 studentList 中属性名为姓名的元素值。

```
studentList=[#学号:"12033101",#姓名:"张明",#专业:"计算机",#性别:"男",#年龄:21]
y= studentList[#姓名]
Alert string(y)                --对话框显示“张明”
```

**【例 8.8】** 求某班级 10 名学生成绩大于平均分的人数，该 10 名学生成绩为 90、80、70、60、75、85、95、65、92、68。

设计步骤：

（1）启动 Director，新建“150×100”的影片。

（2）选择工具箱中的“Button”按钮工具，在舞台绘制一个按钮，输入文字“计算”。

（3）为按钮添加行为。打开按钮脚本编辑窗口，在鼠标释放事件处理过程中输入如下代码：

```
on MouseUp
  score=[90,80,70,60,75,85,95,65,92,68]     --定义列表
  Repeat With i=1 to 10                     --用循环计算 10 名学生成绩之和
    avg=avg+score[i]
  End Repeat
  avg=avg/10                                --计算成绩平均分，保存在变量 avg
  Repeat With i=1 to 10                     --用循环统计成绩大于平均分的人数
    if score[i]>avg then sum=sum+1
```

```
    End Repeat
    Alert string (sum)
  End
```

（4）播放电影，单击“计算”按钮，弹出对话框显示结果如图 8.18 所示。

（5）保存与生成项目：源文件保存为 sy8_8.dir，导出影片可执行文件为 sy8_8.exe。

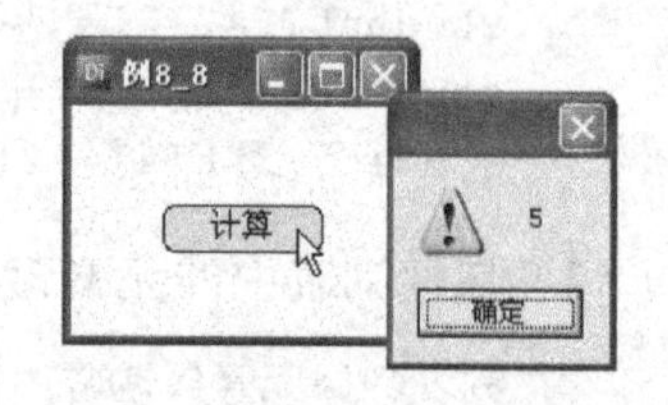

图 8.18　计算大于平均分的人数

## 8.3 事件、脚本和动作

### 8.3.1 事件

Lingo 中脚本是基于事件的触发机制，对于任何一个动作，如鼠标单击、鼠标移动、按下键盘上的按键等操作，都可成为一个事件。事件发生时如有相应的脚本程序，则按照程序设定的流程进行处理，否则忽略该事件。

在 Director 中，按事件的来源可分为系统事件和用户自定义事件。系统事件是在 Director 中被预先定义的和命名的，而由用户所创建的事件就是用户自定义事件。

大多数系统事件，在一个电影正在播放的时候，遵循预先定义的次序将自动地发生。Director 中常见系统事件发生的顺序和场合如表 8.4 所示。

表 8.4　Director 中常见系统事件发生的顺序和场合

| 事件名称 | 触发时机 | 发生场合 | | |
|---|---|---|---|---|
| | | 电影 | 精灵 | 帧 |
| prepareMovie | 在电影载入内存时，可用于建立、初始化全局变量 | √ | | |
| beginSprite | 播放头首次遇到某个精灵时 | | √ | √ |
| prepareFrame | 当前帧准备完毕之前 | √ | √ | √ |
| startMovie | 播放头进入电影第 1 帧时 | √ | | |
| enterFrame | 播放头进入当前帧时 | √ | √ | √ |
| exitFrame | 播放头退出当前帧时 | √ | √ | √ |
| stopMovie | 当影片停止或结束时，可用于全局变量复位 | √ | | |
| endSprite | 播放头离开指定精灵时 | | √ | √ |

另外有一部分系统事件，例如鼠标事件、键盘事件等，不会自动地发生，而需要用户触发它们，其描述如表 8.5 所示。

表 8.5　Director 中鼠标与键盘事件

| 事件名称 | 触发时机 | 发生场合 | | |
|---|---|---|---|---|
| | | 电影 | 精灵 | 帧 |
| keyDown | 按下键盘中的某键 | √ | √ | √ |
| keyUp | 释放键盘中的某键 | √ | √ | √ |

续表

| 事件名称 | 触发时机 | 发生场合 | | |
|---|---|---|---|---|
| | | 电影 | 精灵 | 帧 |
| mouseDown | 按下鼠标左键 | √ | √ | √ |
| mouseEnter | 鼠标指针进入指定精灵的外围方框区域 | √ | √ | √ |
| mouseLeave | 鼠标指针离开指定精灵的外围方框区域 | √ | √ | √ |
| mouseUp | 释放所按下的鼠标左键 | √ | √ | √ |
| mouseWithin | 鼠标指针悬停在精灵外围方框区域的内部 | √ | √ | √ |
| rightMouseDown | 按下鼠标右键 | √ | √ | √ |
| rightMouseUp | 释放所按下的鼠标右键 | √ | √ | √ |

## 8.3.2 脚本

脚本是指在 Director 中编写的程序代码。Director 中的脚本类型大致可以分为电影脚本、行为脚本（包含帧脚本和精灵脚本）、演员脚本和父脚本等四类。电影脚本、行为脚本和父脚本在演员表中全部作为独立的角色成员出现，而演员脚本需要附加到相关联的演员角色，而不能独立地出现。四种类型的脚本在演员表中所显示的行为图标各不相同，如图 8.19 所示。

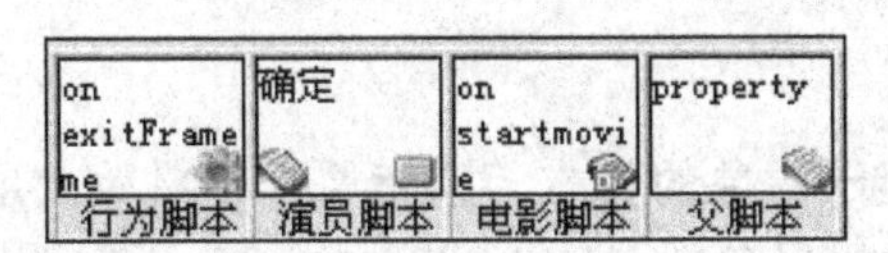


图 8.19　四种类型的脚本

在 Director 中，所编写的脚本与脚本的类型、存储脚本的位置，分配的对象（例如精灵或演员），脚本可以起作用的范围（例如在整部电影中或在某一帧中）等几个因素相关。

### 1. 电影脚本

电影脚本是全局脚本，它不依赖于其他任何演员、精灵和帧，独立存在于电影中。电影脚本常用在 on startMovie、on stopMovie、on idle 等电影独有的一些事件中，用户自定义事件也可在电影脚本里完成。一个电影脚本的事件处理程序能够被影片里的其他脚本在影片播放时调用。电影脚本的创建方法如下：

执行“Window→Script（窗口→脚本）”，弹出“Script:Movie Script”电影脚本编辑窗口，指定事件，输入脚本代码。常用 on startMovie 事件完成初始化工作、声明全局变量。

### 2. 行为脚本

行为脚本是被添加到精灵或帧上才能起作用的脚本。它不同于 Director 库面板的互动行为，当行为脚本被添加到演员表，就会出现在“Behavior Inspector”行为检查器选项卡里的互动行为弹出菜单里，其他类型脚本不会出现在此处。

行为脚本在一个交互式 Director 电影中的应用非常频繁，它能够实现程序的模块化、批量处理和控制特定的精灵和帧。能添加相同的行为脚本到剧本分镜窗的多个位置。创建行为脚本方法有以下两种：

（1）创建精灵的行为脚本。

右击舞台上的某个精灵，打开“Script: Behavior Scrip”行为脚本编辑窗口，默认 on MouseUp me 事件。

通常对精灵的操作有：单击精灵、双击精灵、鼠标在精灵上面、鼠标移出精灵等。

精灵脚本常用的事件有：鼠标按下 on mouseDown、鼠标抬起 on mousUp、鼠标离开 On mouseleave、鼠标在对象内 On mousewithin。

（2）创建帧的行为脚本。

双击行为通道某帧，弹出“Script: Behavior Scrip”行为脚本编辑窗口，默认 on exitFrame me 事件。

### 3. 演员脚本

演员脚本用于控制演员的属性和行为，是附加于演员本身的脚本，可以把演员脚本看成是演员的某种属性。当对一个演员编写了脚本之后，由该演员创建的所有相应的精灵都具有了相同的脚本，而无需再次编写。

演员脚本的创建方法：右击演员表窗口中的演员，选择“Cast member Script”命令，弹出“Script of Cast Member”演员脚本编辑窗口，默认 on MouseUp 事件。

### 4. 父脚本

父脚本是一种用来创建子对象的脚本，它就像一个模板，用来表示一个对象的属性和所要执行的程序（通常所说的对象的方法）。当创建一个父脚本的实例时，即生成了一个子对象，一个父脚本可以拥有很多个子对象，这些子对象拥有父脚本的属性和可执行的程序功能。

在设计模式下，行为脚本能够被拖曳到精灵对象上；而电影脚本和父脚本则不能被拖曳到精灵对象上。

对于所创建脚本，如果要改变脚本类型，可通过属性检查器的“Script”选项卡内的“Type”列表切换脚本类型，如图 8.20 所示。

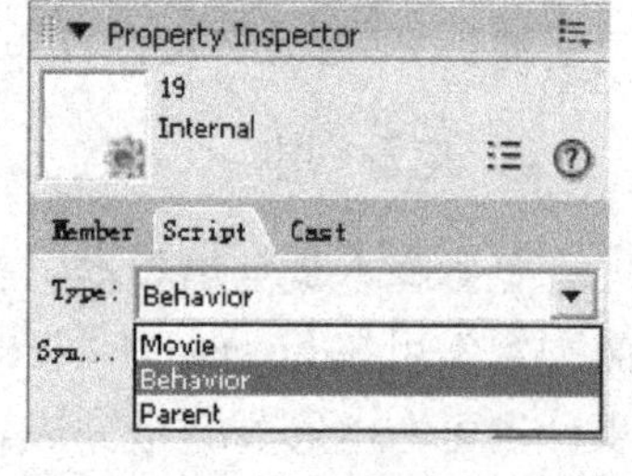


图 8.20　设置脚本类型

脚本的执行需要由事件来触发。在 Director 中，对于事件所发出的系统消息，有一种独特的分层方法来控制系统消息的传播路径，当一个消息被一个脚本接收并触发其中的相应处理例程后，它将被该处理例程截获屏蔽，不会再传送给其他别的例程，绝不会发生一个系统消息同时触发两个不同脚本中的同一类型处理例程的情况。

在相同事件下，如果同时存在几种脚本，将执行优先级别较高的脚本，并屏蔽优先级较低的脚本。一般情况下，脚本优先级别顺序如下：精灵脚本、演员脚本、帧脚本、电影脚本。假设发生的用户事件是弹起鼠标左键，即 mouseUp 事件，那么消息将按照下面的方式进行传播：

首先检查精灵是否存在 mouseUp 事件脚本，若有，执行精灵的 mouseUp 事件，此消息不再进行传播；否则，检测与该精灵相关联的演员是否存在 mouseUp 事件脚本，若有，执行演员的 mouseUp 事件，此消息不再进行传播；否则，检测当前帧是否存在同类事件；最后检测电影脚本中的 mouseUp 事件。

脚本的位置安排相当重要，稍有不慎就可能出现漏洞。比如在帧脚本中对某一精灵完成一个动作，如果将该帧脚本放到电影脚本中，那么无论在什么地方，只要该精灵所在的通道不为空，通道上的精灵就会作出相同的动作。

【例 8.9】 设计制作一个影片，编写 4 个同名的不同类型的 check 事件，用于读取图片对象中指定像素点的颜色值。当鼠标移动到图片上某位置时，在文本上显示所检测到的颜色和所执行的脚本，验证脚本执行优先级别。

为验证脚本执行优先级别，可将影片分为 3 个场景，场景 1 包含 check 事件的帧、电影脚本，场景 2 包含 check 事件的演员、帧、电影脚本，场景 3 包含 check 事件的精灵、演员、帧和电影脚本。

设计分析：

当鼠标在图片上移动时，鼠标的 mouseLoc 属性返回鼠标在舞台上当前的坐标，包含水平和垂直位置值。其使用方式是：the mouseLoc 或_mouse.mouseLoc。

相对于图片精灵上鼠标的坐标位置，需要用鼠标舞台坐标位置减去图片在舞台左上角坐标，计算公式为：the mouseLoc-point（Sprite（n）.rect[1],Sprite（n）.rect[2]）。

rect 指定图形精灵矩形范围左，上，右，下的坐标；point（x, y）函数表示一个点的坐标，公式中的 point 表示图片左上角坐标。

要返回图片对象中指定像素点的 RGB 颜色值，可使用 image.getPixel（x, y ）函数。

设计步骤：

（1）启动 Director，新建“320×240”的影片。将影片分为 3 个场景，每个场景使用 5 帧的跨度。

（2）导入图片素材 p1.jpg、p2.jpg、p3.jpg；建立一个名称为“textbar”的文本演员，用于显示图片素材某坐标点的颜色编号；建立 3 个按钮，与 3 个场景相对应。

在精灵通道 1 的场景 1 放置图片 p1，场景 2 和场景 3 分别放置图片 p2、p3；3 个按钮使用通道 3～5。分镜窗与演员表的关系如图 8.21 所示。

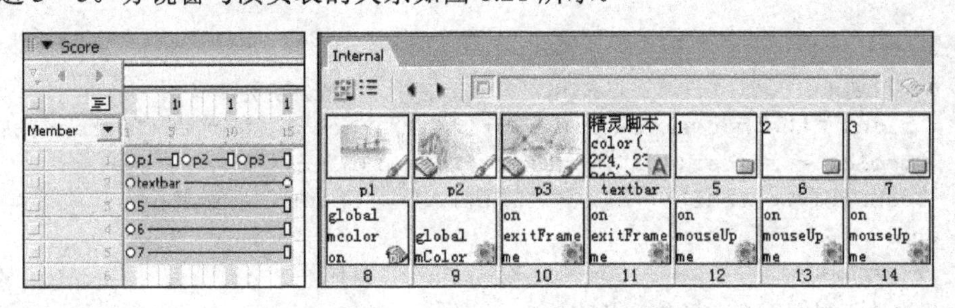


图 8.21 分镜窗与演员表的关系

（3）创建电影脚本演员。

执行“Window→Script”命令，弹出“Script:Movie Script”电影脚本编辑窗口，建立演员 8，输入如下脚本：

```
global mcolor                --存放指定点颜色值
```

```
on startMovie                    --初始化
  mcolor = rgb(0,0,0)
  member("textbar").alignment = #center          --设置文本居中对齐
end
on check                         --用户自定义事件，类型为电影脚本
  mloc = the mouseloc-point(Sprite(1).rect[1],Sprite(1).rect[2])
                                 --计算图片上鼠标的坐标
  mcolor = member("p1").image.getpixel(mloc)  --读取指定点颜色值
  member("textbar").text = "电影脚本" & Return & mcolor
                                 --在文本框显示颜色值
  Sprite(2).backcolor = 20 --文本框背景色
end
```

该类型的脚本对所有的场景都有效。

（4）为 p2 添加演员脚本。

右击演员表窗口中的演员 pic2，选择“Cast member Script”命令，弹出“Script of Cast Member”演员脚本编辑窗口，输入如下脚本：

```
global mcolor
on mouseWithin
  check
end
on check                            --用户自定义事件，类型为演员脚本
  mloc = the mouseloc-point(Sprite(1).rect[1],Sprite(1).rect[2])
  mcolor = member("p2").image.getpixel(mloc)
  member("textbar").text = "演员脚本" & Return & mcolor
  Sprite(2).bgcolor = mcolor   --用读取的颜色设置文本框背景色
end
```

（5）为场景 3 的图片 p3 添加演员脚本。

```
global mcolor
on mouseWithin
  check
end
on check                  --用户自定义事件，类型为演员脚本
  mloc = the mouseloc-point(Sprite(1).rect[1],Sprite(1).rect[2])
  mcolor = member("p3").image.getpixel(mloc)
  member("textbar").text = "演员脚本" & Return & mcolor
end
on mouseUp                --比 p2 演员多一个事件
  Sprite(2).bgcolor = mcolor
end
```

（6）为场景 3 的图片精灵添加精灵脚本，建立演员 9。

右击场景 3 内精灵通道 1 上的 p3（11～15 帧），在脚本编辑窗口，输入如下脚本：

```
global mColor
```

```
on mouseWithin me
  check
end
on check                    --用户自定义事件，类型为精灵脚本
  mloc = the mouseloc-point(Sprite(1).rect[1],Sprite(1).rect[2])
  mcolor = member("p3").image.getpixel(mloc)
  member("textbar").text = "精灵脚本" & Return & mcolor & Return &
                            "弹起鼠标改变背景色"
end
```

（7）为场景1添加帧脚本，建立演员10。

双击行为通道第5帧，打开脚本窗口，输入以下代码：

```
on exitFrame me
  go the frame
  check                     --调用检测事件
end
```

（8）为场景2、3添加帧脚本，建立演员11。

在行为通道第10帧使用go to the frame命令控制播放头位置，并复制到第15帧。

（9）为3个按钮添加精灵脚本，控制场景转跳，脚本命令分别为："go 1"、"go 6"、"go 11"。

（10）播放电影，检查效果。

在场景1，由于Sprite1和演员p1没有附加check事件，演员10为帧脚本，它调用check事件，消息被传送到电影脚本，执行电影脚本中的check代码，此时文本框显示提示"电影脚本"。

在场景2，演员p2附加check事件，所产生的Sprite1没有附加精灵check事件，当鼠标移动到图片上，发生on mouseWithin事件，Sprite1没有on mouseWithin处理代码，消息被传送到演员脚本，执行演员脚本中的check代码，并屏蔽消息，不再传送给电影脚本，此时文本框显示提示"演员脚本"。

在场景3，当鼠标移动到图片上，检测到Sprite1上附加on mouseWithin me事件，在该事件内执行精灵 check 事件后，不再将消息传送给演员脚本或电影脚本，故其他类型的check事件不再执行，此时文本框显示提示"精灵脚本"。由于Sprite1没有on mouseUp事件，演员p3的on mouseUp事件不会被屏蔽，释放鼠标左键时，该演员脚本依然能被执行。

（10）保存与生成项目：源文件保存为sy8_9.dir，导出影片可执行文件为sy8_9.exe。

### 8.3.3 动作控制

当触发某个事件时，执行什么动作，可以在脚本编辑器窗口中对应事件内输入功能控制命令，或在库面板内，选择"Behavior Inspector"行为检查器选项卡，创建一个新的行为，然后通过单击"Event Popup"按钮，选择一个事件，例如鼠标释放事件"MouseUp"，并为该事件指定一个动作，例如在当前帧等待："Wait→On Current Frame"，如图8.22所示，创建一个行为演员。拖曳该演员到行为脚本任意帧，就可使播放头停在该帧。

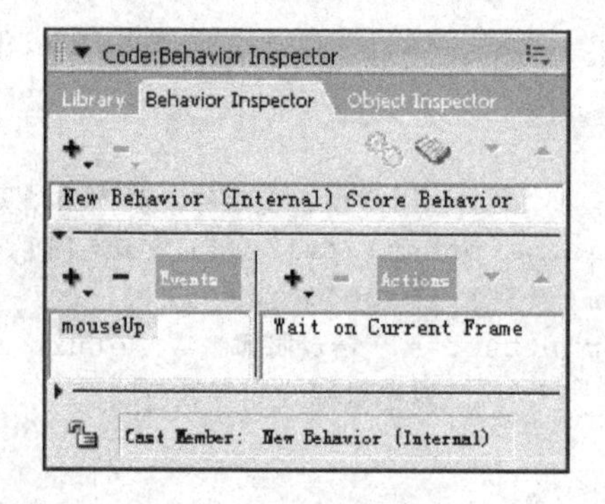


图 8.22 创建行为演员

## 1. 行为检查器创建动作

利用行为检查器创建常用动作控制命令见表 8.6。

**表 8.6 常用动作控制命令**

| 功能 | 命令 | 含义 |
|---|---|---|
| Nagigation（导航） | go to frame n | 移动播放头到第 n 帧 |
| | go Marker(-1) | 播放头移到上 1 个标记处 |
| | go Marker(1) | 播放头移到下 1 个标记处 |
| | go to Movie "Movie File" | 跳转到指定电影文件（Dir 格式） |
| | gotoNetPage "URL" | 跳转到指定网页 |
| | exit | 退出当前电影 |
| Wait（等待） | go to the frame | 停留在当前帧 |
| | puppetTempo .8 | 直到按下鼠标或按下任意键 |
| | delay 60 | 等待 1 秒，单位是 ticks（1/60 秒） |
| Sound（声音） | sound(n).play（member（"演员名"）） | 在声音通道 n 播放音频演员 |
| | sound(n).PlayFile（"文件名"） | 在声音通道 n 播放外部音频文件 |
| | sound(n).pause() | 暂停播放声音通道 n |
| | sound(n).stop() | 停止播放声音通道 n |
| | sound(n).volume=k | 设置声道 n 的音量，0≤k≤255. 0 无声，255 最响 |
| | Sound(n).fadein（时间） | 按照给定的时间声音淡入，单位是 ticks（1/60 秒） |
| | Sound(n).fadeout（时间） | 按照给定的时间声音淡出 |
| Cursor（光标） | Cursor 260 或 280 或 290 | 鼠标光标变为 5 指手形或 2 指手形或拳头手形 |
| | Cursor 0 或 -1 | 鼠标光标恢复原形或还原默认形状 |

## 2. 其他常用动作控制命令

其他常用的动作控制命令见表 8.7。

**表 8.7 其他常用的动作控制命令**

| 命令 | 含义 |
|---|---|
| the currentSpriteNum | 获得当前精灵所在精灵通道号（精灵号） |
| _mouse.clickOn | 获得当前被用户单击激活的精灵通道号 |
| the date 或 _system.date() | 返回计算机系统当前日期 |
| the long time 或 _system.time() | 返回计算机系统当前时间，格式为“时：分：秒” |

续表

| 命令 | 含义 |
| --- | --- |
| the moviepath 或 _movie.path | 获得电影文件所在目录 |
| random(n) | 产生 1 至 n 的随机数 |
| the randomSeed | 使用 ticks 属性指定 random()的一个初值 |
| quit | 退出当前电影 |
| Sprite(n).play()<br>Sprite(n).pause()<br>Sprite(n).stop() | 播放精灵通道 n 中的 wmv、wma、swf<br>暂停精灵通道 n 中的 wmv、wma<br>停止精灵通道 n 中的 wmv、wma，（停止和暂停 swf） |
| Sprite(n).member=member（"演员名"） | 用演员表中的演员交换精灵通道 n 中的精灵 |
| Sprite(n).Visible=True/False | 显示或隐藏精灵 |
| puppetTransition（n,time） | 过渡效果，参数 n 为过渡方式，取值 1～52；time 为时间，取值 0～120，单位 1/4 秒 |
| Sprite(n).camera.translate（x,y,z） | 移动摄像机，即移动精灵通道 n 中的 3D 对象，实现 3D 对象平移、缩放功能 |
| member（"演员名"）.model（index）.rotate（x,y,z） | 旋转摄像机，即旋转 3D 对象 |
| member（"演员名"）.light(n).color = RGB（r,g, b） | 为 3D 对象添加颜色 |
| texture=member（"演员名"）.newTexture（"color", #fromCastmember, member（"材质演员"））<br>member（"演员名"）.model（1）.shader.texture= texture | 为 3D 演员添加材质 |
| member（"演员名"）.ResetWorld() | 重置 3D 演员，移去 3D 演员材质、颜色，恢复原来的大小和位置 |

## 8.4 应用实例

【例 8.10】 设计制作一个影片，利用脚本命令用鼠标控制 4 个玩具。

① 当鼠标移动到玩具 1 上，玩具 1 会顺时针方向不断旋转。

② 当鼠标单击玩具 2 时，玩具 2 水平向左移动 10 像素，如果精灵中心点越出窗口左边界，自动返回到窗口右边。

③ 当鼠标移动到玩具 3 上，玩具 3 自动慢慢淡化消失。

④ 当鼠标移动到玩具 4 上，玩具 4 自动变形，当图形消失后，自动复原。

设计分析：

鼠标移动到玩具精灵上，可对应 on Mousewithin me 事件，鼠标单击可对应 on MouseUp me 事件。

每个精灵都具有自己的属性，只要控制这些属性，就可以产生需要的效果。精灵属性设置格式：Sprite（精灵号）.属性。

常用的精灵属性见表 8.8。

表 8.8 常用精灵属性

| 属性名 | 含义 |
| --- | --- |
| rotation | 确定 Sprite 旋转的角度. |
| locV | 确定 Sprite 注册点的垂直位置单位像素 |

续表

| 属性名 | 含义 |
| --- | --- |
| locH | 确定 Sprite 注册点的水平位置单位像素 |
| blend | 确定 Sprite 的透明度从 0～100.0 完全透明,100 完全不透明 |
| skew | 确定 Sprite 斜切的角度 |

设计步骤：

（1）启动 Director，新建“320×240”大小的影片。

（2）导入玩具图片素材，并将它们放置到舞台，在舞台调整各个精灵的大小和位置。

（3）播放头控制。双击行为通道第 1 帧，打开脚本窗口，输入代码 go to the frame，使播放头停在第一帧。

（4）为玩具 1 创建旋转行为：

在舞台上选择玩具 1，打开脚本窗口，在 on Mousewithin me 事件内，使用脚本命令：

```
Sprite(1).rotation=Sprite(1).rotation+10
```

对 Sprite1 的 rotation 属性的数值不断自加，产生不断旋转的效果。

（5）为玩具 2 创建水平移动行为：

在舞台上选择玩具 2，打开脚本窗口，在 on MouseUp me 事件内，使用脚本命令：

```
Sprite(2).locH=Sprite(2).locH + 10          --Sprite2 水平距离自加 10 像素
If Sprite(2).locH<0 Then Sprite(2).locH=300  --使 Sprite2 返回到窗口右边
```

（6）为玩具 3 创建淡化消失行为：

在舞台上选择玩具 3，打开脚本窗口，在 on Mousewithin me 事件内，使用脚本命令：

```
Sprite(3).blend=Sprite(3).blend-10                       --透明度自减 10
```

（7）为玩具 4 创建自动变形行为：

在舞台上选择玩具 3，打开脚本窗口，在 on Mousewithin me 事件内，使用脚本命令：

```
Sprite(4).skew=Sprite(4).skew+1                          --自变形 1 度
If Sprite(4).skew>89 Then Sprite (4) .skew = 0--当图形消失后，自动复原
```

（8）播放电影，检查玩具效果。

（9）保存与生成项目：源文件保存为 sy8_10.dir，导出影片可执行文件为 sy8_10.exe。

**【例 8.11】** 设计制作一个数字式时钟的影片。

设计分析：

时钟主要涉及时间函数 the long time，它返回计算机系统当前时间，格式为“时：分：秒”字符数据，可以直接将当前的时间输出到一个文本域。如果对显示的数字有特殊要求，可事先制作 10 个数字的图形，在 on exitFrame me 事件使用交换精灵的演员，来显示图形数字。图 8.23 所示上半部分为图形数字，下半部分为字符数字。

当采用图形数字显示时，需要从“时：分：秒”字符串分离每个数字字符，使其与数字图形一一对应。从“时：分：秒”字符串取出一个字符，可以使用函数 chars（字符串，开始位置，结束位置）来实现。当开始位置与结束位置相等时，就会从字符串返回一个单一的字符，例如，chars(newtime,2,2)获取变量 newtime 中的第二个字符。

图 8.23　数字式时钟

需要注意的问题是，当小时的数值为一位数时，例如 8 点 5 分 2 秒，the long time 函数返回格式为“8:05:02”，为了保证返回数据格式的一致性，可在返回数据前加字符 0。

使用 if chars(newtime,2,2)=":"可以判断变量 newtime 中当前的小时的数值为一位数。

设计步骤：

（1）启动 Director，新建“320×240”大小的影片。

（2）导入 10 个数字的图片素材，将任意 6 个数字演员放到舞台的恰当位置，构成时、分、秒的数字（都采用 2 位），在时、分、秒之间用“：”分隔（使用 1 个文本演员）。

为了简化控制脚本，时、分、秒数字分别使用 1，2、4，5、7，8 精灵通道。分隔符使用 3，6 精灵通道。10 个图形数字演员的名称与数字一一对应，例如，图形数字 0 的演员名称为 n～0，图形数字 9 的演员名称为 n～9。

（3）添加一个名称为 clock 的文本域，用于直接输出当前时间。

（4）建立脚本演员。

双击行为通道第 1 帧，打开脚本窗口，输入以下代码。

```
on exitFrame me
  go to the frame                     --使播放头停在第一帧
  newtime=the long time               --返回计算机系统当前时间
  if chars (newtime,2,2) =":" then --判断当前的小时的数值是否为一位数
    newtime="0" & newtime             --加前导 0
  end if
  repeat with i = 1 to 8              --控制 1, 2、4, 5、7, 8 精灵通道
    if i<>3 and i<>6  then
      k=chars (newtime,i,i)           --返回一个数字
      Sprite (i) .member=member ("n-" & k)  --交换精灵的演员
    end if
  end repeat
  member ("clock") .text =newtime   --将当前的时间输出到一个文本域
end
```

（5）播放电影，检查效果。

（6）保存与生成项目：源文件保存为 sy8_11.dir，导出影片可执行文件为 sy8_11.exe。

**【例 8.12】** 设计制作一个影片，窗体上有背景图和“植树”、“初始化”二个按钮，如图 8.24 所示。

当单击“植树”按钮时，使用父脚本创建树精灵，并对该树精灵随机赋予运动步长、最终垂直位置、水平位置等值，构成一棵树生长的动画；可以用鼠标移动所创建的树精灵；当单击树精灵时，可以随机改变树的品种。

图 8.24　使用父脚本创建树精灵

当单击“初始化”按钮时，清除窗体上所产生的树精灵，回到影片初始状态。

设计分析：

通过父脚本创建新的子对象，在父脚本中必须要有一个 on new 处理程序。在该程序中，用 return(me)返回子对象。根据具体问题的要求，父脚本中还要提供实现某些功能的子过程。例如，对树精灵对象属性初始化、实现树生长的动画、随机改变树的品种等的处理程序。

对于父脚本的调用，可在电影脚本中完成。调用格式为：子对象名= new（父脚本名，参数），该调用产生子对象实例，子对象名是一个变量，表示该实例。子对象继承父脚本中所有的处理程序，在父脚本中被定义的处理程序，通过“子对象名.父脚本中处理程序”实现功能调用。可以将子对象实例变量放进列表中，被当作一个参数来传递。

设计步骤：

（1）启动 Director，新建“512×342”大小的影片，设置帧的跨度为 5（可以定义任意长度）。

（2）导入树木图片素材 t1.jpg～t5.jpg 和背景图 bg.jpg。将背景图放置到舞台，并在舞台上绘制“植树”和“初始化”二个按钮，调整各个精灵的大小和位置。

（3）建立一个占位演员。

当通过父脚本创建的子对象为精灵时，使用这些精灵前，必须在通道上占好位置。

为了减小影片文件的大小，使用画图工具，建立一个 1Bit 的图像，其功能是为创建的树精灵事先占用好通道位置。建方法是在画图窗内画一个点，单击“Color Depth”按钮，打开“Transform Bitmap”对话框，指定 Color Depth 为 1Bit，如图 8.25 所示。

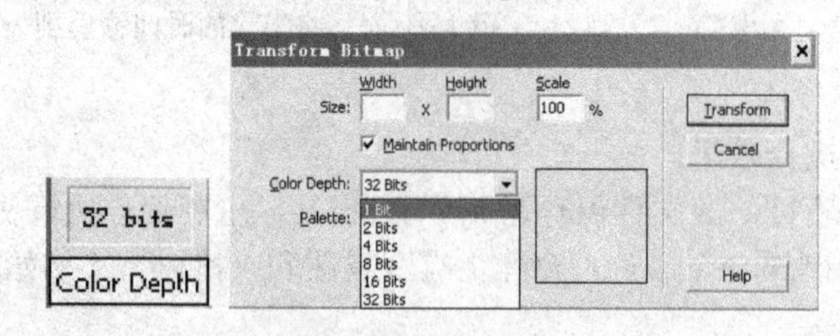


图 8.25　将位图转换为 1Bit 的图像

将占位演员放置在通道 6 到通道 10 的 2～5 帧，如图 8.26 所示。这里，占位演员不使用第一帧的原因是，当单击“初始化”按钮时，可清除窗体上所产生的树精灵。

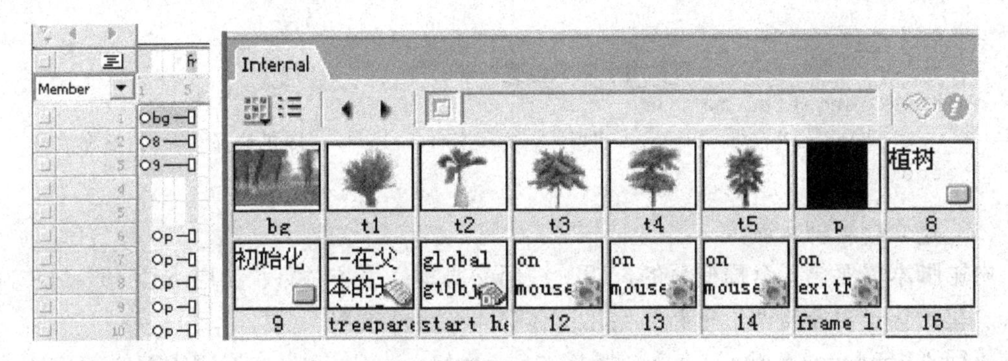


图 8.26　分镜窗与演员表的关系

在属性检查器的 Sprite 选项卡中，通过按钮设置精灵的 Moveable 属性，使 5 个占位精灵在舞台上可用鼠标移动。

（4）建立一个名为 treeparent 的父脚本演员。

本例的父脚本需要包括创建树精灵、初始化子对象属性、实现树生长的动画、可以随机改变树的品种等 4 个事件过程。

执行“Window→Script”命令，弹出“Script:Movie Script”电影脚本编辑窗口，建立演员 10，通过属性检查器的“Script”选项卡内的“Type”列表指定脚本类型为 parent，输入如下脚本代码：

```
--在父脚本的开始之处声明属性变量：psNo 精灵号，pMemberName 演员名，pLocV 当前垂
  直位置，pStep 移动步长，pFinalLocV 最终垂直位置。
property psNo,pMemberName, pLocV, pStep, pFinalLocV
-- on new 事件用于创建子对象，由 return 返回结果
on new(me)
  return(me)
end
--on mInitializeOb 事件初始化子对象属性：设置精灵号，移动步长、水平位置、最终垂
  直位置等。
on mInitializeObj(me,mysNo)           -- me,mysNo 调用参数
  pLocV =300                          -- 根据舞台大小，设置精灵树开始位置
  psNo=mysNo                          -- 精灵号
  pStep = 5*random(3)                 -- 步长介于 5 和 15 之间的随机的 5 的倍数
  pFinalLocV = 50 + random(150)       -- 随机的最终位置，介于 51 和 200 之间
  pMemberName = "t" & random(5)       -- 从演员 t1～t5 中随机指定精灵所属的演员
  Sprite(psNo).member = pMemberName
  Sprite(psNo).locV = pLocV                -- 设定精灵的初始垂直
  Sprite(psNo).loch =50 + random(400)      -- 设定精灵的水平位置
end
-- on mGrow 事件按设置的步长在垂直方向向上移动树的位置。
on mGrow me
  if pLocV > pFinalLocV then               -- 测试是否到达最终位置
    pLocV  = pLocV - pStep
    Sprite(psNo).locV = pLocV
  end if
```

```
end
-- on mChangetree 事件用于随机改变树的品种。
on mChangetree me
  Sprite(psNo).member = "t" & random(5)    -- 随机选择一种树 交换演员
end
```

（5）建立电影脚本演员。

电影脚本需要包括全局变量的声明、调用父脚本产生子对象、调用 mChangetree 改变品种、初始化子对象属性、重新初始化窗体等 4 个事件过程

执行“Window→Script”命令，弹出“Script:Movie Script”电影脚本编辑窗口，建立演员 11，输入如下脚本：

```
--在脚本的开始处声明全局变量：mysNo 新对象控制号，newtObj 新对象名，gtObjList
  存放子对象名的列表。
global mysNo,global newtObj,global gtObjList
-- on startMovie 事件在播放头进入电影第一帧时，进行影片初始化设置。
on startMovie
  _global.clearGlobals()         -- 清除所有的全局变量
  gtObjList = []                 -- 建立存放子对象名的列表
  mysNo = 5                      -- 新建子对象控制号初始值，从通道 6 开始
end
-- on planttree 事件产生新树子对象，当单击“植树”按钮时被调用。
on planttree
  mysNo = mysNo + 1              -- 当前新建子对象的控制号
  if mysNo > 10 then mysNo=6     -- 若超过最后一个占位精灵，再从精灵 6 开始
  newtObj = new(script "treeparent")-- 调用父脚创建子对象，用 newtObj 标识
  newtObj.mInitializeObj(mysNo)  -- 调用 mInitializeObj 事件，初始化子对象
  gtObjList.add(newtObj)         -- 存放子对象到列表，列表序号从 1 开始
End
```

on changetree 事件改变树的品种，当单击树精灵时被调用。由于在设计时，树精灵暂时不存在，它只能在影片播放时才产生，因此，该行为无法直接附加到精灵。当该事件被执行时，需要判断对哪一个精灵进行操作，_mouse.clickOn 可返回当前被鼠标单击对象的精灵通道号，本例设计时占位精灵从通道 6 开始，存放在 gtObjList 列表中对应子对象的序号与精灵号差 5。根据此关系，就可从 gtObjList 列表中读出对应子对象，然后执行 mChangetree 事件完成树品种的改变。

```
on changetree
  treeNo = _mouse.clickOn - 5          -- 得到被单击精灵号
  treeObj = gtObjList[treeNo]          -- 从列表读出对应子对象
  treeObj.mChangetree()                -- 调用子对象的 mChangetree 事件
end
-- on goStart 事件单击“初始化”按钮时被调用，重新初始化
on goStart
  go to 1                  --将播放头移动到第一帧，清除窗体上所产生的树精灵
  startMovie()
end
```

（6）为“植树”按钮添加行为。

在舞台上选择“植树”按钮，打开脚本窗口，在 on mouseUp 事件内，输入脚本命令 planttree()调用电影脚本 on planttree 事件，产生新树子对象，建立脚本演员 12。

（7）为“初始化”按钮添加行为。

选择舞台上的“初始化”按钮，打开脚本窗口，在 on mouseUp 事件内，输入脚本命令 goStart，建立脚本演员 13，调用电影脚本 on goStart 事件，重新初始化。

（8）建立行为脚本演员，调用 on changetree 事件。

由于树子对象需要在影片播放时才能产生，所以该行为不能事先附加到精灵上。

在脚本窗口，单击 + 按钮，新建行为脚本演员 14，在 on mouseUp 事件内，输入脚本命令 changetree()，调用电影脚本 on changetree 事件，在该事件中判断所操作的精灵，进行树演员交换。

（9）为“树”移动添加行为。

由于 on mGrow 事件每执行一次，树精灵只按设置的步长在垂直方向向上移动一个位置。为了能产生连续移动的效果，可在 on exitFrame 事件中调用 on mGrow 事件。

双击行为通道第 5 帧，打开脚本窗口，输入代码：

```
on exitFrame me
  global gtObjList
  go to the frame
  repeat with treeObj in gtObjList
    treeObj.mGrow()                    -- 调用子对象的 mGrow 事件
  end repeat
end
```

（10）保存与生成项目：源文件保存为 sy8_12.dir，导出影片可执行文件为 sy8_12.exe。

## 8.5 实　验

1．创建单选按钮组（提示：添加控件类行为中的单选按钮组行为），包含“计算机”、“英语”和“国际贸易”等三个项目，应用 If 语句，将选定的单选项输出到对话框，程序运行效果如图 8.27 所示，保存源文件为 t8_1.dir，并发布电影 t8_1.exe。

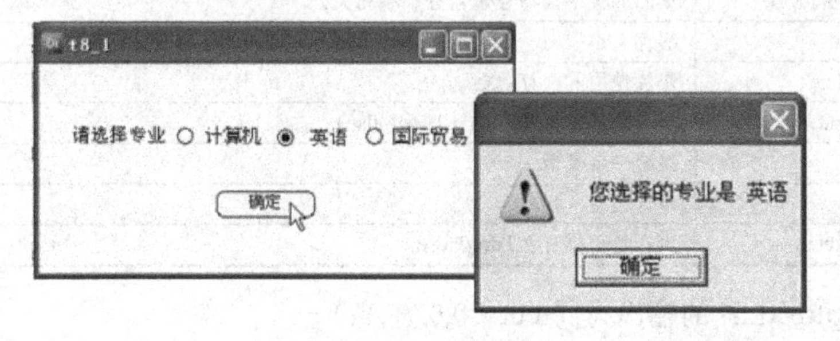


图 8.27　程序运行效果

2．应用 Repeat 语句，计算 50+51+52+…+n 的和，通过域文本框输入任意大于 50 的整数 n、文本输出计算结果，保存源文件为 t8_2.dir，并发布电影 t8_2.exe。

3．应用 Repeat 语句和列表，通过 random(n) 语句产生 10 个 1 至 100 的随机整数，计算大于该 10 个数平均值的个数，并在文本中显示这 10 个随机整数，用文本输出计算结果，保存源文件为 t8_3.dir，并发布电影 t8_3.exe。

4．利用 Lingo 脚本制作媒体音乐点播器。

要求：采用全 Lingo 语言脚本编程方法，单击相应按钮，实现可随意点播电影发布文件所在文件夹中的“music1.mp3”、“music2.mp3”和“music3.mp3”等 3 个 MP3 音频文件，电影运行效果如图 8.28 所示。保存源文件为 t8_4.dir，并发布电影 t8_4.exe。

提示：

显示当前选择的音频文件需要使用域文本。播放 MP3 外部音频文件，需要使用脚本 sound（声音通道）.playFile（"音频文件名"）。

5．利用 Lingo 脚本制作计算机系统检测程序，如图 8.29 所示。保存源文件为 t8_4.dir，并发布电影 t8_4.exe。

图 8.28　音乐点播器

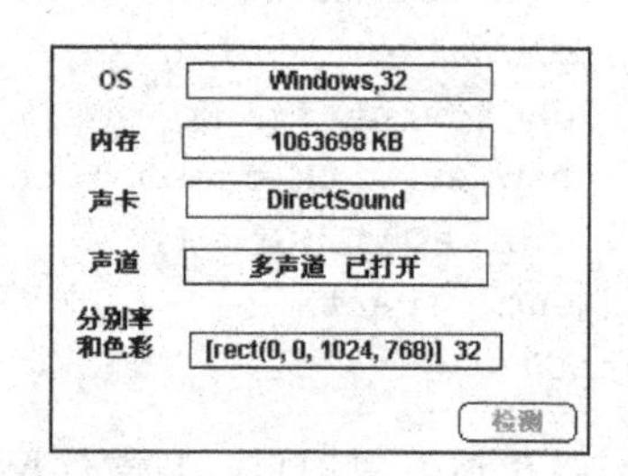

图 8.29　系统检测程序

提示：

系统检测可以使用表 8.9 所示的脚本命令。

**表 8.9　与系统相关的脚本命令**

| 脚本 | 描述 |
|---|---|
| the colorDepth | 检查和设置显示器的颜色深度 |
| the deskTopRectList | 桌面的大小（与显示器分别率相关） |
| cacheSize | 缓存大小 |
| the memorySize | 影片使用的内存总数 |
| the multiSound | 声卡是否支持多声道（Ture/False） |
| the platform | 系统平台类型 |
| the soundDevice | 声卡设备 |
| the soundEnabled | 声音是否打开（Ture/False） |

the deskTopRectList 的输出为：rect（0,0,宽,高）。

# 第9章

# 综合案例

通过对前面各章的介绍，相信读者现在对于如何使用 Director 进行多媒体作品的创作已经有了一定的了解。在本章中，通过制作三个综合实例，来培养读者自行设计多媒体作品的能力。

**本章要点：**

◇ 掌握制作一个完整多媒体作品的基本流程
◇ 掌握多媒体作品中多种元素的配合使用及基本操作
◇ 掌握使用脚本对整个多媒体作品的控制

## 9.1 通用实例

下面将介绍开发一个包括图像、音频、视频、动画和 3D 动画等多种媒体内容的应用程序，按下面 4 个过程逐步完成整个多媒体作品的制作。

### 9.1.1 主菜单界面

为了使多媒体作品具有动态效果，一个产品级的多媒体应用程序，一般要求有一个动态的主菜单界面。当鼠标经过导航按钮时，改变光标形状，为了突出选中按钮，可采用按钮翻转，即翻转按钮的文字和背景颜色，鼠标离开导航按钮后，恢复到原来的状态。

**【例 9.1】** 设计制作动态主菜单界面。

要求：鼠标经过“图像”、“音乐”、“影视”、“动画”和“3D 动画”等导航按钮时，光标改变为手指形状，翻转按钮文字颜色和背景颜色；鼠标离开按钮后，恢复光标形状、按钮文字颜色和背景颜色；当单击导航按钮，转跳到相应的场景，恢复导航按钮。效果如图 9.1 所示。

设计分析：

鼠标交互操作常用三个事件：MouseUp 鼠标抬起、MouseEnter（MouseWithin）鼠标进入、MouseLeave 鼠标离开。根据这三个事件可设置按钮的不同状态。

导航按钮采用位图构成，为了能对位图按钮实现翻转，每个按钮需要对应两个图形文件。图 9.2 所示为构建“图像”导航按钮所设计的两个图形，通过交换演员实现翻转。要将精灵通道 n 中的精灵与演员表中的某演员交换，使用命令：Sprite(n).member= member ("演员名")。

图 9.1　动态主菜单界面

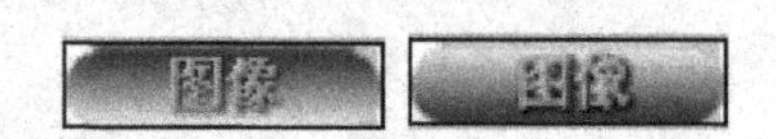


图 9.2　用两个图形构建一个按钮

主菜单界面除了“退出”按钮外，其他 5 个功能按钮都需要转跳到相应的场景，假设各场景的起始帧分别为 5、10、15、20、25 帧（不一定有规律）。为了简化代码和提高代码的重用性，在单击按钮时，能转跳到相应的帧，可对各场景的起始帧设置标记名，按某种规律与按钮精灵建立关联。例如，若“图像”按钮精灵为 Sprite2，将该场景的起始帧标记名命名为 2，使它与精灵号对应，当单击“图像”按钮时，使用影片播放对象的 the currentSpriteNum 属性，获得当前精灵号，也就是需要的标记名，然后执行命令“go to  标记名”，就可转跳到该场景。

设计步骤：

参考图 9.3 所示的剧本和演员表关系设计本影片。

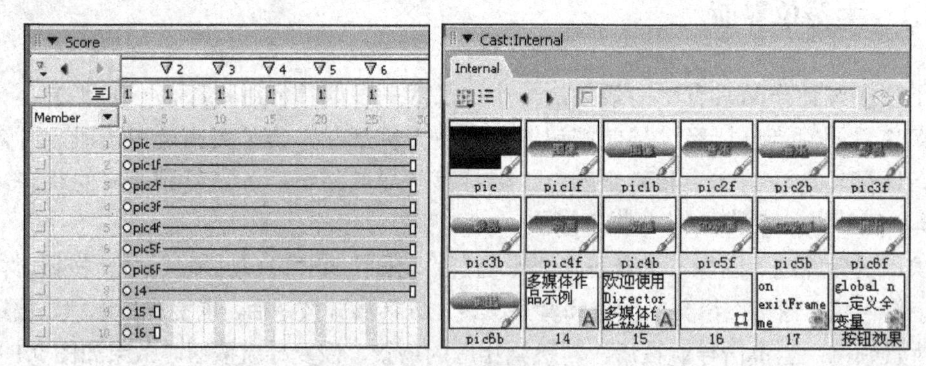


图 9.3　剧本和演员表关系

（1）启动 Director，新建“540×320”大小的影片，设置精灵默认长度为 29 帧，导入背景素材和配对的按钮位图文件。

（2）将演员 pic 作为界面背景，pic1f ～ pic6f 放置到精灵通道 2 至精灵通道 7，并在舞台调整各个精灵到合适的位置。

（3）使用文本工具创建文字演员“多媒体作品示例”、“欢迎使用 Director 多媒体创作软件”和使用线条工具绘制一条直线，分别放置到精灵通道 8～10。

（4）双击行为通道第 1 帧，打开脚本窗口，输入代码 go to the frame，使播放头停在第一帧，用于主菜单界面的显示。将该脚本分别复制到行为通道的第 5、10、15、20、25 帧，用于控制各个场景的显示。为各个场景的起始帧设置标记名 2、3、4、5、6，与按钮所在的精灵通道一一对应。

（5）创建"按钮效果"行为。该行为用于产生鼠标光标形状变化、按钮显示效果的改变和跳转到对应的场景。

执行"Window→Script"菜单命令，打开脚本编辑窗口，命名脚本行为名为"按钮效果"。在属性检查器窗口的 Script 选项卡内，设置脚本类型为"Behavior"行为脚本。

"按钮效果"行为的脚本代码如下：

```
global n                                    --定义全局变量 n，存放当前精灵号
on MouseWithin
  cursor 280                                --设置手指形状光标
  n=the currentSpriteNum                    --获得当前精灵号
  --由于按钮演员名为 pic1f～ pic5f 和 pic1b～ pic5b，名称中的数字与对应的精灵号
    n 差 1，按钮演员名与精灵号关系为："pic" & n-1 & "f" 或"pic" & n-1 & "b"。
  Sprite(n).member =member ("pic" & n-1 & "b")     --翻转按钮图片
end
on MouseUp
  if n=7 then
    quit                    --退出影片，返回到操作系统平台
  else
    go to String(n)             --转跳到对应场景
  --帧标记名是一个字符类型，精灵号是整数型，在脚本中需要使用 String(n)转换类型。
  end if
end
on MouseLeave
  cursor 0               --光标还原
  Sprite(n).member =member ("pic" & n-1 & "f")     --恢复按钮图片
end
```

在完成"按钮效果"行为创建后，演员表中增加了一个行为演员。分别拖曳"按钮效果"行为演员到各个导航按钮上，将行为功能附着到按钮精灵。

（6）播放电影，检查主菜单的效果。

（7）保存与生成项目：源文件保存为 sy9_1.dir。

### 9.1.2 图像与动画

**【例 9.2】** 实现动态浏览指定文件夹内的图片，图形文件夹内的图片可以动态增加或减少。

要求：在例 9.1 的基础上，增加"图像"场景的功能。从主界面单击"图像"按钮，转跳到第 5 帧，进入图片浏览帧区域，通过前一张和后一张导航按钮，浏览图形文件夹内的所有图片，每张图片切换时应用随机过渡效果，并显示每张图片的编号。

设计分析：

图片浏览有多种实现方法，使用脚本直接控制效率最高。通过前一张和后一张导航按钮浏览图片，其实质是交换演员。本例的难点是图形文件夹的图片可以动态变动，所以不能事先将图形文件夹内的图片导入到演员表，需要在影片启动时，检测指定文件夹内的图形文件，并将其临时导入到演员表。为此，需要使用如下 3 个 Director 的脚本命令。

① getNthFileNameInFolder（文件路径,序号）。

返回指定文件夹内第 n 个文件的名称。如果读不到文件，返回空字符串 EMPTY。

结合循环，就可以获取指定文件夹内的全部文件名。

② 字符表达式 1 contains 字符表达式 2。

字符串比较运算，检测字符串 1 是否包含字符串 2。字符串比较不区分大小，检测结果为 True 或 False。

要判断所获得的文件是否为图形文件，可用命令：文件名 contains 扩展名。

③导入图形文件到演员表

```
位图对象名 =  new (#bitmap)
member (位图对象名) .filename = 图形文件路径名
```

前一条语句创建一个新的位图演员，第二条语句将外部图形文件指派给位图演员。

可用一个列表记录临时导入到演员表中的图片演员名。用一个变量 imageNo 记录当前图片号，只要改变序号，就可从列表获取图片演员，前一张图片号为 imageNo-1，后一张图片号为 imageNo+1。

图片切换时过渡效果可由脚本命令 puppetTransition（过渡方式, 过渡用时）来完成。

过渡方式取值 1～52；过渡用时取值 0～120，单位 1/4 秒。

设计步骤：

（1）启动 Director，打开“sy9_1.dir”，为“图像”场景添加功能。设置精灵默认长度为 4 帧，“图像”场景的起始位置为第 5 帧，跨度为 4 帧。

（2）新建一个名为“Image”的演员表，目的是将图像演员分类，便于操作和查找。

单击演员表左上角的“Choose Cast”按钮，选择“New Cast”，打开新演员表对话框，在“Name”文本框中输入“Image”，单击“Create”按钮，创建名为“Image”的演员表。

（3）导入按钮素材 b1.pad、b2.pad，导入一张用于精灵通道上占位的位图文件 tu1.jpg（可以使用任意一个图形文件）。

拖曳图片演员 tu1、按钮演员 b1、b2 到“图像”场景中的精灵通道 11、12 和 13，添加一个域文本，命名为“tNo”，用于显示图片编号。调整舞台中上述精灵到合适位置，如图 9.4 所示。

（4）添加电影脚本，导入图片到演员表。

为简化脚本代码，本例中只处理 jpg 文件，并将用于浏览的图形文件复制到影片所在文件夹。

执行“Window→Script”命令，弹出“Script:Movie Script”电影脚本编辑窗口，建立电影脚本演员，输入如下脚本：

图 9.4　调整精灵到合适位置

```
--在脚本开始处声明全局变量：mList 存放图片演员名的列表，pn 被浏览的图形文件数。
global mList,pn
on startMovie()                          -- 电影开始事件，进行初始化工作
  pn=0
  mList = [ ]
  repeat with i = 1 to 100               --设置一个充分大的数，检测文件夹内的文件
    n = getNthFileNameInFolder(the moviePath, i)
                                         -- the moviePath 影片文件夹
    if n = EMPTY then exit repeat        -- 结束检测，跳出循环
    if n contains "jpg" then             -- 检测 jpg 文件
      pMember = new(#bitmap)             -- 创建一个新的位图演员
      member(pMember).filename=n         -- 加载图形文件到演员表
      k=member(pMember).name             -- 取得演员名
      mList.append(k)                    -- 存放演员名到列表
      pn =pn + 1                         -- 可浏览的图形文件数
    end if
  end repeat
end
```

**注意：**如果被浏览的图形文件存放在当前影片文件夹下的 Picture 文件夹中，则检测路径为：the moviePath & " Picture "。

（5）为◀、▶按钮添加行为脚本。

在舞台上右键单击◀按钮精灵，选择快捷菜单中的“Script”命令，打开脚本编辑器，创建行为脚本演员，输入以下代码：

```
global mList, pn, imageNo
on MouseUp me
  if imageNo>1 then                     --如果当前显示的图片不是第一张
    imageNo=imageNo-1                   --产生前一张图片号
    k=mList[imageNo]                    --从列表中读取演员名
    Sprite(11).member =member(k)        --交换演员
    rnd=random(52)                      --随机产生 1～52 之间的整数，指定过渡方式
    puppetTransition(rnd,6)             --设置 1.5 秒完成过渡效果，切换图片
```

```
    member("tNo").Text=string(imageNo) --在域文本 tNo 显示图片编号
  end if
end
```

类似地为按钮精灵添加行为脚本：

```
global mList, pn, imageNo
on MouseUp me
  if imageNo<pn then                    --如果当前显示的图片不是最后一张
    imageNo=imageNo+1                   --产生后一张图片号
    k=mList[imageNo]                    --从列表中读取演员名
    Sprite(11).member=member(k)
    rnd=random(52)
    puppetTransition(rnd,6)
    member("tNo").Text=string(imageNo)
  end if
end
```

（6）创建鼠标经过和离开行为。

选择演员表中的空白处，执行“Windows→Script”菜单命令，打开脚本编辑窗口，输入以下代码：

```
on MouseWithin
  cursor 280
end
on MouseLeave
  cursor 0
end
```

在属性检查器窗口的 Script 选项卡内，将脚本类型设置为“Behavior”行为。在演员表内增加了一个新演员，命名该演员为“动态鼠标”。分别拖曳“动态鼠标”演员到、上，将鼠标行为附着到按钮精灵。

“图像”场景中的剧本和“Image”演员表关系如图 9.5 所示。

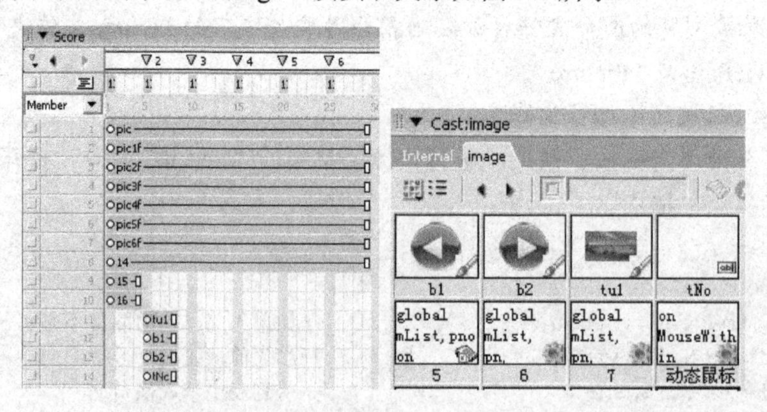


图 9.5 “图像”场景中的剧本和“Image”演员表关系

（7）测试电影，在主菜单界面单击“图像”按钮，播放头跳转到第 5 帧，进入图像浏览帧区域，单击或按钮时，产生图片切换随机过渡效果到上（下）一张图片，并显示图片编号，效果如图 9.6 所示。若所浏览的图片在第一张图片，此时再单击按钮，窗口内容不发生变化，类似地，在显示最后一张图片时，单击按钮，也不会改变窗口内容。

图 9.6　图片切换随机过渡效果

（8）保存电影文件为“sy9_2.dir”。

**【例 9.3】** Flash 动画控制。

要求：从主界面单击“动画”按钮，跳转到第 20 帧，进入动画播放帧区域，通过单击按钮，控制 Flash 动画的运行。

设计分析：

为简化脚本命令，可对 Flash 动画演员按一定规律命名。本例中，5 个 Flash 演员名为：flash1～flash5，只要改变序号，就可演示需要的动画。用一个变量 flashNo 记录当前动画号，前一动画号为 flashNo-1，后一动画号为 flashNo+1，对应的动画演员名为"flash" & flashNo。

设计步骤：

（1）启动 Director，打开 sy9_2.dir，“动画”场景的起始位置为第 20 帧，跨度为 4 帧。

（2）新建一个名为“Flash”的演员表。

（3）导入素材 flash1.swf～flash5.swf 等 5 个动画文件到该演员表，拖曳 flash1 演员到精灵通道 11 的第 20～23 帧，调整舞台 flash1 精灵的大小使其合适。

（4）切换演员表到“Image”演员表，分别拖曳或按钮演员第 20 帧，调整按钮至合适位置，在舞台右击按钮，添加行为脚本：

```
on MouseUp
  global flashNo
  if FlashNo>1 then
     FlashNo=FlashNo - 1
   Sprite(11).member = member("flash" & flashNo)      --交换演员
  end if
end
```

为按钮，添加行为脚本：

```
on MouseUp
  global FlashNo
```

```
    if FlashNo<5 then
      FlashNo=FlashNo+1
     Sprite(11).member = member("flash" & flashNo)      --交换演员
    end if
  end
```

然后分别拖曳“动态鼠标”行为演员到这两个按钮上释放鼠标，创建“动态鼠标”应用实例。

“动画”场景最终剧本和“Flash”演员表关系如图 9.7 所示。

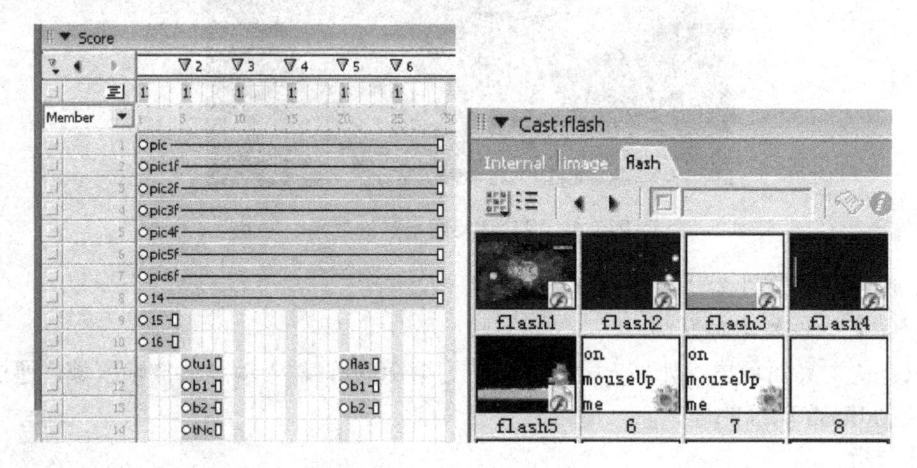


图 9.7 “动画”场景最终剧本和“Flash”演员表关系

（5）测试电影，在主菜单界面单击“动画”按钮，播放头跳转到第 20 帧，进入动画功能帧区域，开始播放第 20 帧精灵通道 11 中的 Flash 精灵，单击或按钮，可播放所有“Flash”演员表中所有的动画，当播放到第一个或最后一个 Flash 时，单击向前一向后一按钮无效，测试电影中的 Flash 播放功能如图 9.8 所示。

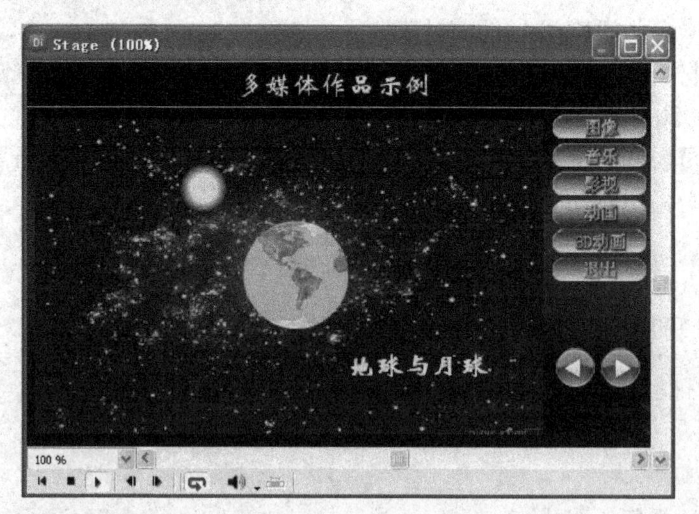


图 9.8 测试电影中的 Flash 播放功能

（6）保存电影文件为 sy9_3.dir。

### 9.1.3 音频与视频媒体

【例 9.4】 利用脚本和行为实现外部音频文件的播放功能。

要求：在例 9.3 的基础上，增加“音乐”场景的功能。从主界面单击“音乐”按钮，跳转到第 10 帧，进入声音播放器区域，通过播放列表选择乐曲进行播放。播放器界面具有停止、播放、暂停、音量调整和左右声道平衡调整功能，如图 9.9 所示。

图 9.9 “音乐”场景

设计分析：

播放列表需要使用域文本框来建立，将可播放的乐曲文件名（包括扩展名）按行存放在域文本精灵。域文本内的数据可以在设计时输入，如果要制作动态列表，可从文本文件读入内容到域文本，具体实现可参看例 3.5。

要从域文本框返回所选定的行，可使用鼠标对象的 mouseLine 属性，格式如下：

```
变量= member(_mouse.mouseMember).line[_mouse.mouseLine]
```

其中，_mouse.mouseMember 返回被鼠标操作的域文本精灵，_mouse.mouseLine 为选定的行，line[_mouse.mouseLine]为所选定的行的内容。

使用脚本播放未曾导入到演员表的外部声音文件的命令：sound(n).playFile（"乐曲文件路径名"）；要暂停声音：sound(n).pause()；继续播放：sound(n). .play()；要停止声音：sound(n).stop()。

当乐曲文件存放在电影文件所在文件夹中，可以省略文件夹名，直接使用乐曲文件名或用“the moviePath & 乐曲文件名”构成完整的路径名。

设计步骤：

将本例涉及的乐曲文件复制到电影文件所在文件夹中。

（1）启动 Director，打开“sy9_3.dir”，为“音乐”场景添加功能。“音乐”场景的起始位置为第 10 帧，跨度为 4 帧。

（2）通过演员表左上角的“Choose Cast”按钮，创建一个名为“music”的演员表，并导入素材 b1.psd 等 5 个位图文件。拖曳演员表窗口中的上述 5 个精灵到“音乐”场景的精灵通道 9～13；并调整舞台中上述精灵到合适位置。

（3）制作播放列表。

选中精灵通道 14 的第 10 帧，添加一个域文本框，精灵长度 4 帧。在域文本精灵内输入乐曲文件名：梁祝.wav、儿时回忆.mp3、music1.mp3、music2.mp3、music3.mp3。

（4）为播放列表添加脚本。

右键单击舞台上的域文本精灵，选择快捷菜单中的“Script”，打开脚本编辑器，创建脚本演员 7，输入代码：

```
on mouseUp me
  mf = member (_mouse.mouseMember) .line[_mouse.mouseLine]
  sound (1) .playfile (mf)
end
```

（5）为按钮添加控制行为。

为各个按钮精灵添加行为脚本，对应 on MouseUp me 事件，代码如 9.1 所示。

**表 9.1 各个按钮 on MouseUp me 事件**

| 按钮 | 行为代码 | 对应脚本演员 |
|---|---|---|
| “停止” | sound(1).stop() | 8 |
| “播放” | sound(1).Play() | 9 |
| “暂停” | sound(1).pause() | 10 |

切换到“Image”演员表，分别拖曳“动态鼠标”行为演员到上述三个按钮，将鼠标行为附着到按钮精灵。

（6）音量调整和左右声道平衡调整功能的设置可参见例 7.3，此处不再赘述。

“音乐”场景的剧本和“music”演员表关系如图 9.10 所示。

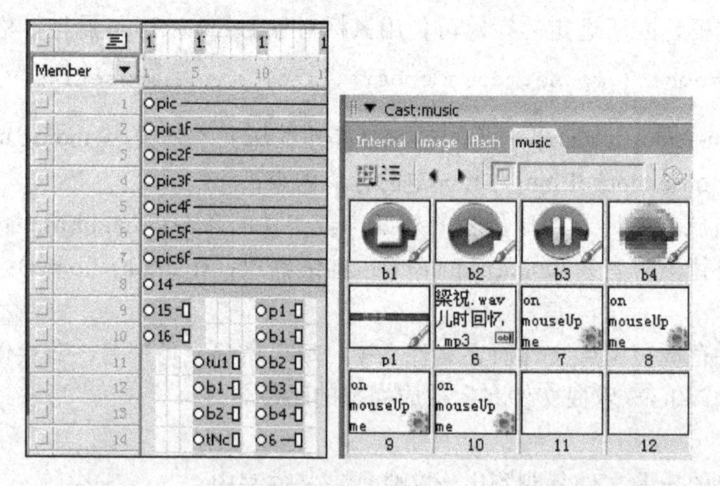


图 9.10 “音乐”场景的剧本和“music”演员表关系

（7）测试电影。

在主菜单界面单击“音乐”按钮，播放头跳转到第 10 帧，进入音乐播放区域，单击播放列表中的一个项目，开始播放对应的歌曲；单击“暂停”按钮，暂停播放，再单击“播放”按钮，继续播放；单击“停止”按钮，停止播放。

（8）保存电影文件为“sy9_4.dir”。

**【例 9.5】** 使用 Windows Media Player 播放器，通过文件打开对话框选择音、视频文件，实现音、视频的播放。

要求：在例 9.4 的基础上，增加“影视”场景的功能。从主界面单击“影视”按钮，跳转到第 15 帧，进入视频播放器区域，选择不同格式的音、视频文件进行播放。

设计分析：

通过 fileIO.x32 扩展插件可以调用 Windows 系统的文件打开对话框，从文件对话框返回文件的完整路径名。用所获得的外部音、视频文件名设置播放器控件精灵的 URL 属性，就可实现音、视频文件的播放。

在使用 fileIO 之前，需要创建一个 fileIO 实例对象，使用 displayOpen 函数显示文件打开对话框。使用 setFilterMask 函数来过滤文件，限定文件打开对话框中所显示的文件类型。

设计步骤：

（1）启动 Director，打开“sy9_4.dir”，“影视”场景的起始位置为第 15 帧，跨度为 4 帧。

（2）新建一个名为“Video”的演员表。

（3）插入 Windows 媒体播放器控件。

执行“Insert→Control→ActiveX...”命令，插入 Windows 媒体播放器，拖曳该演员到精灵通道 10 的第 15～18 帧，调整播放器至大小合适。

（4）选中工具箱中的“Button（按钮）”工具，在舞台绘制一个“打开文件”按钮，放置在精灵通道 11 的第 15～18 帧，并调整大小，将其移动到舞台到右下角，界面布局如图 9.11 所示。

图 9.11　界面布局

（5）为打开文件按钮添加行为。

右键单击打开文件按钮，在快捷菜单中选择“Script 命令，打开脚本编辑窗口，在 on MouseUp 事件中输入以下脚本：

```
on MouseUp
  myFile = xtra("fileio").new()
  myFile.setFilterMask("mp3,*.mp3,wave, *.wav,wmv,*.wmv,Avi,*.avi,
                    所有文件,*.*")
  k = myFile.displayOpen()
```

```
    Sprite(10).url=k
  end
```

**注意**：列表框中的文件过滤列表方式："描述,文件扩展名"。

（6）测试电影，在主菜单界面单击“影视”按钮，播放头跳转到第 15 帧，进入视频播放帧区域，单击“打开文件”按钮，选择音、视频文件，开始播放相应的影视。

（7）保存电影文件为“sy9_5.dir”。

**注意**：在 Director 中，Windows 媒体播放器通过文件打开对话框选择音、视频文件时，如果文件夹含有中文，Sprite(10).url=k 可能不能正常执行。

### 9.1.4 3D 动画

三维（3D）对象能更生动展示物体的造型、结构和特征，已被广泛应用于工业设计、建筑、影视等众多领域。Director 中也能使用 3D 素材，极大地拓展了三维的应用范围，从简单的 3D 文字处理到 3D 多模型复杂对象的交互功能，达到身临其境效果，提高了多媒体应用程序的趣味性。

3D 素材以矢量方式记录 3D 模型的属性和参数，使用位图材质来表现物体的外观，或根据不同的场景配以各色灯光，所以具有无限缩放、任意旋转等特性。

**【例 9.6】** 3D 动画控制。

要求：从主界面单击“3D 动画”按钮，跳转到第 25 帧，进入 3D 动画控制帧区域，通过单击按钮，控制 3D 对象的运行，包括 3D 演员自动旋转并缩放、添加灯光（颜色）、添加材质效果和 3D 演员受参数控制动画。

设计分析：

1. 3D 概述

（1）3D 世界。一个 3D 演员包含一个完整的三维空间，该三维空间称作 3D 世界，3D 世界由模型（3D 世界中的可视对象）组成，模型由灯光照亮、由摄像机查看，每一个由 3D 演员形成的精灵都代表一个摄像机视角，透过该视角可以对 3D 世界中的内容进行查看。

假设 3D 演员是一个房间，房间有多个窗户，每一个窗户所在的位置都有一个摄像机，则该 3D 演员对应的每一个精灵都可以通过某个摄像机对 3D 演员中的内容进行展示，但是 3D 演员本身并无任何变化。

（2）3D 演员。一个 3D 演员具有多层次的属性，3D 演员由多个 3D 模型（Model）组成。例如，一个 3D 人体演员可以包括头部、身体、两条手臂和两条腿等模型组成，每一个 3D 模型类似于一个 Sprite，所以一个 3D 演员由多个 Sprite 组成，他们具有各自的属性，如：大小、颜色、阴影等。

2. 导入、查看与设置 3D 演员

（1）导入 3D 演员。

Director 支持从 3ds Max 程序中导出的扩展名为*.W3D 的三维素材，导入 3D 演员的方法如下：

在 Director 中，执行“File→Import…”菜单命令，打开“导入文件到演员表”对话框，选择一个至多个*.w3d 文件，导入 3D 演员到演员表供使用。

（2）Shockwave 3D 窗口查看和设置 3D 演员。

双击舞台或演员表中的 3D 演员，打开 Shockwave 3D 窗口，此窗口中包含有一系列可以用来设置 3D 世界中摄像机位置的工具，如图 9.12 所示。通过移动、旋转摄像机位置的方式查看 3D 演员，实现 3D 演员缩放、平移和旋转等视觉效果。

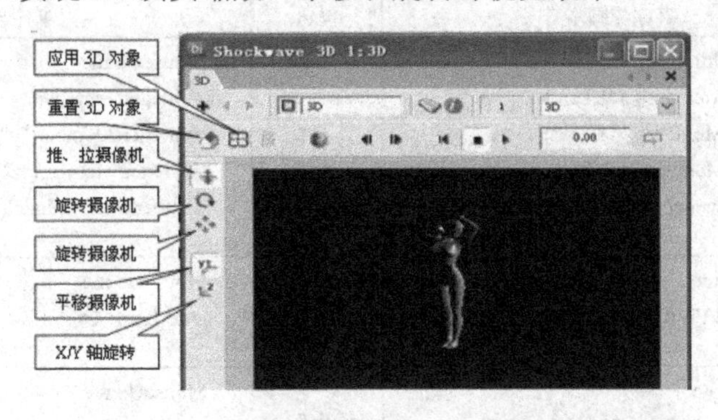


图 9.12　Shockwave 3D 窗口

设计步骤：

（1）启动 Director，打开“sy9_5.dir”，“3D 动画”场景的起始位置为第 25 帧，跨度为 5 帧。

（2）新建一个名为“3D”的演员表。导入素材 p1.jpg、w1.w3d 到“3D”的演员表。

（3）拖曳“w1”演员到精灵通道 10 的第 25～29 帧，调整舞台上该精灵的大小至合适，双击舞台上 3D 精灵 w1 或演员表 w1 演员，打开 Shockwave 3D 窗口，通过选择“Dolly Camera（推拉摄像机）”、“Rotate Camera（旋转摄像机）”、“Pan Camera（平移摄像机）”按钮，在 Shockwave 3D 窗口拖曳鼠标，调整 3D 演员的大小，角度和左右位置合适后，单击“Set Camera Transform（应用 3D 对象）”，将 3D 演员调整后的状态应用到舞台精灵。

（4）使用工具箱中的“Text”文本工具，绘制文本输入“x y z”；

使用“Field”域文本工具，绘制 3 个域文本，分别命名为“x”、“y”、“z”，选择“Property Inspector→Field”选项卡，选勾“Editable”和“Wrap”项，设置“Border”边框为 1 像素；

使用“Button”按钮工具，创建“推拉”、“旋转”、“重置”、“灯光”、“材质”、“自动”、“停止”等按钮。

文字、域文本和按钮布局如图 9.13 所示。

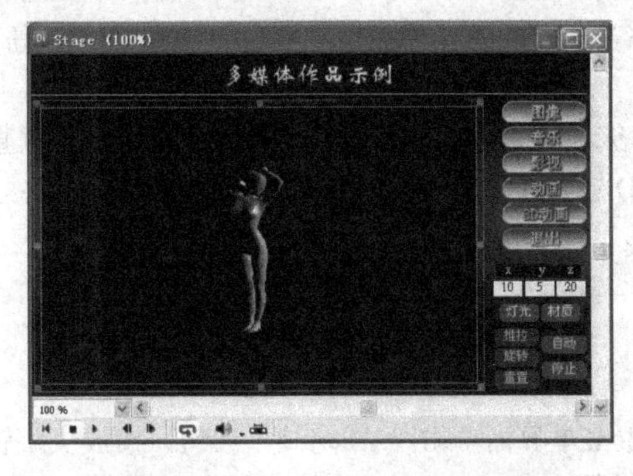


图 9.13　文字、域文本和按钮布局

（5）为控制按钮添加演员脚本，如表 9.2 所示。其中 3D 演员为“w1”，所建立的精灵为 Sprite(10)。

**表 9.2　各按钮事件脚本**

| 按钮 | 事件与脚本 | 按钮 | 事件与脚本 |
|---|---|---|---|
| “推拉” | on MouseWithin me<br>x=Integer(Member("x").Text)<br>y=Integer(Member("y").Text)<br>z=Integer(Member("z").Text)<br>Sprite(10).camera.translate(x,y,z)<br>end | “旋转” | on MouseUp me<br>x=Integer(Member("x").Text)<br>y=Integer(Member("y").Text)<br>z=Integer(Member("z").Text)<br>Member("w1").Model(1).rotate(x,y,z)<br>end |
| “重置” | on MouseUp me<br>Member("w1").ResetWorld()<br>end | “自动” | on MouseUp me<br>go to frame 26<br>end |
| “材质” | on MouseUp me<br>Member("w1").ResetWorld()<br>end | “停止” | on MouseUp me<br>go to frame 25<br>end |
| “灯光” | on MouseUp me<br>Member("w1").ResetWorld()<br>Member("w1").Light(2).Color = RGB(60,150,150)　--深绿色光<br>end | | |

自动功能是将重复执行推拉与旋转的脚本，将控制转移到“3D 动画”场景起始位置的下一帧，即第 26 帧，在该帧的行为通道，添加行为脚本：

```
on exitFrame me
  go to the frame              --停留在第 26 帧，重复执行跟随的脚本
  delay 10                     --延时 1/10 秒
  x=Integer(Member("x").Text)
  y=Integer(Member("y").Text)
  z=Integer(Member("z").Text)
  member("w1").model(1).rotate(x,y,z)  --旋转 3D 对象
  Sprite(10).camera.translate(x,y,z)
                               --平移（参数 x,y）、缩放 3D（参数 z）对象
End
```

切换到“Image”演员表，将“动态鼠标”行为附着到上述按钮上。

（6）移动 3D 精灵。

如果要直接用鼠标移动 3D 精灵，可以使用鼠标指针的水平与垂直位置属性 the mouseH 与 the mouseV 来修改 3D 精灵位置，为 3D 精灵添加行为脚本：

```
on MouseUp me
  Sprite (10) .loch=the mouseH
  Sprite (10) .locv=the mouseV
end
```

（7）测试电影，在主菜单界面单击“3D 动画”按钮，播放头跳转到第 25 帧，进入 3D 动画功能帧区域，设置参数 x、y、z 的值，单击“推拉”、“旋转”、“重置”、“灯光”、“材

质”、“自动”、“停止”等按钮，3D 演员将以设定 x、y、z 的值，进行缩放、旋转、自动缩放旋转等动作展示。

（8）保存电影文件为“sy9_6.dir”，并发布最终影片文件 sy9_6.exe。

## 9.2 产品广告案例

### 9.2.1 产品广告影片设计

**【例 9.7】** Dior 产品广告影片设计。

本例以 Dior 产品为主题介绍产品广告影片的设计与开发。

设计分析：

产品广告影片设计都必须以“产品特性”、“目标消费群”及“卖点”所支撑。大多数设计由多媒体素材及文案两部分组成，就设计本身而言就是将多媒体素材和文案完美结合。根据广告主题，经过精心思考和策划，运用艺术手段，把所掌握的材料进行创造性的组合，以塑造一个意象的过程，借助有形的东西表达出来。

通常一个产品广告影片应包含产品名，功能描述菜单（产品的种类，优缺点，价位，目标使用人群），通过图像、声音、视频、动画和 3D 动画等展现出来。

设计步骤：

（1）启动 Director，新建“500×360”大小的影片，设置影片背景为黑色，导入素材文件。

建立一个控制鼠标光标形状的改变的行为脚本：

```
on MouseWithin
  Cursor 280
End
on MouseLeave
  Cursor -1
End
```

（2）封面设计。

产品广告封面只需要使用一帧，为了便于读者对照剧本分镜窗的编排，本例使用了 4 帧。通常用该产品具有鲜明特征的图片、动画等来描述，在封面的界面有导航按钮，并可控制鼠标光标形状的改变。

本例的封面如图 9.14 所示，“>>”为进入主菜单界面的按钮，可以直接用一个文本演员来构造，使用 go 命令转跳到主菜单的起始帧，同时将鼠标行为附着到按钮上。

封面的停留，在脚本通道的第一帧的 on exitFrame me 事件使用 go the frame 控制播放头。该事件可在各个场景重复使用。

（3）主菜单界面设计。

主菜单界面主要用于产品宣传，根据功能可将影片划分为若干场景，当某些元素在多个场景中都要出现时，可将该精灵跨越几个场景，或在几个场景中重复使用这些元素。

图 9.14　产品广告封面

本例主菜单界面包括“背景图片”、“灵感来源”、“产品浏览”、“海报欣赏”、“广告欣赏”和“MENU”,“Quit”等元素，如图 9.15 所示。

图 9.15　主菜单界面

整个影片划分为 7 个场景，图 9.15 中第一行的文本“MENU”、“Quit”元素需要在各个场景中都要出现，所以在剧本分镜窗的编排如图 9.16 所示，通道 3～7 放置菜单背景图片和“灵感来源”、“产品浏览”、“海报欣赏”、“广告欣赏”等 4 个文本按钮，所有按钮都附着鼠标行为。

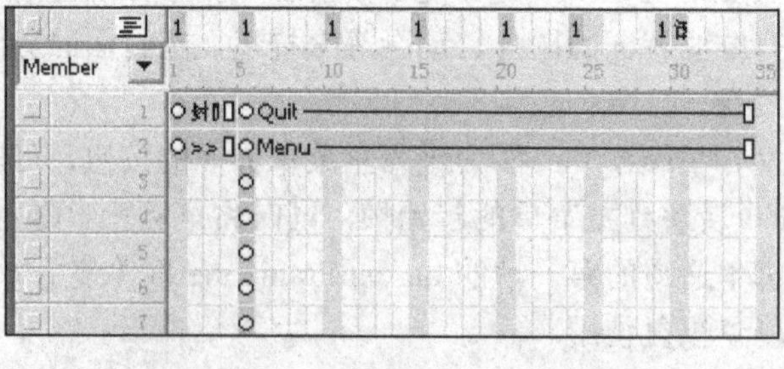

图 9.16　主菜单界面剧本编排

主菜单界面各按钮的控制脚本如表 9.3 所示。触发事件都采用 on mouseUp。

表 9.3　主菜单界面各按钮的控制脚本

| 按钮 | 控制命令 | 说明 |
|---|---|---|
| “MENU” | go to 5 | 主菜单界面起始位置 |
| “Quit” | quit | 结束影片的播放，返回到 OS 系统平台 |
| “产品浏览” | go to frame 10 | 用 go 命令转跳到各自的场 |
| “海报欣赏” | go to frame 15 | |
| “广告欣赏” | go to frame 20 | |
| “灵感来源” | go to frame 29<br>voiceSetRate（8）<br>voicestop() | voiceSetRate 设置语音系统速率 |

（4）产品浏览场景。

本例显示 4 种香水的产品动画（演员名为 f1～f4），采用交换演员的方法来浏览产品，如图 9.17 所示。

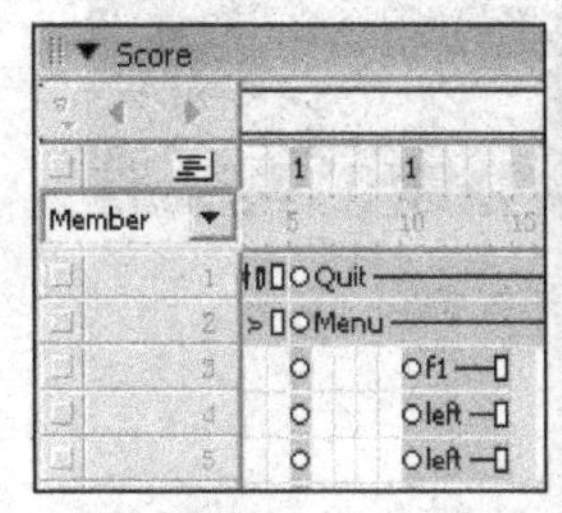

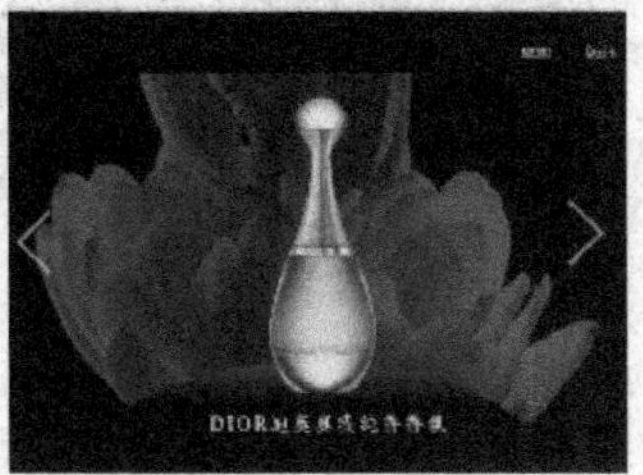

图 9.17　产品浏览场景

导航按钮用按钮演员“＜”产生 2 个精灵，第二个精灵将其水平翻转。

为 2 个导航按钮添加共用的行为脚本：

```
on mouseUp me
  global swf                                   --动画演员 f1～f4 的指针
  n=the currentSpriteNum                       --获得当前精灵号
  if n=4  then swf=swf-1                       --若是左按钮，指针减 1
  if n=5  then swf=swf+1                       --若是右按钮，指针加 1
  if swf=0 then swf=4                          --若指针为 0，设置为 4
  if swf=5 then swf=1                          --若指针为 5，设置为 1
  Sprite(3).member=member(f" & swf)            --交换演员
  puppetTransition(random(52),6)               --1.5 秒过渡效果
end
```

脚本中使用到全局变量 swf，因此需要影片开始时对变量初始化，可建立一个电影脚本演员：

```
on StartMovie
  global img,swf
  swf=1                    --用于产品浏览场景的动画
  img=1                    --用于海报欣赏场景的图像
end StartMovi
```

（5）海报欣赏场景。

设计思路与方法与产品浏览类似。这里采用 10 张图片，演员名为 p1～p10，将（4）中的脚本作适当修改即可。

（6）广告欣赏场景。

为 2 段视频的播放，用 2 个文字按钮连接 2 段视频，如图 9.18 所示。视频设计可参见例 7.5、例 9.5。

图 9.18　广告视频

（7）保存与源文件保存为 sy9_7.dir。

### 9.2.2　文本滚屏

当产品广告中需要出现较多的文本时，为节省窗体空间，能用 Lingo 的脚本向上或者向下来滚动文本。文本滚屏可分为页方式和行方式滚动。页方式滚屏按所指定的页数来上、下滚动文本，一页等于屏幕上的可见文本的行数；行方式滚屏是按所指定的行数或点数上、下滚动文本。

为便于理解，通过对例 9.7 的灵感来源场景来介绍文本滚屏的实现。在本例中设计成一个有声朗读的界面，朗读时文本自动滚屏，如图 9.19 所示。

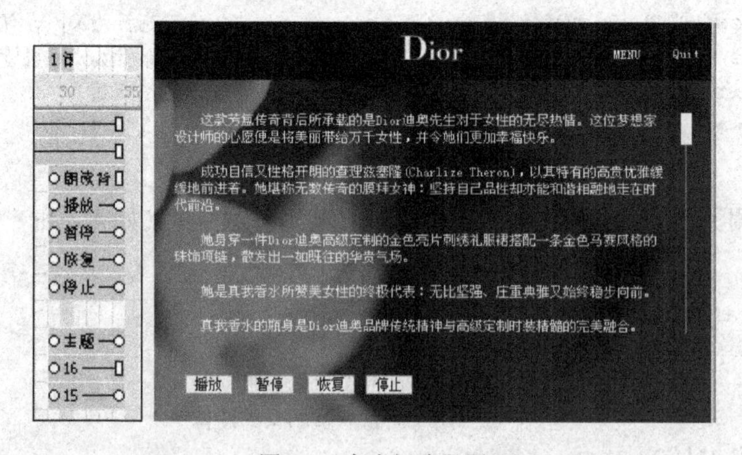


图 9.19 有声朗读界面

实现文本行方式滚屏，可以使用文本属性 scrollTop。scrollTop 属性表示文本内容“超出”可见滚动区域上边界的那部分的高度，如图 9.20 所示，它以像素为单位。连续改变 scrollTop 的值，就可实现滚动。

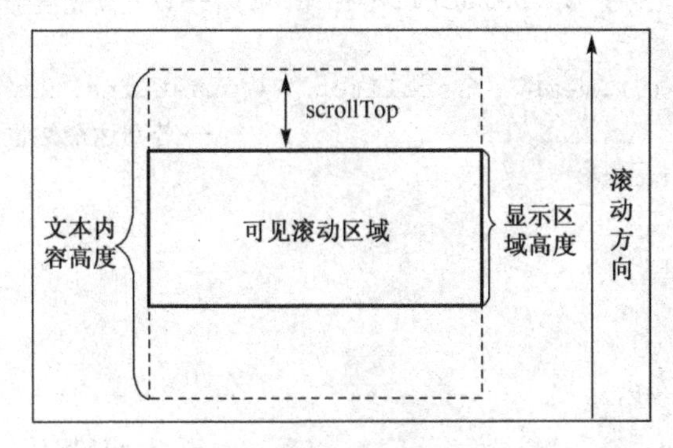


图 9.20　scrollTop 含义

当 scrollTop=0 时，文本的第一行出现在可见滚动区域的顶部，当 scrollTop=文本高度-显示区域高度时，文本的最后部分显示在可见滚动区域。

设计步骤：

参见图 9.19 中的剧本分镜窗的编排，在 29～34 帧的场景区域安排精灵。

（1）精灵通道 3 放置本场景背景图，通道 4～7 放置控制按钮。朗诵文本存放在一个域文本内，在本例中域文本存放在精灵通道 9（对应演员为“主题”）。

（2）语音控制。语音控制脚本如表 9.4 所示。

**表 9.4　有声朗读控制功能**

| 按钮 | 控制命令 | 说明 |
| --- | --- | --- |
| “播放” | voiceSpeak（Sprite（9）.member.text） | 朗读精灵 9 的文字 |
| “恢复” | VoiceResume() | |
| “暂停” | VoicePause() | |
| “停止” | VoiceStop() | |

为了能突出显示名称为“主题”的域文本演员中已发音的那些文字，可以使用 member（"主题"）.selection = [1,i]。其中 1 表示从域文本的第一个字符开始，i 为当前朗读的文字位置。

（3）滚屏实现。使用 on exitFrame 事件来构造循环，让域文本精灵在每次离开 Frame 时，增加它的 scrollTop 值。

为配合控制按钮，使滚屏与“播放”、“恢复”、“暂停”、“停止”的操作同步，设定一个 flag，当 flag 为 true 时，允许滚屏，当 flag 为 false 时，暂停滚屏。

在脚本通道的 30 帧上，添加如下代码：

```
on exitFrame me
-- pLastLine 滚动文本的 scrollTop 的最终位置值，wlen 文本总长度，i 文字位置
  global pLastLine, wlen, i, flag ,
  go to the frame
  if flag then                                  --若允许滚屏
```

```
    Sprite(9).member.scrolltop= Sprite(9).member.scrolltop + 1
    i=i+1                                    -- 指向第 i 个文字
    if i<wlen then
      member("主题") .selection = [1,i] --设置高亮度显示
    end if
    if Sprite(9).member.scrolltop >= pLastLine then
                                             --若到达最终位置值，停止滚屏
      flag = false
    end if
  end if
end
```

（4）为按钮添加行为：

```
on mouseUp me                               --播放
--当单击“播放”按钮时，启动语音系统，初始化朗读文本。
  global pLastLine, wlen, i, flag ,
  flag=true                                 --允许滚屏
  i=0                                       --设置文字位置初值
  voiceSpeak(Sprite(9).member.text)         --启动语音系统
  Sprite(9).member.scrollTop=0              -设置 scrollTop 初值
  pLastLine=member("主题").height - Sprite(9).height  --最终位置值
  wlen = length(Sprite(9).member.text)      --文本总长度
  go to the 30                              --转跳到 30，开始滚屏
end
```

其他 3 个控制按钮的行为脚本如下：

```
on mouseUp              --暂停
  global flag
  flag=false
  VoicePause()
End
on mouseUp              --恢复
  global flag
  flag=true
  VoiceResume()
End
on mouseUp              --停止
  global flag
  flag=false
  VoiceStop()
  Sprite(9).member.scrolltop=0
end
```

（5）保存与源文件保存为 sy9_7.dir，导出发布为 sy9_7.exe。

**思考：**

参考滚屏原理，请读者思考如何通过移动滑块来滚动文本。

能力提高：

（1）使用 scrollByLine()实现按指定的行数滚屏，格式为：对象. scrollByLine（行数）。当行数为正数时，向下滚动，反之向上滚动。

例如，member（"主题"）.scrollbyline（-5），使演员名为“主题”的域文本对象向上滚动 5 行。

（2）使用 scrollByPage()实现页滚屏，格式为：对象.scrollByPage（滚动页数）。当滚动页数为正数时，向下滚动，反之向上滚动。

例如，member（"主题"）.scrollbypage（1），使演员名为“主题”的域文本对象向下滚屏 1 页。

## 9.3 游 戏 案 例

### 9.3.1 配对游戏设计

**【例 9.8】** 记忆训练——配对游戏设计。

本例以配对游戏介绍如何用 Director 来制作这类游戏。配对游戏是一款比较经典的小游戏，玩法上没有什么特殊技巧，完全靠用户记忆来回想自己点过的图片与位置，然后逐一配对消除，按单击的次数给分，次数越少，得分越高。

设计分析：

游戏设计前需要确定游戏的玩法，本例是 16 张两两相同的图片，随机反向排列在窗口，图片均为“背对”用户，如图 9.21 所示。单击“开始”按钮，显示图片 1.5 秒，让用户快速记忆图片内容与位置，如图 9.22 所示，然后翻过去。用鼠标连续单击两张图片，就会翻开图片。如果翻开的两张图片是相同的，就消除该配对图片，若是不同的两张图片，自动翻回，让用户继续选择，直到把所有的图片都消除，游戏结束。

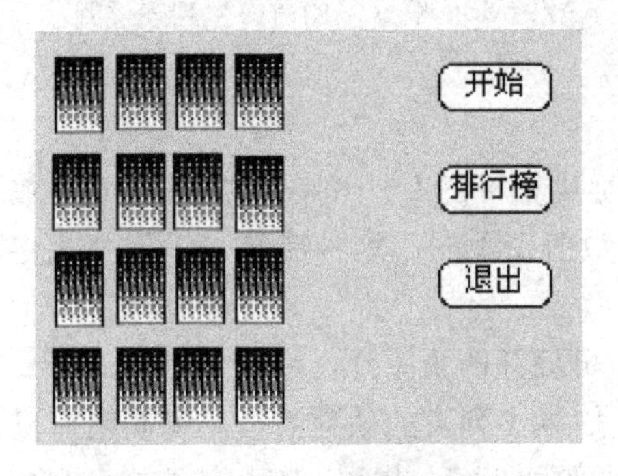


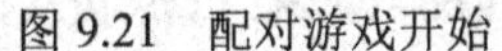
图 9.21 配对游戏开始

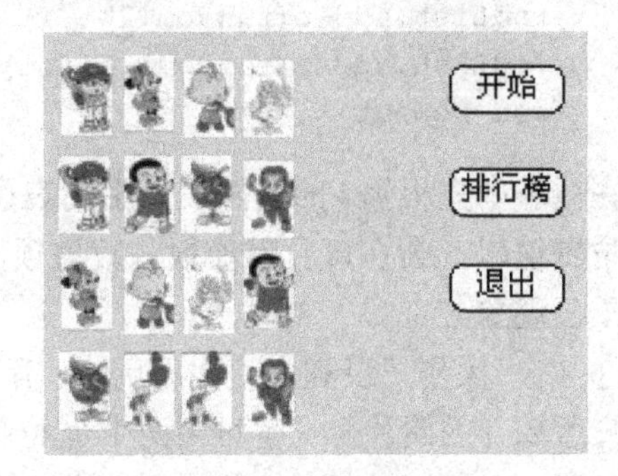


图 9.22 随机排列图片

玩法确定后，需要设计游戏制作思路及算法，其流程如图 9.23 所示。

本类型的游戏程序可以分为三个部分：游戏初始化，图片控制和信息显示。

使用列表是编写“配对游戏”的关键，将 8 对图片随机放置到舞台，每张图片涉及两项数据：图片名和所在的通道号。只要能使用列表来记录这两项数据，就可以将对图片的操作在内部转化为对列表的处理。本例用到 8 种不同的图片，由于要配对，每一张图片在舞台上都需要出现两次，依次排列在精灵通道 1～16 号上。

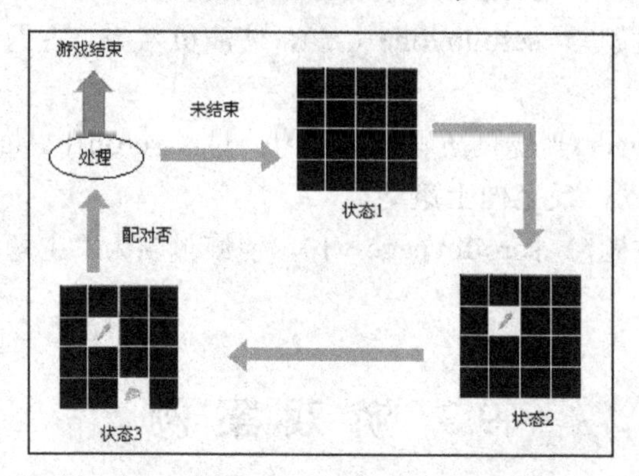


图 9.23　流程

（1）游戏初始化。初始化主要包括以下几方面的工作：

① 开始状态。影片开始时不会看到图片正面，都统一显示为背面，先用一个图片背面演员在精灵通道 1～16 上占位。

② 建立随机列表。在舞台上随机放置 16 张图片的处理算法：使用一个随机列表，将数字 1～8 随机地添加到列表中，每个数字添加两次。数字 1～8 与 8 种图形一一对应，列表项的序号对应精灵通道号。例如，列表的第 3 项的内容为 5，表示精灵通道 3 将使用图形 5，根据列表内容替换通道 1～16 上的演员，实现图片随机排列在窗口。

Director 中的 addAt()函数可将数值添加到列表的指定位置，其语法为：addAt（列表位置，数值）。将循环、addAt()，random()函数结合起来，就可产生随机列表，代码如下：

```
global rndList                        --声明列表名
rndList = []                          --初始化列表
repeat with i = 1 to 8                --循环
rndList.addAt(random(2*i-1),i)        --random 根据 i 的值产生列表位置
rndList.addAt(random(2*i),i)
end repeat
```

在循环中先根据 i 的值随机产生列表位置，使其分布在 1～16 中，当 addAt()函数遇到相同位置值时，会在该位置前插入数值项，只要数值 i 不同，这种特殊的工作方式将不会出现重复现象。

③ 用户操作记录列表。根据玩法，用户最多可翻开两张图片，用一个列表 pList 来记录用户所翻开的图片号（也可用两个全局变量），如果该列表的项数为 2，说明用户已经翻开两张图片，就可对列表的两个项进行比较，看看是否匹配，如果 pList 记录的内容相同，所翻开图片是两张配对的图片，就可以将其消除。该列表初始状态应该为空，图片比对完成后，再还原到初始状态。

类似地再使用 sList 列表记录所翻开的图片所在的精灵通道。当图片配对时，可将对应的通道隐藏，产生消除效果。

④ 游戏结束判定条件。使用一个全局变量 RightNum 记录已经配对成功的图片对数，其初始值为 0，当 RightNum=8，游戏结束。

⑤ 游戏计分。为了给用户计分，还需要一个全局变量 cNum 记录单击的次数，其初始值为 0。

计分算法：配对成功最少的单击数为 16 次，设置最高分为 32，每多增加一次单击减一分，游戏得分计算公式：32-(cNum-16)，即 48- cNum。

（2）图片控制。

① 获取当前精灵号。_mouse.clickOn 返回当前被用户单击的图片精灵所在的通道号 n，它对应随机列表 rndList 的第 n 项，由 rndList[n]可获得所使用的图形演员。

② 翻图操作。采用交换演员的方法显示图片，并将图片号记录到用户操作记录列表 pList 中。

根据列表 pList 的项数控制翻图操作，若表项数为 2，说明用户已经翻开两张图片，其他图片不能再次被单击，这时就可对列表的两个项进行比较，看看是否匹配。

通过检测精灵对应的演员，控制已经翻开的图片不能再次被单击。若演员为背面演员，而且表项数小于 2，可以翻图；若是图片演员，忽略鼠标操作。

③ 配对图片消除。将一个精灵通道的 Visible 属性设置为 False，使那个精灵不可见（或设置精灵混合色的百分比 Blend=0，使精灵不可见），产生消除的效果。

**注意：**如果精灵通道的 Visible 属性被设置为 False，在重新开始游戏时，必需依次将精灵的 Visible 属性重新设置为 True。

（3）信息显示。

直接使用域文本显示本次游戏的得分。如果要对历次游戏得分进行排行榜处理，需要使用文件读写功能。在每次游戏结束时，将得分保存到指定文件。

设计步骤：

（1）启动 Director，新建“320×240”大小的影片，设置影片背景为淡蓝色。

① 导入图片素材，将图片演员的名称命名为 p1～p8（必须有一定规律，以便与列表对应）。

② 使用画图工具，建立一个 1Bit 的矩形图像演员 back，作为图片的背面。

③ 使用按钮工具建立“开始”、“排行榜”和“退出”按钮。

④ 建立域文本演员 mtext，显示游戏信息。

⑤ 将影片分为 2 个场景，1～5 帧为游戏操作场景，第 10 帧为信息显示场景。

（2）游戏主界面设计。参见图 9.21 将演员 back 放置在场景 1 的通道 1～16 上，并设置其相同的大小（第一个精灵布置好后，用复制操作建立其他 15 个精灵）；在场景 2 的通道 1 上放置区域域文本演员 mtext，按钮放置在通道 18～20 全部场景中。

（3）编写初始化脚本。

需要编写一个电影脚本，包含几个函数。

```
-- rndList 随机列表, sList,pList 用户操作列表, 记录用户单击的精灵和翻开的图片号
global rndList,sList,pList,cNum,RightNum
on gList                              --初始化用户操作列表
```

```
  sList=[]
  pList=[]
end
on rList                             --初始化随机列表
  cNum=0                             --记录单击的次数
  RightNum=0                         --游戏结束判定条件
  gList()                            --调用 gList 过程
  rndList = []                       --产生 16 张图片的随机列表
  repeat with x = 1 to 8
    addAt(rndList,random(x),x)
    addAt(rndList,random(2*x),x)
  end repeat
end
on mpic                              --显示图片正面
  repeat with i= 1 to 8
    k=2*i-1
    Sprite(k).Member= Member("p" & rndList[k])-- rndlist[k]存放 1～8
    k=2*i
    Sprite(k).Member= Member("p" & rndList[k])
  end repeat
end
on mvisible                          --恢复精灵通道为可见
  repeat with i= 1 to 16
    Sprite(i).visible= 1
  end repeat
end
on mwrite                            --保存得分到文件
--先检测影片文件夹内 demo.txt 文件是否存在，若存在，则打开，否则新建该文件
--_movie.path 属性返回当前影片所在文件夹路径，也可用 the moviePath 得到
  flage=0                            --设置 demo.txt 文件是否存在标志
  repeat with i = 1 to 100           --设置一个充分大的数，检测影片文件夹内的文件
    n = getNthFileNameInFolder(the moviePath, i)  --获取文件名
    if n = EMPTY then exit repeat                  --结束检测，跳出循环
    if n contains "demo.txt" then                  --检测到 demo.txt 文件
      flage =1
      exit repeat
    end if
  end repeat
  filex = xtra("fileIO").new()                 --建立 xtra 实例，名为 filex
  filePath = _movie.path &"demo.txt"           --文件路径
  if flage =0 then                             --demo.txt 文件不存在
    filex.createFile(filePath)                 --创建外部文本文件
  end if
  filex.openFile(filePath, 0)                  --打开文件
  filex.writeString(member("rtext").text)      --将域文本中数据写入文件
  filex.closeFile()                            --关闭文件
end
```

（4）播放头控制。

在脚本通道的 1、3、10 帧的 on exitFrame me 事件使用 go to the frame 将播放头停留在指定帧，其中第 1 帧显示游戏开始，第 3 帧用户操作游戏，第 10 帧信息显示。

（5）图片翻回背面。

在脚本通道的第 2 帧的 on exitFrame me 事件将图片翻回到背面。

```
on exitFrame me
  go the frame
  _movie.delay(90)                          --延迟 1.5 秒，单位 tick=1/60 秒
  repeat with i= 1 to 16
    Sprite(i).Member= Member("back" )
  end repeat
end
```

（6）为 back 演员添加游戏操作脚本。

```
on mouseUp
  global rndList,sList,pList,cNum,RightNum
  go 3
  k = _mouse.clickOn                          --获取当前精灵号
  if pList.count<2 then                       --允许翻开图片
    cNum = cNum + 1                           --单击数加一
    Sprite(k).Member= Member("p" & rndlist[k])     --翻开图片
    sList.add(k)                              --将精灵号记录到用户记录列表
    pList.add(rndlist[k])                     --将图片号记录到用户记录列表
    if pList.count=2 then                     --比对两张图片
      if pList[1]<>pList[2] then                 --若两张图片不同
        go 2                                  --翻回背面
      else
        Sprite(sList[1]).visible =false--图片相同消除配对图片
        Sprite(sList[2]).visible =false
        RightNum=RightNum+1                   --正确数加一
        if RightNum=8 then                    --正确数等于 8 则游戏结束
          Member("rtext").text=string(48-cNum) --计算游戏得分
          mwrite()                            --将游戏得分写入文件
          go 10                               --转跳到场景 2
          mvisible()                          --恢复精灵通道为可见
        end if
      end if
      gList()                                 --清除用户记录列表
    end if
  end if
end
```

（7）为按钮添加行为。

```
on mouseUp me                               --开始按钮
  global rndList,sList,pList
```

```
  gList()                                --初始化用户操作列表
  rList ()                               --初始化随机列表
  mpic()                                 --显示图片
  go 2                                   --图片翻回背面
end
on mouseUp me                            --排行榜按钮，将历次游戏得分从文件读出
  filex = xtra("fileIO").new()
  filePath = _movie.path &"demo.txt"
  filex.openFile(filePath, 1)            --打开文件，注意模式为 1
  fileText = filex.readFile()            --读文件内容到变量 fileText
  filex.closeFile()
  member("rtext").text =fileText         --在域文本中显示
end
on mouseUp me                            --退出按钮
  quit
end
```

（8）保存与源文件保存为 sy9_8.dir，导出发布为 sy9_8.exe。

在保存与发布前需要通过“Modify→Movie→Xtras（修改→影片→Xtras）”菜单命令，添加 fileIO.x32 扩展插件。

**思考：**

（1）可以为游戏设置时间限制，必须要在规定的时间内完成。从用户第一次单击图片，程序开始计时，并在窗口的右上角显示已用时间。

（2）如果每次游戏过程中使用的图片允许改变，则可设置候选图片库，从图库中随机选出 8 张图片。

（3）如何在影片中使用声音效果？例如，当用户单击的图片配对正确时，应当发出一些悦耳的声音；如果单击了错误的答案，应当发出难听的声音。当影片等待用户选择时，甚至应当发出一些钟表的滴答声。

### 9.3.2 问答游戏设计

**【例 9.9】** 问答游戏设计。

问答游戏随处可见，通常的形式是提出问题，用户回答。问题的表示可以用文字，像选择题的方式，也可以用图形表示，从若干个答案中选一个。

本例采用图形表示，舞台上有 5 个树洞，其中一个树洞内有一只松鼠，快速变化树洞位置，猜猜松鼠躲藏在哪一个树洞。

设计分析：

本例游戏的玩法是：单击“开始”按钮，显示 5 个外形完全相同的树洞，用闪烁的方式突出显示有松鼠的一个树洞。2 秒后隐藏松鼠，快速交换 5 个树洞的位置，让用户猜猜松鼠躲藏在哪一个树洞，根据猜测的次数给出本次回答的得分，并发出声音。游戏可以反复进行，游戏结束时显示正确率。

根据玩法，将影片分为 4 个场景，场景 1 使用 1～8 帧，为游戏进行初始化，显示 5

个树洞，其中一个树洞内有一只松鼠；场景 2 使用 10～18 帧，快速交换 5 个树洞的位置，将松鼠躲藏起来，产生松鼠躲藏在哪一个树洞的问题；场景 3 使用 20～27 帧，作为操作场景，找出松鼠躲藏的那一个树洞；第 30 帧为信息显示场景。

（1）游戏设计准备

① 影片需要用几个全局变量来记录几件事情：需要知道用户正在本次游戏过程中的单击次数 cNum（单击了几次才找到松鼠），游戏次数 gNum，累计得分 atotal。它们的初始值为 0，在每次游戏完成后，cNum 需要恢复为 0。

② 问题转换。5 个树洞精灵快速交换位置后，用 1 个列表记录从左到右出现的树洞精灵号。查找松鼠躲藏在哪一个树洞的问题，就转化为在列表中找与松鼠相关的那个项。

③ 游戏计分。计分算法：一次猜中为 4 分，每多增加一次单击减一分，游戏得分计算公式：5-cNum。

正确率=累计得分/（游戏次数*4）

（2）树洞与松鼠。

① 用一个树洞演员产生 5 个树洞精灵，用树洞与松鼠合成的图形作为松鼠躲藏在树洞的精灵，如图 9.24 所示。

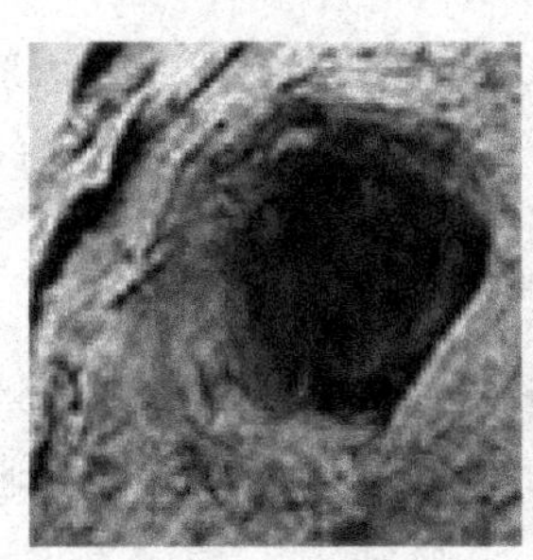 

图 9.24 树洞与松鼠

② 闪烁显示实现。选择场景 2 通道 6～10 中的某一个通道，作为松鼠躲藏的树洞。本例使用通道 7，在 2、4、6、8 帧上放置树洞与松鼠合成精灵。

③ 树洞位置快速变化。在场景 3 中为 5 个树洞精灵添加随机移动行为，并修改该行为的参数，调整移动速度，使树洞精灵能在舞台上随机移动。为便于用户操作，可将舞台上的树洞精灵，自左至右平移到一行上（不改变各个精灵的左右顺序）。

（3）用户操作控制。

① 获取当前精灵号。

_mouse.clickOn 或 the currentSpriteNum 返回当前被用户单击的精灵号 n。根据前面的设定，查找松鼠躲藏的树洞，就是检测被用户单击的精灵号是否为 7。

② 声音播放

```
Sound(1).play (member ("声音演员名") )
```

设计步骤：

（1）启动 Director，新建“512×340”大小的影片，设置影片背景为淡蓝色。

导入素材：背景 bj.jpg、树洞 t1.jpg、松鼠图 t2.jpg 和声音文件 right.wav、error.wav。

使用按钮工具建立"开始"、"统计"和"关闭"按钮。建立域文本演员 Score，显示游戏信息。

（2）场景设计。

参见图 9.25 所示，在剧本分镜编排精灵。

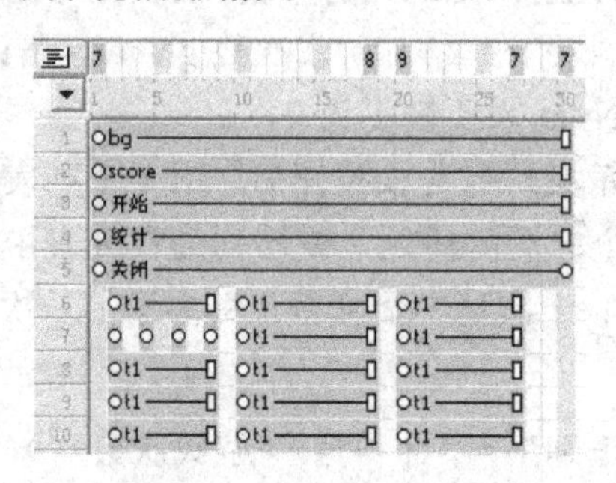

图 9.25　剧本分镜编排

① 游戏主界面。在通道 1～5 全部场景中放置背景演员 bg、按钮演员和域文本演员 Score。

② 场景 1——显示树洞与松鼠。在通道 6、8～10 的 2～8 帧，放置 4 个树洞演员 t1，通道 7 的 2、4、6、8 帧上放置松鼠演员 t2。调整位置使它们在舞台上自左至右依次排列（设置精灵 t1、t2 的宽度 100，后面的脚本受此大小影响）。

③ 场景 2——快速交换 5 个树洞的位置。在通道 6～10 的 10～18 帧，放置 5 个树洞演员 t1，位置与场景 2 相同。将场景 2 中的 5 个树洞精灵复制到场景 3 后，为每个精灵添加"Random Movement and Rotation"行为，使它们可以在舞台上快速移动，产生 5 个树洞精灵位置的随机列表。

④ 场景 3——操作场景。根据场景 2 产生的随机列表，需要通过脚本在舞台上自左至右重新排列 5 个树洞精灵，等待用户找到松鼠躲藏的那一个树洞。

（3）播放头控制。

在脚本通道的第 1、27、30 帧的 on exitFrame me 事件使用 go to the frame 将播放头停留在指定帧，显示影片开始、等待用户操作或显示统计信息。

（4）编写随机列表生成脚本。

在脚本通道的第 18 帧（场景 2 的结束帧）的 on exitFrame me 事件中，产生 5 个树洞精灵位置的随机列表（对应图 9.29 所示，所建立的脚本演员号为 8）。

```
on exitFrame me
--mList 记录 5 个树洞精灵水平坐标，sList 记录舞台上从左到右的树洞精灵号
  global sList
  mList=[]                            --列表初始化
  sList=[]
  repeat with i=6 to 10
    mList.add(Sprite(i).loch)         --将树洞精灵水平坐标添加到列表
  end repeat
```

```
 mList.sort()                        --对列表按升序排序（即从左到右排列）
  repeat with i=6 to 10              --检测舞台上从左到右的树洞精灵号
    m= Sprite(i).loch
    k=mList.getPos(m)                --在 mList 查找值为 m 的列表项
    sList.add(k+5)                   --树洞精灵从通道 6 开始，所以要加 5
  end repeat
end
```

（5）自左至右随机排列 5 个树洞精灵。

在脚本通道的第 20 帧（场景 3 的开始帧）的 on exitFrame me 事件中，根据场景 2 产生的随机列表 sList，在舞台的同一行上自左至右排列 5 个树洞精灵（对应图 9.29 所示，所建立的脚本演员号为 9）。

```
on exitFrame me
  global sList
  repeat with i=1 to 5
    sn=sList[i]
    Sprite(sn).locv=250
    Sprite(sn).loch=50+(i-1)*100     --100 为前面设置的精灵宽度
   end repeat
end
```

（6）为场景 3 的精灵添加操作行为。

```
on mouseUp me
  global cNum,atotal
  cNum=cNum+1
  k=the currentSpriteNum
  if k<>7 then                       --7 为前面设置的树洞与松鼠精灵通道
    sound(1).play(member("error"))
    alert ("你没有猜对")
  else
    Sprite(k).member=member("t2")       --猜对时显示 t2
    sound(1).play(member("right"))      --播放声音
    member("score").text=string(5-merr) --得分
    atotal=atotal +5-cNum
  end if
end
```

（7）为按钮添加行为。

```
on mouseUp                           --开始按钮
  global cNum,gNum
  cNum=0
  gNum=gNum+1
  go 2
end
on mouseUp                           --统计按钮
  global atotal,gNum
```

```
    go 30
      If gNum>0 then
        k=100*atotal/4.0/gNum                       --乘 100 用百分比表示
        alert ("正确率:" & string(k) & "%")
      end if
    end
    on mouseUp me                                   --退出按钮
      quit
    end
```

（8）保存与源文件保存为 sy9_9.dir，导出发布为 sy9_9.exe。

## 9.4 课程作品设计要求

### 一、设计目的

（1）结合实例，掌握交互作品的制作流程。

（2）结合艺术设计知识，掌握交互作品的整个规划过程。

（3）运用 Director、Photoshop 等实用的软件，提高自学能力、实践能力、创新能力。

### 二、设计主题

学生可由以下主题任选一个，收集整理相关素材，作为自己的设计命题：

（1）自然风光或旅游景点介绍。

（2）运动类题材。

（3）产品的介绍，例如服装类、食品类等。

（4）计算机软硬件介绍。

（5）人物介绍。

（6）个人空间。

（7）游戏。

（8）教学课件。

（9）自选主题。

### 三、设计要求

（1）能够较熟练地操作 Director 软件来进行设计，主题表现鲜明，阐述明了，布局合理，能够熟练地操作多种素材，包括文本、图像、音频、视频、动画等的处理，能够通过脚本或行为功能实现多页面的导航跳转，创作一个完整的多媒体作品。

（2）主要页面应不少于 10 页，首页应有个人信息（包括学号、姓名、专业），作品名称等。

（3）在这个作品设计中，要以自主创作为主，相应的可以借鉴或寻找帮助。功能菜单至少要有 5 种不同的内容。例如，电子相册；媒体播放器；卡通动画（或视频）。游戏作品除了操作功能外，应有操作说明等描述性功能。

（4）每一个作品提交的文档要求：

多媒体企划书（开发作品的目标与方向、风格的定位、进度安排）；交互流程结构图（页面和按钮的跳转示意图）；文件结构规划图（作品的主文件名、素材的分类存储、插件以及外部行为）。

（5）对于大容量的音、视频文件必须进行处理，作品全部信息量不允许超过 100M，每超过 20 M 成绩降一个等级（完全原创的作品可以例外）。

（6）作品评分：内容部分 40，技术 25，创意 25，开发文档 10。

**四、设计参考**

（1）作品进入界面设计。

可参考图 9.26 设计，至少要有学号、姓名、专业等信息，通过“进入”和“退出”按钮进入其他场景。

图 9.26　进入界面

（2）菜单主界面设计。

可参考图 9.27 设计，菜单主界面显示 5 种以上不同类型的场景名称。例如，可以设计一个产品的介绍，人物介绍，景点介绍等。

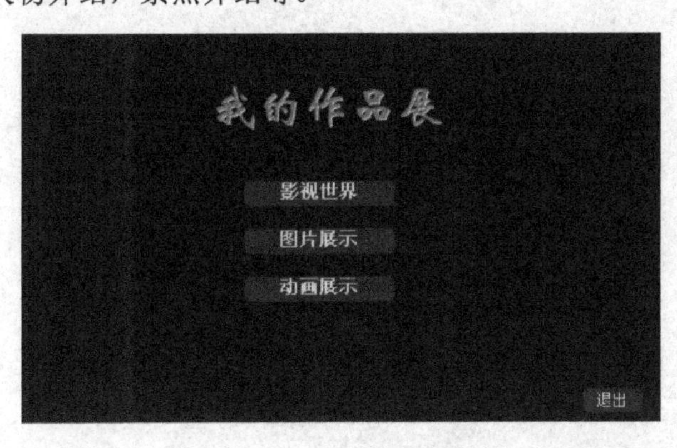


图 9.27　菜单主界面

（3）不同类型的场景设计。

根据菜单主界面转跳到具体场景，每个场景都要求有返回到菜单主界面的功能。